Aarons-Mele
Führen ohne Furcht

MORRA
AARONS-MELE

FÜHREN OHNE FURCHT

WIE SIE ALS FÜHRUNGSKRAFT ÄNGSTE ÜBERWINDEN UND ERFOLGREICH SEIN KÖNNEN

VERLAG FRANZ VAHLEN
MÜNCHEN

The Anxious Achiever: Turn Your Biggest Fears into Your Leadership Superpower
Originalwerk © 2023 Morra Aarons-Mele
Veröffentlicht in Absprache mit Harvard Business Review Press

vahlen.de

ISBN Print: 978 3 8006 7225 7
ISBN E-Book (ePDF): 978 3 8006 7226 4
ISBN E-Book (ePub): 978 3 8006 7227 1

Druck und Bindung: Beltz Graphische Betriebe
Am Fliegerhorst 8, 99947 Bad Langensalza

Satz: Fotosatz Buck
Zweikirchener Str. 7, 84036 Kumhausen
Produktion: Sieveking Agentur, München
Umschlag: Ralph Zimmermann – Bureau Parapluie
(in Anlehnung an die Originalausgabe)

vahlen.de/nachhaltig

Gedruckt auf säurefreiem, alterungsbeständigem Papier
(hergestellt aus chlorfrei gebleichtem Zellstoff)

Für Nicco, meinen Partner,
der dies alles möglich gemacht hat.

Und für die Heiler in meinem Leben,
vor allem an Dr. Carol Birnbaum,
die mich in meiner schlimmsten Phase gesehen und
mir geholfen hat, mein Bestes zu erreichen.

INHALT

ANMERKUNG DER AUTORIN

Ich bin eine Führungskraft mit Ängsten, keine Ärztin oder Wissenschaftlerin. Um sicherzustellen, dass *The Anxious Achiever* aus klinischer Sicht fundiert ist, habe ich mich mit Carolyn Glass, LICSW, MBA, zusammengetan. Carolyn ist nicht nur praktizierende Psychotherapeutin, sondern hat auch einen MBA der Columbia Business School und ist eine gute Freundin, die ich seit über 25 Jahren kenne. Bevor Carolyn Therapeutin wurde, tauschten sie und ich Horrorgeschichten aus, während wir in der Medien- und Technologiewelt von New York und London arbeiteten. Carolyn: Ich bin so dankbar für deinen Rat und deine Partnerschaft bei der Entstehung dieses Buches!

EINFÜHRUNG

Das offene Geheimnis und der große weiße Wal

Der frischgebackene Vizepräsident für den weltweiten Vertrieb schließt seine Bürotür und lässt sich in seinen Sessel fallen. Er hat jahrelang auf diese Beförderung hingearbeitet, und alle – das Führungsteam, seine Familie, seine Kollegen, seine Freunde – sind begeistert. Doch statt der Freude und des Gefühls, etwas erreicht zu haben, das er erwartet und verdient hat, ist er besorgt, angespannt, abgelenkt und hat schlichtweg Angst. Er wird das Gefühl nicht los, dass es nur eine Frage der Zeit ist, bis sein neues Team und seine Vorgesetzten merken, dass er der Aufgabe vielleicht nicht gewachsen ist.

Dieses Szenario findet sich jeden Tag überall am Arbeitsplatz wieder. Sicherlich variieren die Details von Person zu Person, aber eine große Anzahl von uns ist bei der Arbeit zutiefst ängstlich. Manchmal sogar die, von denen man es am wenigsten erwarten würde. Der Multimillionär und CEO eines berühmten Technologieunternehmens. Der Serienunternehmer, der ständig in den Medien zu sehen ist. Der Leiter in der Schule Ihres Kindes. Der Prominente in den sozialen Medien mit einer treuen Fangemeinde. Der Inhaber eines Kleinunternehmens, der nebenan wohnt.

Und möglicherweise auch Sie.

Kämpfen Sie manchmal mit Sorgen und sogar Angst vor all den Dingen, die schief gehen könnten? Sind Sie ehrgeizig und zielstrebig – aber Sie grübeln auch, zerbrechen sich den Kopf und haben Schwierigkeiten, die Dinge loszulassen? Haben Sie manchmal das Gefühl, dass Ihnen das Wasser bis zum Hals steht und dass andere jeden Tag herausfinden werden, dass Sie nur so tun, als ob? Sind Sie jemand, der bestimmte Situationen um jeden Preis vermeidet, wie zum Beispiel das Fliegen oder das Sprechen in der Öffentlichkeit, selbst wenn das bedeutet, dass Sie Chancen verpassen oder in Ihrer Karriere nicht vorankommen? Ertappen Sie sich manchmal dabei, dass Sie Mikromanagement betreiben oder die Arbeit anderer überarbeiten, weil sie nicht Ihren Vorstellungen entspricht? Dies sind nur einige der vielen Möglichkeiten, wie sich Ängste bei der Arbeit zeigen und unser Wohlbefinden und unsere Effektivität beeinträchtigen können.

Die American Psychological Association unterscheidet zwischen Angst und Furcht, und die Unterscheidung ist sehr aufschlussreich: Während Furcht »eine angemessene, gegenwartsorientierte und kurzlebige Reaktion auf eine klar identifizierbare und spezifische Bedrohung« ist, ist Angst »eine zukunftsorientierte, langanhaltende Reaktion, die sich auf eine diffuse Bedrohung konzentriert.« Angst kann noch lange nach einer bedrohlichen Situation auftreten oder hat nicht einmal eine greifbare Ursache. Manchmal scheint sie rational zu sein, ein anderes Mal kommt sie aus dem Nichts und ergibt überhaupt keinen Sinn.

Diejenigen von uns, die wie ich von Natur aus ängstlich sind, haben das, was Psychologen als *wesensimmanente Angst* bezeichnen: Sie ist einfach Teil von uns wie ein Persönlichkeitsmerkmal. Alltägliche Stressfaktoren können sich bedrohlich anfühlen, und so ist es nicht verwunderlich, dass viele von uns alles tun, um das zu vermeiden, was uns ängstigt. Ständige oder übermäßige Sorgen sind ein typisches Merkmal problematischer Ängste, und wenn diese Gefühle anhaltend sind und unsere täglichen Aktivitäten – Arbeit, Schularbeiten, Beziehungen – beeinträchtigen, weisen sie wahrscheinlich auf eine sogenannte generalisierte Angststörung hin. Angst kann auch ein Symptom anderer psychischer Erkrankungen sein und tritt häufig zusammen mit Depressionen, Zwangsstörungen, Drogenkonsum, Lernstörungen wie Legasthenie oder Aufmerksamkeitsdefizit-Hyperaktivitätsstörung (ADHS) und Persönlichkeitsstörungen auf.

Weltweit leiden schätzungsweise 284 Millionen Menschen an Angstzuständen, was sie zur weltweit häufigsten psychischen Erkrankung macht.[1] Die tatsächliche Zahl ist sicherlich weitaus höher, da diese Statistiken nur die Menschen erfassen, die eine Behandlung in Anspruch nahmen und eine Diagnose erhalten haben. Neue Daten zeigen, dass wir mehr Angst haben als je zuvor. Eine Studie von Mental Health America hat ergeben, dass die Zahl der Menschen, die wegen Angst und Depression Hilfe suchen, von 2019 bis 2020 um 93 Prozent gestiegen ist.[2] Die Covid-19-Pandemie hat das Problem vergrößert, führten doch die Folgen der Pandemie zu nur noch mehr Angst.[3] In den Vereinigten Staaten waren die Angst- und Depressionsraten zwischen April 2020 und August 2021 etwa viermal so hoch wie im Jahr 2019, und bis zu 38 Prozent der Amerikaner gaben an, im Jahr

2021 Symptome von Angst verspürt zu haben. Ich war erstaunt, als die wichtigste Gesundheitsbehörde der Vereinigten Staaten allen Erwachsenen unter 65 Jahren routinemäßige Angstscreenings empfahl. Ich scherze oft, dass man nicht aufpasst, wenn man nicht ängstlich ist. Wir leben in einer Zeit, in der stündlich mehrere globale und lokale Krisen über unsere Bildschirme flimmern und der Erhalt von Lebensqualität teuer und stressig ist.

Untersuchungen zur psychischen Gesundheit am Arbeitsplatz zeichnen ein ähnliches Bild. Der Bericht »Mental Health at Work 2021« von Mind Share Partners zeigt, dass 76 Prozent der Vollzeitbeschäftigten in den USA angaben, im vergangenen Jahr mindestens ein Symptom einer psychischen Erkrankung verspürt zu haben – gegenüber 59 Prozent im Jahr 2019. Am häufigsten wurden Angstzustände, Depressionen und Burnout genannt.[4]

Der Versuch, die Anforderungen der Arbeit mit den Bedürfnissen unserer psychischen Gesundheit in Einklang zu bringen, führt häufig dazu, dass sowohl die Leistung als auch die psychische Gesundheit leiden. Unkontrollierte Ängste können uns Energie rauben, unsere Konzentration beeinträchtigen und uns dazu bringen, schlechte, überstürzte und unüberlegte Entscheidungen zu treffen. Sie kann dazu führen, dass wir uns auf die falschen Dinge konzentrieren, die Tatsachen verdrehen und voreilige Schlüsse ziehen, und sie kann sogar zu körperlichen Schmerzen und Verletzungen führen. In extremeren Situationen kann die Angst uns in zwanghaften, negativen Gedankenschleifen gefangen halten, die uns daran hindern, voranzukommen. Sie kann dazu führen, dass wir uns so sehr mit beängstigenden Worst-Case-Szenarien beschäftigen, dass wir und damit auch diejenigen, die wir führen, erstarren. Kurz gesagt, unkontrollierte Angst kann dazu führen, dass Führungskräfte weniger effektiv sind, was die Leistung der ihnen unterstellten Mitarbeiter und des gesamten Unternehmens beeinträchtigen kann. Vor allem aber macht sie uns unglücklich – und macht das Leben damit schwieriger.

Aber es gibt auch eine andere Seite der Angst, nämlich die, was passieren kann, wenn wir lernen, mit ihr umzugehen und ihre verborgenen Gaben zu nutzen.

Ich bin eine Führungskraft mit chronischen, klinischen Ängsten. Ich habe in der halsabschneiderischen Umgebung von Präsidentschaftspolitik, in amerikanischen Konzernen und in Tech-Startups gearbeitet. Ich habe vier Marketingabteilungen in Unternehmen geleitet und zwei Abteilungen von Grund auf neu aufgebaut. Ich bin auch Unternehmerin: 2011 gründete ich mein Beratungsunternehmen Women Online und verkaufte es 2021. Mein *Harvard Business Review* Podcast (jetzt auf LinkedIn), *The Anxious Achiever,* ist einer der besten Business-Podcasts der Welt, was mich verblüfft. Ich schreibe Bücher und Artikel und halte zahlreiche Vorträge zum Thema Führung für Fortune-500-Unternehmen, die amerikanische Regierung und Eliteuniversitäten wie die Harvard University und das Massachusetts Institute of Technology. Außerdem bin ich verheiratet und habe drei Kinder. Und das alles, während ich mit klinischen Angstzuständen und regelmäßigen Anfällen von lähmender Depression zu kämpfen hatte.

Ich weiß, dass es da draußen viele Menschen gibt, die so sind wie ich – ehrgeizige, karriereorientierte Fachleute, die erfolgreich sind, obwohl sie mit psychischen Krankheiten zu kämpfen haben. Wenn Sie dieses Buch lesen, identifizieren Sie sich wahrscheinlich mit dieser Gruppe, und der Begriff »ängstlicher Leistungsträger« trifft wahrscheinlich auf Sie zu. Ängstliche Leistungsträger sind selten ruhig, weder körperlich noch geistig. Wir sind zielorientiert, zukunftsorientiert und nehmen unsere Arbeit sehr ernst. Wir sind geschätzte Teammitglieder, weil wir wie selbstverständlich die Extrameile gehen und man uns nichts weniger als das Beste zutraut. Wir schaffen außergewöhnliche Ergebnisse, weil wir uns *stets* bemühen, überdurchschnittliche Leistungen zu erbringen und bei jeder uns selbst gestellten Herausforderung erfolgreich zu sein.

Natürlich ist es furchtbar, sich nur wegen der Angst so anzustrengen, und es ist keine Art zu leben. Aber weil Angst eine Emotion ist – ein innerer Zustand, mit dem man lernen kann umzugehen – kann man ein Leben aufbauen, das nicht von ihr beherrscht wird. Sie können sogar lernen, sich auf diese komplizierte Emotion zu verlassen und sie als loyalen Partner und Führungsvorteil zu nutzen.

Denn das Schöne daran, ein ängstlicher Leistungsträger zu sein, ist, dass wir Berge versetzen können, wenn wir unseren Antrieb mit einem größeren Ziel in Einklang bringen. Wenn wir unsere Ängste in den Griff bekommen und die persönliche Belastung verringern können, können wir unsere Arbeit mit unglaublicher Energie und Einfallsreichtum angehen. Wir können die Visionäre sein, die einen mutigen Wandel herbeiführen, die Führungskräfte, für die die Menschen arbeiten wollen. Selbst wenn wir dabei Angst empfinden.

Ängste bei der Arbeit neu gestalten

Mir wird oft eine Frage gestellt: Wenn Angst ein so starker Faktor für die individuelle und organisatorische Leistung ist, und wenn sie so allgegenwärtig ist, warum hören wir dann nicht mehr über sie?

Ein großer Teil der Antwort ist Scham.

In der Sendung »*The Anxious Achiever*« interviewe ich Führungskräfte über ihre Kämpfe mit Ängsten und wie sie gelernt haben, damit umzugehen. Die

Resonanz der Hörer war überwältigend – ein Zeichen dafür, wie weit verbreitet Angst am Arbeitsplatz ist.

Aber trotz der großen Reichweite meines Podcasts habe ich Schwierigkeiten, prominente Führungskräfte zu finden, die bereit sind, öffentlich darüber zu sprechen. Sie glauben, dass die Offenlegung ihrer Ängste sie schwach erscheinen lassen würde. Sie befürchten, dass der Aktienkurs ihres Unternehmens sinken könnte, wenn sie über ihre psychischen Probleme sprechen. Sie denken – meiner Erfahrung nach zu Recht –, dass Angst und starke Führungsqualitäten unvereinbar sind.

Ich spreche häufig mit Gruppen über dieses Thema, und immer wieder höre ich denselben Refrain: Sprich nicht über psychische Gesundheit, wenn du es nach oben schaffen willst. Ich kenne viele Führungskräfte, die das Gefühl haben, dass sie nicht in eine Mitarbeiterversammlung gehen und sagen können: »Ich bin heute ängstlich«, und ich habe von vielen jungen Menschen gehört, die sich Sorgen machen, dass ihre Ängste ihre Karriereträume zerstören werden.

All dies geschieht, weil erfolgreiche Menschen in der Regel verbergen, wie sie sich fühlen. Trotz vieler positiver Entwicklungen bei Führungsmodellen und einer Zunahme von Einrichtungen für körperliches Wohlbefinden ist es immer noch ein Stigma, offen über psychische Gesundheit am Arbeitsplatz zu sprechen.

Der ersehnte Wunschgast für meinen Podcast – gewissermaßen mein großer weißer Wal – ist ein bestimmter CEO mit einer rasenden Angststörung. Sein Unternehmen hat nach Gründung einen Börsengang hinter sich, ist mit ihm an der Spitze noch stärker geworden und steht oft auf den Bestenlisten. Dennoch erzählte mir der CEO, dass er an den meisten Tagen mit existenziellen Ängsten aufwacht und alle Geschäftsreisen mit genügend Puffer plant, um sich von der Tafil-induzierten Benommenheit zu erholen, mit der er die Angst vor einem Flugzeugabsturz bekämpft.

Ich versuche seit Jahren, ein Interview mit diesem CEO zu führen. Immer wieder melde ich mich und frage, ob er bereit ist, mit mir zu sprechen, und versuche, ihn davon zu überzeugen, dass ein ehrliches Gespräch über seine Ängste das Leben der Menschen verändern könnte. Aber der CEO kann es einfach nicht tun. Die Erklärung ist immer eine Variante von »Es liegt nicht an dir, sondern an mir.«

Dieser CEO ist wie viele andere in der Lage, eine erstaunliche Unternehmenskultur zu schaffen und gleichzeitig der Wall Street zu versichern, dass er alles unter Kontrolle hat. Schließlich bevorzugt die Wall Street es, wenn Unternehmensführer nie ins Schwitzen kommen und außer rücksichtslosem Tatendrang keine Emotionen zeigen. Gerade weil sich Managementstile und -strukturen aus Befehls- und Kontrollhierarchien entwickelt haben, dürfen Führungskräfte in vielen Kulturen keine Emotionen oder Schwäche zeigen, da sonst ihre Effektivität in Frage gestellt wird. Ehrlich gesagt, tun mir diese Führungskräfte leid und auch ihre Unternehmen. Stellen Sie sich vor, wie viel besser sie sich fühlen würden und wie viel größer ihre Wirkung wäre, wenn sie ihre volle Leistungsfähigkeit entfalten könnten, ohne ständig versuchen zu müssen, ihre Ängste unter Verschluss zu halten.

Führen ohne Furcht ist ein Buch mit einer Mission: Es geht darum, die Art und Weise, wie wir über Ängste im Zusammenhang mit Führung und Organisationen denken, neu zu gestalten. Es erzählt eine andere, authentischere und hoffnungsvollere Geschichte als die von der Gesellschaft propagierte, nämlich dass Angst und Depression Schwächen sind und uns am Erfolg hindern, und dass wir unsere Emotionen hinter uns lassen müssen, wenn wir das Büro betreten. Um all dies zu erreichen, werden wir viele der konventionellen Weisheiten über Ängste und andere psychische Probleme auf den Kopf stellen und eine neue Vision um einige Kernbotschaften herum aufbauen:

- **Angst ist ein Teil des Lebens.** Sie ist Teil der menschlichen Natur und geht oft mit Führungsaufgaben einher. Deshalb sollten Sie, Ihre Teams und Ihre Organisationen lernen, mit ihr umzugehen und sie zu einer Stärke zu machen.

- **Angst ist keine Schwäche und zu lernen, damit umzugehen, ebenso wenig.** Was erfordert mehr Kraft und Mut: Sich dem Dämon zu stellen oder so zu tun, als gäbe es ihn nicht? Welcher Weg führt zu mehr Hoffnung und größerer Wirkung: Die Arbeit zu bewältigen und das anzugehen, was Sie zurückhält, oder es zu vermeiden? Den schwierigen Dingen ins Gesicht zu sehen und jahrelange Bewältigungs- oder Vermeidungsmechanismen aufzudecken, macht einen wirklich stark – etwas, das der Songwriter Peter Gabriel »Digging in the Dirt« (im Dreck wühlen) nannte.

- **Wenn Sie Ihre Ängste verstehen und lernen, sie zu nutzen, entwickeln Sie eine Führungs-Superkraft.** Es mag sich jetzt nicht so anfühlen, aber Ängste können Ihre Führungsqualitäten, Ihren Ehrgeiz, Ihre Kreativität, Ihr Einfühlungsvermögen, Ihre Kommunikation und Ihren Weitblick verbessern. Wenn Sie auf Ihre Emotionen und das, was sie Ihnen sagen wollen, eingestellt sind, werden Sie zu einer bewussten und durchdachten Führungskraft.

Neue Denkansätze für eine neue Ära der Führung

Wie jeder andere Autor über Führungsqualitäten möchte ich, dass Sie super erfolgreich sind, dass Sie der ultimative Profi werden und die Art von Arbeit für sich entdecken, die für Sie bestimmt ist. Aber im Gegensatz zu vielen anderen verspreche ich nicht, dass Ihre Karriere in die Höhe schießen wird, wenn Sie meinen Anweisungen folgen. Dieses Buch wird Ihr Leben nicht in Ordnung bringen oder Ihnen einen kometenhaften Aufstieg an die Spitze garantieren. Es könnte jedoch einen Transformationsprozess in Gang setzen, der zu der Karriere und dem Leben führt, für die Sie bestimmt sind. Auf lange Sicht könnte es Ihr Leben einfacher und angenehmer machen.

Auf dem Weg dorthin könnten Sie sich jedoch unwohl fühlen. Sie könnten weinen oder wütend werden. Vielleicht werden Sie sogar wütend auf mich. Eine meiner liebsten Rückmeldungen von Hörern war: »Ich mag Ihren Podcast sehr gerne. Nur ist er ziemlich direkt und persönlich.« Nun, ja. Das ist der Punkt. Ich werde direkt und persönlich sein, und dieses Buch wird Sie mit einigen außergewöhnlichen Menschen bekannt machen, die ebenfalls direkt und persönlich sind. Ich möchte, dass Sie verstehen, dass Sie nicht allein sind und dass Angstgefühle ganz normal sind. Sie brauchen sie nicht zu verstecken, und sie müssen Ihre Führungsqualitäten oder Ihr Leben nicht beeinträchtigen.

Die meisten von uns tun alles, um unangenehme Gefühle zu vermeiden. Das liegt in der menschlichen Natur. Aber wenn Sie Ihren unangenehmen Gefühlen ins Gesicht sehen, entziehen Sie ihnen die Macht. Sie entdecken innere Wahrheiten, sehen die Handlungen der Menschen um Sie herum klarer und fühlen sich leistungsfähiger, energiegeladener und besser in Form.

Dazu müssen wir jedoch wissen, wie wir unsere Angstgefühle in den Griff bekommen. Die meisten von uns leben ihre Ängste gedankenlos aus, mit Reaktionen, die weder uns noch den Menschen um uns herum nützen. Das ist nicht die Schuld der Angst. Die Angst selbst ist eine gute Information. Sie kann uns dazu veranlassen, Dinge zu überprüfen und zu ändern, und sie kann uns sogar zusätzlichen Antrieb, Energie und Konzentration geben.

Was wäre, wenn Sie, anstatt Ihre Angst gewohnheitsmäßig mit einer langen Nacht auf der Arbeit, endlosem Scrollen in den sozialen Medien oder einem Snickers-Riegel auszuleben, sich einen Moment Zeit nehmen und Ihre Angst fragen würden: »Was versuchst du mir zu sagen? Warum macht mir der Name dieser Person in meinem Posteingang so viel Angst? Warum bekomme ich bei dem Gedanken an ein Treffen in zwei Wochen Lust auf ein Glas Wodka?« Bei der Reflexion kann Ihre Angst ein Verbündeter sein. Sie kann Ihnen wichtige

Informationen liefern, die Sie auf andere Weise nicht erhalten können. All das ist die Belohnung dafür, dass Sie Ihren Angstgefühlen ins Gesicht sehen!

Um zu einem Punkt zu gelangen, an dem Sie Angst auf eine neue Art und Weise betrachten können – das heißt weder gut noch schlecht, sondern vielmehr auf einem Spektrum von unkontrollierbar, kontrollierbar oder sogar hilfreich – müssen Sie möglicherweise lang gehegte Vorstellungen darüber über Bord werfen, wie Stärke, Macht und Erfolg aussehen. Glücklicherweise verändert sich die Führungslandschaft, was durch die weltweite Covid-19-Pandemie noch beschleunigt wurde. Wir haben alle gemerkt, dass es sich gut anfühlt, vor anderen echt zu sein. Die Führungskraft der Zukunft wird nicht mehr ein Typ sein, der den Ton angibt. Echte Führungskräfte werden verletzlich und authentisch sein und es verstehen, ein unterstützendes Umfeld zu schaffen, das ihre Teams durch schwierige Zeiten bringt.

Um dorthin zu gelangen, müssen sich drei Denkweisen ändern.

Die erste besteht darin, nicht mehr so zu tun, als ob Sie als Führungskraft alle Antworten kennen müssten – das ist einfach nicht möglich und nicht wahr. Ich hoffe, das ist eine Erleichterung für Sie. Sich nicht länger zu verstellen, bedeutet für viele von uns, das Bedürfnis nach Kontrolle loszulassen und zu verstehen, dass die meisten von uns Angst vor Kontrollverlust haben. Wenn Sie so tun, als wüssten Sie in einer Post-Covid-Welt immer, wie es weitergeht, wird Ihnen niemand glauben. Nehmen Sie stattdessen eine Haltung ein, die offen für neue Erkenntnisse ist.

Die zweite Veränderung besteht darin, dass man lernt, Unannehmlichkeiten zu tolerieren. Die meisten Bücher über Führung fordern Sie auf, Ihre Stärken zu erkennen und sie zu nutzen. Nur selten wird Ihnen gesagt, dass Sie sich auch mit der verletzlichen Schattenseite auseinandersetzen sollten. Die haben wir alle, auch wenn die meisten von uns sie lieber nicht wahrhaben wollen. Carl Jung nannte sie das Schattenselbst. Dieses Buch tritt dafür ein, dass Sie Ihre Schwachstellen und die ängstigenden Aspekte Ihrer Persönlichkeit, die Sie lieber ignorieren würden, kennen müssen, wenn Sie sich als Führungskraft wirklich verstehen *und* Höchstleistungen erbringen wollen. Führung für die Zukunft, insbesondere mit einer neuen Generation von Arbeitnehmern, die teils ängstlicher teils offener damit umgehen als frühere Generationen, erfordert, dass wir uns unserer mentalen Landschaft stellen und darin geschickt navigieren.

Die dritte Änderung der Denkweise besteht darin, dass Sie Ihr neues Bewusstsein und Ihre Selbsterkenntnis nutzen, um besser zu kommunizieren, damit Sie Ihren Mitarbeitern helfen können, mit der eigenen Unsicherheit umzugehen. Dazu gehört, dass Sie das richtige Maß an Verletzlichkeit zeigen, gleichzeitig aber auch professionelle Grenzen wahren und Ihr Team ermutigen. Sie können nicht alles versprechen, und Sie haben keine Kristallkugel. Aber Sie haben immer noch das Sagen, und Ihr Team erwartet von Ihnen, dass Sie es führen, also müssen Sie Ihre besten Fähigkeiten und Bemühungen einbringen.

Ein prominenter CEO weigerte sich, seine Probleme mit psychischen Erkrankungen zu verbergen. Er ging in den 1990er Jahren damit in die Öffentlichkeit und nutzte seine Plattform bis zu seinem Tod im Jahr 2016, um anderen zu helfen. Seine Geschichte ist immer noch so beeindruckend, dass ich kein vergleichbares Beispiel aus jüngerer Zeit gefunden habe.

Als der in Houston ansässige CEO Philip Burguieres 1996 plötzlich krankheitsbedingt ausfiel, stürzten die Aktien seines Unternehmens um 10 Prozent ab. Burguieres war der jüngste CEO eines Fortune-500-Unternehmens überhaupt. Doch hinter den Kulissen litt er unter Panikattacken, die ihn glauben ließen, er würde sterben, ebenso unter schweren Depressionen und Angstzuständen, und manchmal dachte er an Selbstmord.

Nach der Behandlung nutzte Burguieres sein neu gewonnenes Wissen über seinen Zustand, um öffentlich über seine Probleme mit Angst und Depression zu sprechen. Die Tatsache, dass er als Gleichberechtigter in einem Raum reicher weißer Männer stehen und über seine Gefühle sprechen konnte, verlieh seinen Worten Autorität. Er gründete ein »geheimes CEO-Netzwerk«, in dem sich die Mitglieder über ihre Probleme mit der psychischen Gesundheit austauschten und sich gegenseitig halfen. Burguieres' Flüsternetzwerk verbreitete ein Evangelium, das ich regelmäßig von meinen Podcast-Gästen höre: Als sie sich in Behandlung begaben und sich ihren Gefühlen stellten, »entdeckten sie etwas, das [diejenigen], die im Wettbewerb stehen, von klein auf vermeiden, nämlich dass sich Menschen nicht durch das Zurschaustellen ihrer Stärken verbinden, sondern indem sie einander ihre Ängste, ihre Enttäuschungen, ihre Verletzungen sowie ihre Hoffnungen und Träume anvertrauen«.[5]

Mit anderen Worten: Wir stehen das nicht alleine durch und werden nicht alleine gesund. Burguieres erkannte, dass Isolation und unausgesprochene Gefühle seinen Zustand verschlimmerten und dass es zu seiner Genesung gehörte, seine Geschichte zu erzählen und anderen zu helfen.

Hier kommt eine wichtige Lektion. Alles, was Führungsgurus darüber sagen, wie man sein ganzes Selbst mit zur Arbeit bringt oder mit Empathie und Authentizität führt, ist eine Lüge, solange wir nicht über unsere Erfahrungen mit Angstzuständen, Depressionen, ADHS, Zwangsstörungen, Selbstmordgedanken oder anderen psychischen Problemen sprechen, die uns beeinträchtigen. Denn natürlich bringen wir unser ganzes Selbst mit zur Arbeit, und dieses Selbst kann manchmal sehr schmerzhaft und ein echter Idiot sein.

In einer Kultur, die von Selbstoptimierung besessen ist, ergibt es Sinn, dass wirklich effektive Führungskräfte ihre Dämonen verstehen, sie erforschen und dadurch diese Dämonen loswerden. Wenn wir unseren Schmerz und unsere dunklen Impulse verleugnen, können wir kein wirkliches Einfühlungsvermögen entwickeln, und früher oder später wird dieser verdrängte Schmerz zum Vorschein kommen, wahrscheinlich auf destruktive Weise. Warum wird in Büchern, in denen es um Erfolg geht, nicht auch die Frage gestellt, warum wir ständig die gleichen Muster wiederholen, die uns erst in Schwierigkeiten bringen oder unglücklich machen?

Daher wird es in diesem Buch zu einem großen Teil darum gehen, bewusst zu machen, was derzeit unbewusst ist. Ein Großteil der schlechten Führung geschieht nicht aufgrund von Inkompetenz oder mangelndem Weitblick, sondern weil die Menschen unbewusst auf Ängste und Ärger reagieren, die auf Erfahrungen beruhen, die sie vor langer Zeit gemacht haben. Hier ein Beispiel: Ihre soziale Ängstlichkeit könnte in Wirklichkeit ein erlerntes Verhalten sein, das daraus resultiert, dass man sich während der gesamten Mittelstufe über Sie lustig gemacht hat – eine zutiefst schmerzhafte Erfahrung, die dazu führte, dass Sie sich beschämt und ausgeschlossen fühlten. Wenn Sie aufgefordert werden, sich neuen Gruppen anzuschließen, kommen automatisch negative Selbstgespräche auf: »Ich habe nichts zu diesem Gespräch beizutragen. Wenn ich den Mund aufmache, werden sie mich für dumm halten. Keiner will mich in dieser Gruppe.« Jahrelange negative Selbstgespräche haben dazu beigetragen, dass Sie glauben, es nicht wert zu sein, andere kennenzulernen, oder dass man Sie für Ihre Beiträge hart verurteilen wird. Jetzt machen Ihnen gesellschaftliche Ereignisse so viel Angst, dass Sie wichtige Treffen und Networking-Veranstaltungen meiden. Die Angst, die Sie vor sozialen Kontakten haben, ist zur Gewohnheit geworden.

Reflexartige Reaktionen wie diese kommen ständig vor. Deshalb werde ich Sie in diesem Buch gelegentlich bitten, einen Blick auf Ihre Herkunftsfamilie und Ihre Vorgeschichte zu werfen, denn wir entwickeln unser Selbstkonzept und einen Großteil unserer erlernten Verhaltensweisen in der Kindheit. Wir werden untersuchen, wie sich die Werte, mit denen Sie aufgewachsen sind, und die Lektionen und Verletzungen, die Sie in Ihrer Kindheit erfahren haben, auf Ihre Entwicklung als Erwachsener auswirken und die Führungskraft formen, die Sie heute sind.

Es geht primär darum, unseren automatischen Reaktionen und erlernten Verhaltensweisen die Macht zu entziehen und dann mit vollem Bewusstsein die besten Entscheidungen für uns selbst und unsere Organisationen zu treffen. Die besten Führungskräfte verstehen, wie Angst ihr Verhalten motiviert und entwickeln die Fähigkeit, ihre Reaktionen zu steuern und gleichzeitig zu verstehen, was die Handlungen ihres Teams motiviert.

Führung ist vor allem eine Geisteshaltung, und sie ist Teil dessen, was Sie sind, unabhängig von Ihrer psychischen Gesundheit. Ganz gleich, ob Sie seit Ihrer Kindheit ängstlich sind oder ob sich Ihre Ängste erst in Ihrem Berufsleben bemerkbar gemacht haben – meine Aufgabe ist es, Ihnen zu helfen, all die herrlich komplizierten Zusammenhänge Ihrer mentalen Gesundheit und Ihres Temperaments zu verstehen und besser zu handhaben, damit Sie sich zu der starken, effektiven Führungspersönlichkeit entwickeln können, die Sie sein sollen.

Der Weg in die Zukunft

Gelegentlich werden Sie in diesem Buch von Menschen lesen, die ihre Angst als eine Superkraft bezeichnen. Ich glaube, dass sie zu einer solchen werden kann, wenn wir daran arbeiten, sie zu einer solchen zu machen. Dennoch gibt es hier eine Spannung: Nur sehr wenige Therapeuten würden Angst als Superkraft bezeichnen, und es besteht kein Zweifel daran, dass Angst zu einer Behinderung werden und uns funktionsunfähig machen kann. Wenn Ihre Angst schwerwiegend und behindernd ist, empfehle ich Ihnen, das Buch wegzulegen und sich professionelle Hilfe zu holen. Das Buch kann dazu beitragen, Ihr Funktionieren zu optimieren, und seine Übungen sind hilfreich, um die Symptome zu lindern, aber sie sind kein Ersatz für eine Behandlung.

Wenn Sie jedoch täglich mit Ängsten leben und diese besser in den Griff bekommen wollen, ist dieses Buch eine gute Ergänzung zur Therapie und anderen psychologischen Behandlungen, die Sie durchführen. Ich bin der Meinung, dass gut gemanagte, weniger ausgeprägte Ängste ein mächtiges Werkzeug und ein Partner auf Ihrem Weg zur Führungskraft sein können. Sie können zustimmen oder vehement widersprechen, dass Angst eine Superkraft sein kann, aber ich hoffe, dass Sie, wenn Sie mir folgen, die potenziellen Vorteile Ihrer Angst erkennen werden.

Führen ohne Furcht ist in zwei Teile gegliedert. In Teil 1 beschreibe ich das Problem, mit dem viele Führungskräfte konfrontiert sind: Wie kann man erfolgreich sein und andere inspirieren, wenn man selbst mit Ängsten zu kämpfen hat? Wir werden entdecken, dass Angst bei der Arbeit ein zweischneidiges Schwert ist: Wenn man sie nicht in den Griff bekommt, kann sie einen zu Fall bringen, aber der Umgang mit ihr und die Nutzung ihrer positiven Aspekte können Ihnen helfen, um die Ecke zu sehen, Ihr Einfühlungsvermögen zu erweitern und effektiver zu kommunizieren.[6] Ich werde Statistiken und Geschichten teilen, die Ihnen helfen zu verstehen, dass Sie nicht allein sind, und die Ihnen zeigen, wie prägende Erfahrungen Ihre gegenwärtige Angst und Ihre Art zu führen formen.

Teil 2 befasst sich mit den spezifischen Formen, in denen Ängste bei der Arbeit aufflammen, und zeigt viele häufige Reaktionen auf Ängste auf, zum Beispiel Überlastung, Perfektionismus, Mikromanagement, Drogen- und Alkoholkonsum oder ungesunde Ernährung. Darüber hinaus bietet es eine Fülle von praktischen Ratschlägen, Werkzeugen, bewährten Bewältigungsstrategien und Übungen, mit denen Sie Ihre Ängste besser in den Griff bekommen, ganz gleich, wie Sie sie bei der Arbeit erleben. Sie lesen Geschichten aus dem wirklichen Leben von Führungskräften, die diese Erfahrung selbst gemacht haben, sowie fachkundige Ratschläge von Fachleuten, die sich mit Ängsten auskennen – also mit dem, was sie auslösen, wie sie sich körperlich und emotional manifestieren und vor allem, wie wir sie bewältigen und behandeln können.

Das Buch enthält nicht nur eine einzige Denkschule oder Behandlungsmethode, sondern eine Vielzahl von Werkzeugen und Sichtweisen aus verschiedenen psychologischen Schulen und therapeutischen Richtungen. Die meisten Übungen und Techniken stammen aus der kognitiven Verhaltenstherapie, der Akzeptanz- und Commitment-Therapie und der Achtsamkeitspraxis, da diese Instrumente sowohl äußerst praktisch als auch wirksam sind. Viele können sofort eingesetzt werden und sind für Berufstätige am sinnvollsten.

Ganz gleich, ob Ihre Angst auf ein traumatisches Erlebnis zurückgeht, ob Sie schon Ihr ganzes Leben lang mit Ängsten zu kämpfen haben oder ob Sie sich inmitten einer beängstigenden Veränderung befinden und zum ersten Mal von diesem gewaltigen Gefühl beherrscht werden: Sie sind nicht allein – und es gibt bewährte Instrumente, die Ihnen helfen können, nicht nur mit Ihren Gefühlen umzugehen, sondern auch beruflich und persönlich erfolgreich zu sein.

Angstzustände oder andere psychische Probleme bedeuten nicht, dass Sie keine wirksame Führungspersönlichkeit sein können oder dass die Gipfel des Erfolgs für Sie unerreichbar sind. Es bedeutet, dass Sie sich anstrengen, um besser zu werden und einen Weg dorthin zu finden. Es bedeutet, dass Sie die Angst spüren und trotzdem handeln. Es bedeutet, dass Sie durchhalten, obwohl Sie am liebsten aufgeben oder absagen oder sich verstecken oder schweigen würden – weil Sie sich daran erinnern, dass das, was Sie zu bieten haben, wichtig und sinnvoll ist.

Teil 1

Die eigene Angst kennenlernen

1

Angst und Ehrgeiz

Viele Menschen können ihre ersten Erfahrungen mit Ängsten bis in die Kindheit zurückverfolgen, und das trifft definitiv auf mich zu. Ich hatte Agoraphobie, als ich drei Jahre alt war. Ich wollte das Haus nicht verlassen und klammerte mich an meine Mutter. Hypervigilanz, ein Zustand extremer Wachsamkeit, begann in meiner turbulenten Kindheit und ist etwas, das mich noch heute beschäftigt. Aber was mich schließlich dazu brachte, Hilfe zu suchen, war eine massive, erschreckende Panikattacke, als ich neunzehn war. Bei mir wurden eine zyklothymische Störung (und später Bipolar II) und eine generalisierte Angststörung diagnostiziert. Zum Glück erhielt ich eine Behandlung, hauptsächlich in Form von psychodynamischer Psychotherapie, kognitiver Verhaltenstherapie und Antidepressiva.

Dennoch schwankte ich in den nächsten Jahren zwischen Angst und Depression, und als ich in die Berufswelt eintrat, brachte meine Angst neue Probleme mit sich. Den ganzen Tag mit Menschen zusammen zu sein, erschöpfte mich, und ich vermied viele Dinge, die meine Karriere vorangebracht hätten, wie zum Beispiel Büropolitik. Einmal lehnte ich ein schönes, großes Büro ab, das direkt neben dem meines Chefs lag, weil es mich zu sehr ängstigte, ihn den ganzen Tag in der Nähe zu wissen. Ich trank zu viel bei Feierabendveranstaltungen, um meine sozialen Ängste zu verbergen, mir wurde vor Besprechungen übel, ich fürchtete mich vor Telefonanrufen und sagte sie oft ab, ich versteckte mich in mehr Bürotoiletten, als ich zählen kann, und ich konnte nicht schlafen, weil ich mir Sorgen machte, na ja, wegen all dem. In meinen Zwanzigern kündigte ich neun Jobs in Unternehmen und zog nach Europa und dann nach Afrika, alles in dem Versuch, den »richtigen« Job zu finden, den Job, bei dem ich einen bedeutenden Beitrag leisten konnte und nicht solche emotionalen Turbulenzen erlebte.

Gleichzeitig war ich sehr erfolgreich. Ich litt im Stillen und war gleichzeitig zuverlässig, vorausschauend, fleißig und ehrgeizig. Meine Ängste halfen mir, Risiken einzugehen, die meinem Ehrgeiz entsprachen, und ich arbeitete in anspruchsvollen Jobs. Mit fünfundzwanzig leitete ich das Marketing für Europas zweitgrößtes Online-Reiseunternehmen. Mit sechsundzwanzig half ich einer US-Präsidentschaftskampagne, durch bahnbrechende digitale Marketingstrategien Millionen zu sammeln. Und mit achtundzwanzig war ich die jüngste Vizepräsidentin in einem globalen Kommunikationsunternehmen.

Aber mit dem Voranschreiten meiner Karriere trieb mich die Angst zusammen mit meinem natürlichen Ehrgeiz dazu, immer mehr zu tun. Keine Leistung war jemals genug. Deshalb habe ich auch zwei Podcasts moderiert, zwei Bücher und Dutzende von Artikeln geschrieben und eine Karriere als Rednerin aufgebaut, die viele Reisen erforderte. An manchen Tagen hatte ich das Gefühl, drei Jobs zu haben, und ich machte mir immer noch Sorgen, dass ich nicht genug tue.

Als ich älter wurde, fand ich eine gute Therapie, gute Medikamente und eine starke Routine, die von meinen Ängsten meist nur ein dumpfes Rauschen übrigließen. In meinen Dreißigern und Vierzigern fand ich ein besseres Gleichgewicht: Ich heiratete und bekam Kinder, gründete ein Unternehmen, das es mir ermöglichte, meinen Zeitplan selbst zu bestimmen, und ging Menschen aus dem Weg, wenn mir alles zu viel wurde. Seit 2006 arbeite ich im Homeoffice, lange bevor das cool war, und ich kann mir nicht vorstellen, jemals wieder in ein Büro zurückzukehren. Das Älterwerden hat mir nicht nur eine gesunde Perspektive geschenkt, sondern auch die Flexibilität und das Selbstvertrauen, selbst zu entscheiden, wie ich arbeite und lebe.

Vor allem aber habe ich auf diesem Weg meinen Lebenszweck gefunden. Ich habe aufgehört, nur zu arbeiten, um meine Ängste zu beschwichtigen, und habe diesen Antrieb genutzt, um meinen Sinn im Leben zu definieren, den ich erreichen will. Das können Sie auch tun. Nennen Sie es Ihr »Warum«, Ihren Sinn, Ihr Ziel – was auch immer Sie anspricht und Ihnen in schwierigen Zeiten Halt gibt.

Sie mögen viele Ziele haben, aber egal ob groß oder bescheiden, diese werden sich mit der Zeit ändern. Im Jahr 2010 beschloss ich zum Beispiel, Frauen, die im Internet schreiben und Inhalte erstellen, gut bezahlt mit Organisationen in Verbindung zu bringen, die eine aktiv-soziale Öffentlichkeitsarbeit betreiben. Daraus wurde mein Unternehmen Women Online. Mein Ziel war es auch, einen Job zu haben, der mir Flexibilität und Autonomie bietet, während ich meinen

Kindern ein tolles Leben bieten kann. In jüngster Zeit plante ich, ein Forum für erfolgreiche Berufstätige zu schaffen, in dem sie über ihre psychische Gesundheit sprechen können.

Als ich 2017 auf Tour für mein erstes Buch »*Hiding in the Bathroom*« ging, zeigte sich etwas Spannendes. In »*Hiding in the Bathroom*« ging es vordergründig darum, wie man seine Ambitionen für eine große Karriere erfüllen kann, wenn man introvertiert ist und viele der Networking- und unternehmerischen Praktiken ablehnt, von denen wir glauben, dass wir sie brauchen, um weiterzukommen. Aber in jeder Diskussionsrunde fing ich an, über die Rolle der Angst zu sprechen, und die Leute waren begeistert. Sie wollten über das Kapitel sprechen, in dem ich die Harvard-Business-School-Professorin, Unternehmerin und Führungskraft Christina Wallace vorstellte, die in ihrer Kindheit ein schweres Trauma erlitt und viel getan hat, um dessen Nachwirkungen zu bewältigen. »Situationen, in denen ich das Gefühl habe, dem anderen nicht vertrauen zu können oder den Boden unter den Füßen zu verlieren, versetzen mich in einen Kampf-oder-Flucht-Modus«, sagt sie und berichtet von Panikattacken und lähmenden Ängsten. Sie hat gelernt, dass sie mit ihren Managern und Kollegen zusammenarbeiten muss, um beispielsweise Rückmeldungen im Voraus zu erkennen, damit sie diese verarbeiten und sich vorbereiten kann, anstatt sich überrumpelt und ängstlich zu fühlen.

Trotzdem ist die Angst ein Geschenk, sagt Wallace, denn »sie hat mich zu einem unglaublichen Manager gemacht – laut den Mitarbeitern, die ich in meinen letzten drei Startups geführt habe – weil ich viel besser weiß, wie meine Mitarbeiter mit Feedback umgehen und wie ich ihnen helfen kann, sich von ihrer besten Seite zu zeigen«. Ängste sind jedoch kein einfaches Geschenk. Wallace merkt an, dass sie als »Leistungsträgerin auf Steroiden« ihre Karriere weit und schnell vorangebracht hat. Aber sie fügt hinzu: »Ich muss darauf achten, dass ich Dinge nicht nur wegen der Belohnung oder Punkte im Lebenslauf tue. Stattdessen konzentriert sie sich auf ihr Ziel und ihren Anker, das heißt auf »Dinge, die mich glücklich machen und mich emotional und spirituell ausfüllen.«

Meine Zuhörer wollten über Geschichten wie die von Wallace sprechen, und sie wollten über ihre eigenen Ängste sprechen, darüber, wie sie sie verletzten und wie sie sie einzigartig machten. Ihre Neugier inspirierte mich dazu, einen Podcast zu starten, in dem ich sehr erfolgreiche Unternehmer, Politiker, Sportler und Führungskräfte über ihre Erfahrungen mit Angst, Depression, bipolarer Störung, Zwangsstörung und ADHS interviewte. Diese Führungskräfte haben unglaublich schwierige Zeiten hinter sich. Ihre psychischen Probleme begleiten sie jeden Tag. Sie nehmen Medikamente, einige waren im Krankenhaus, und oft sind sie sehr wütend auf ihre Psyche. Sie haben sich ein umfangreiches Instrumentarium zur Bewältigung ihrer mentalen Probleme zugelegt. Sie alle sind zielstrebige Führungskräfte. Sie trotzen ihren Ängsten, weil ihre Werte von ihnen verlangen, dass sie präsent sind, ihre Arbeit erledigen und führen.

Wenn ich lerne, mich auf mein Ziel zu konzentrieren, kann ich meine Angst umlenken, wenn sie nervt. Wenn ich zum Beispiel Leistungsangst vor etwas habe, das eigentlich unwichtig ist, kann ich meiner Angst sagen, dass sie verschwinden und ein anderes Mal wiederkommen soll.

Als ich Inhaberin von Women Online war, bin ich fast jede Woche geflogen, um Kunden zu treffen oder Vorträge zu halten. Ich habe schreckliche Flugangst und wollte meine Kinder nicht allein lassen, aber ich musste meinen Job machen, um diese Kinder zu unterstützen. Und deshalb konnte ich auf jedem Rollfeld, wenn ich voller Angst dachte ›*Wir heben gleich ab und ich werde sterben*‹ durchatmen, mich auf mein Ziel besinnen und mir sagen: *Morra, du machst das nicht zum Spaß. Du tust das für deine Familie.* Anschließend habe ich Atemtechniken und andere Hilfsmittel zur Bewältigung von Ängsten eingesetzt, um den Flug zu überstehen.

Deshalb denke ich, wenn meine Ängste mich runterzuziehen drohen, an mein Ziel. Vor ein paar Monaten war ich in einer dunklen Phase und fühlte mich sowohl deprimiert als auch ängstlich. Ich fühlte mich aufgrund großer Veränderungen in meinem Leben nicht mehr verankert. Doch dann erhielt ich auf LinkedIn eine Nachricht von einem Podcast-Hörer aus Südamerika, der sagte: »Deine Arbeit hat mein Leben verändert.« Dieser eine Satz ermöglichte es mir, mich auf meine Ziele zu besinnen und einen Plan zu entwerfen, der meinen Tagen eine Struktur gab und die schwierigen Gefühle milderte.

Denn die Wahrheit ist, dass es mir nie gelungen ist, angstfrei zu werden, egal wie viele Behandlungsmethoden ich ausprobiert habe (und ich habe fast alle ausprobiert). Für mich sind Ängste sowohl ein Geschenk als auch ein Fluch. Sie sind sicherlich mein Lebensbegleiter. Ängste haben mir viele Tage verdorben. Sie haben mir Freude geraubt. Aber ich schreibe einen Großteil meines Erfolgs meiner Angst zu; sie macht mich zu der einzigartigen Führungspersönlichkeit, die ich bin. Ich erkläre Ihnen, warum ich so empfinde, und Sie können prüfen, ob das auch auf Sie zutrifft:

- **Ängstliche Leistungsträger können gut vorausplanen.** Ängste beziehen sich oft auf das, was vor uns liegt, was dazu führt, dass ängstliche Menschen natürliche Planer sind. Wir denken immer an das, was als Nächstes kommt, und nehmen es vorweg. Das ist eine unglaubliche Fähigkeit für Führungskräfte, weil wir immer kreative Wege finden müssen, um zukünftige Herausforderungen zu meistern. Wenn ich das

Grübeln, das mein Gehirn beschäftigt, auf die Unternehmensplanung an, trägt es zum Wachstum bei. Mit der Zeit wurde mir klar, dass meine ängstliche Natur für einen Großteil meines Erfolgs als Unternehmerin verantwortlich war. Ein Beispiel. Obwohl mein Unternehmen mit dem Bloggen begann, war ich so besorgt über den Aufstieg von Social-Media-Plattformen wie Facebook und Instagram, dass ich einen Plan für die Erstellung von Inhalten auf diesen Plattformen entwickelte, lange bevor Kunden dies verlangten.

- **Wir sind einfühlsam und empathisch.** Einfühlungsvermögen ist ein Vorteil für Führungskräfte. Sie ist auch äußerst nützlich, wenn Sie ein Produkt verkaufen oder vermarkten. Wie kann das, was Sie anbieten, die Bedürfnisse der Menschen erfüllen? Was braucht Ihr Kunde, um sich sicherer zu fühlen, auch wenn er nicht direkt danach fragt? Wie möchten sie von ihren Kollegen gesehen werden? Ängstliche Menschen können sehr einfühlsam sein und sind gut darin, sich auf persönliche und gruppendynamische Prozesse einzustellen. Wenn wir ängstlich sind, machen wir uns Sorgen darüber, was andere Menschen über uns denken, und wir suchen ständig nach Hinweisen dafür. Manchmal belügt uns diese Angst und führt dazu, dass wir uns nach innen wenden. Aber wir können Probleme besser lösen, kreative Lösungen finden und Konflikte austragen, wenn wir uns nach außen wenden und fragen: »Ich weiß, dass ich im Moment das Bedürfnis habe, gehört zu werden. Fühlt mein Kollege das auch, und wie kann ich das anerkennen?« Wir können auch besser mit Menschen umgehen. Da ich wusste, wie ich reagierte, wenn ich bei der Arbeit ängstlich war, konnte ich anderen Menschen besser helfen, ihre Führungsangst zu bewältigen. Wenn zum Beispiel eine Kundin besonders anspruchsvoll war und ständig E-Mails schickte, konnte ich innehalten und mich fragen: »Zweifelt sie an meiner Kompetenz, oder ist sie einfach nur gestresst, weil sie eine anspruchsvolle Präsentation für ihre Chefs vorbereiten muss?«

- **Wir arbeiten hart und bereiten uns vor.** Ängste lieben ein Ziel. Wenn Sie Ihre Angst auf eine bestimmte Aufgabe lenken können, werden Sie all diese Sehnsucht und Energie in Detailgenauigkeit, Gründlichkeit und viel Übung stecken. Sie werden keine Fristen versäumen und das Endprodukt wird Ihnen gelingen. Das ist der Grund, warum wir vor einer großen Rede oder Präsentation aufgeregt sind und warum wir mit Energie auf die Bühne gehen. In diesem Buch erfahren Sie, wie Sie eine Struktur schaffen können, die Ihre Ziele unterstützt und nicht dazu führt, dass die Angst Sie davon abhält.

- **Wir bitten um Hilfe und bauen eine Infrastruktur auf.** Alle guten Führungskräfte wissen, dass sie es nicht allein schaffen können. Ob es darum geht, sich mit einem Team zu umgeben, dem man vertraut, seinen Tag so zu strukturieren, dass Wohlbefinden und Erholung integriert sind, oder persönliche und berufliche Grenzen zu setzen – man muss, um mit Angst zu führen, eine entsprechende Infrastruktur schaffen. Wir müssen herausfinden, ob eine dringende Aufgabe sich dringend anfühlt, weil sie Angst macht, oder weil sie wirklich Priorität hat. Sobald wir uns darüber im Klaren sind, können wir aufhören, uns Sorgen zu machen, und stattdessen aktiv werden. Dies wird uns helfen, unsere eigene Zeit besser zu managen – und auch die Zeit anderer.

Die Angst gehört zum Job

Nach so vielen Jahren, in denen ich mit Ängsten gelebt und in Umgebungen mit hohem Druck gearbeitet habe – und nach Jahren, in denen ich über Ängste, Führungsqualitäten und persönliche Entwicklung geschrieben, gesprochen und geforscht habe – bin ich davon überzeugt, dass Ängste zu einer effektiven Führung dazugehören. Es spielt keine Rolle, ob Sie einen hochtrabenden Titel tragen und Tausende von Mitarbeitern leiten oder ob Sie ein kleines Startup mit kleinem Budget gründen – Führungsaufgaben sind mit einem erhöhten Druck und einer größeren Verantwortung verbunden. Wenn Sie derjenige sind, der eine Vision umsetzt, den Ton angibt, die Mitarbeiter führt und die Ergebnisse sicherstellt, hängt viel von Ihnen ab. Wenn Sie in Ihre Arbeit investieren, werden Sie gewisse Ängste erleben.[1]

Das gilt auch, wenn die Dinge gut laufen, und selbst dann, wenn Sie sich selbst nicht als ängstliche Person betrachten oder außerhalb der Arbeit nicht mit Ängsten zu kämpfen haben. Auch wenn es unterschiedliche Meinungen über das Wesen der Führung gibt, so sind wir uns doch alle einig, dass eines ihrer bestimmenden Merkmale die ständige Sorge um die Zukunft ist und wie ich mich auf diese vorbereite. So seltsam es auch klingen mag, gute Führungskräfte werden dafür bezahlt, ängstlich zu sein, und erwartet, dass sie es sind.

Als ich die Harvard Business School-Professorin Nancy Koehn fragte, wie viele der von ihr untersuchten legendären Führungspersönlichkeiten – Menschen wie Abraham Lincoln, Winston Churchill und John Lewis – mit Angstzuständen und Depressionen zu kämpfen hatten, antwortete sie ohne Umschweife: »Die große Mehrheit«. Koehns Forschung untersucht, wie Führungspersönlichkeiten aus sich heraus arbeiten, um in der Welt etwas Positives zu bewirken. »Als Ergebnis 25jähriger Forschung kann ich ehrlich sagen, dass praktisch alle großen Führungspersönlichkeiten mit einer echten Variante oder einem gewichtigen Aspekt eigener Angst, Verwirrtheit und oft … grenzwertiger Verzweiflung umgehen mussten«, sagte sie mir.

Wenn sich Führungskräfte entscheidenden Herausforderungen stellen müssen, so Koehn weiter, »selbst, wenn sie nicht zu Ängsten neigen, finden sie sich plötzlich in den Stürmen von Sorge und Angst gefangen«. Aber Sinn und Arbeit für andere »stärkt die stärkeren Teile von dir. Es hilft, die Angst abzumildern.«

Von guten Führungskräften wird auch erwartet, dass sie Teams leiten, das heißt sie sind von anderen abhängig, um die versprochenen Ergebnisse zu erzielen – was mit einem gewissen Maß an Ängsten verbunden ist. Viele Menschen tun sich schwer damit, die Kontrolle abzugeben und Verantwortung zu delegieren. Es ist kein Wunder, dass viele Führungskräfte Mikromanager sind, was eine häufige Art ist, Ängste zu zeigen.

Darüber hinaus können Organisationen selbst ein Nährboden für Ängste sein, sodass sich Führungskräfte nicht nur mit ihren eigenen Ängsten auseinandersetzen müssen, sondern auch mit denen ihrer Mitarbeiter. Die Unternehmenskultur kann zum Beispiel sanktionsorientiert sein oder die Führungskräfte verleiten, sich unangemessen ehrgeizige Ziele zu setzen und diese auch zu erreichen. Oder sie kann ungesunde Praktiken wie Schlafmangel und Überarbeitung belohnen. Organisationen sind auch einer Reihe von externen Bedrohungen ausgesetzt, die sie nicht kontrollieren können, wie zum Beispiel die Corona-Virus-Pandemie oder ein Konjunkturabschwung. Ereignisse, die kollektive Ängste auslösen und aufrechterhalten können. Das liegt in der Natur von Arbeit, während von Führungskräften immer erwartet wird, dass sie ihre Teams und Organisationen durch schwierige Zeiten führen.

Systemische und ökologische Faktoren beeinflussen sowohl unsere eigene psychische Gesundheit als auch die Art und Weise, wie wir auf die Ängste anderer bei der Arbeit reagieren. Es gibt zahlreiche Forschungsergebnisse, die Erfahrungen mit systemischem Rassismus mit negativer psychischer Gesundheit, einschließlich Angst und Depression, in Verbindung bringen.[2] Jeder im Büro ist auf unterschiedliche Weise ein Produkt von systemischem Rassismus, Patriarchat,

Behindertenfeindlichkeit und wirtschaftlicher Ungleichheit, so dass Herausforderungen entstehen, wenn die eigene Rasse, Geschlechtsidentität, sexuelle Orientierung oder der Bildungshintergrund außerhalb der Mehrheit in einer Organisation oder einem Berufsfeld liegt. Abgesehen von offener Diskriminierung, mit der viele immer noch konfrontiert sind, hat die Zugehörigkeit zu einer unterrepräsentierten Minderheitengruppe am Arbeitsplatz auch psychologische Folgen. Im beruflichen Umfeld können Menschen, die nicht in eine kulturelle Norm passen, häufig die Angst des Vertreters einer Minderheit erleben, wenn ihre Andersartigkeit negativ wahrgenommen wird und von ihnen erwartet wird, dass sie sich der dominanten Gruppe anpassen.

Stellen Sie sich vor, Sie sind die erste Person in Ihrer Familie, die ein College besucht hat, und sitzen nun in einem Büro, in dem die meisten Kollegen offenbar seit Generationen von Elite-Universitäten kommen. Sie haben immer hervorragende Leistungen erbracht und sind nun auf dem Weg zu einer vielversprechenden Karriere in einem großartigen Job in einem Unternehmen. Es gefällt Ihnen und Sie sind gut in Ihrem Job, haben aber oft das Gefühl, dass Sie nicht dazugehören. Ihr Hintergrund, Ihre Geschichte und Ihre kulturelle Identität unterscheiden sich von denen der meisten Ihrer Kollegen. Und dann sitzen Sie eines Tages in einer Besprechung mit Ihrem Chef und bereiten sich auf Ihre Rede vor, als jemand eine beiläufige Bemerkung über die Kultur Ihrer Herkunft macht, die Sie zutiefst verletzt. War sie für Sie bestimmt? War es ein Versehen? Ist es wichtig, ob es ein Versehen war oder nicht? Eine Karriere voller solcher Vorfälle erzeugt Angst.

Selbst gesunde Organisationen erzeugen Stress und Ängste allein durch die Art und Weise, wie sie strukturiert sind und verwaltet werden. Gruppenübergreifende und hierarchische Strukturen lösen einen Wettbewerb (ein Hauptstressfaktor) um Macht, Einfluss und Status aus. Und die fast durchgängige Praxis der Erstellung von Zielen, Plänen und Budgets, die dazu dient, die Richtung vorzugeben, die Leistung zu bewerten und in vielen Fällen die Vergütung festzulegen, erzeugt natürlich auch Stress und Ängste. Es hat zwar etwas für sich, *gerade genug* Angst zu empfinden, um Maßnahmen zu ergreifen und die Leistung zu steigern – ein Thema, das wir im Laufe des Buches erörtern werden –, aber es steht außer Frage, dass viele Menschen ein Wettbewerbsumfeld als stressig und angstauslösend empfinden.

Natürlich bringt jeder in einer Organisation seine individuellen Ängste und sein unterschiedliches Temperament mit zur Arbeit – es ist unmöglich, das nicht zu tun – und als Führungskraft müssen wir manchmal schwierige Beziehungen pflegen und mit schwierigen Menschen umgehen. Selbst wenn Sie Glück haben und mit einem Traumteam zusammenarbeiten, sind Menschen komplex – »chaotisch« wäre vielleicht eine bessere Beschreibung – und die meisten von uns haben ungelöste Probleme, die unser Verhalten bestimmen, ob wir uns dessen bewusst sind oder nicht. Diejenigen von uns, die von Natur aus ängstlich sind, werden auf Stresssituationen anders reagieren als diejenigen, die es nicht sind. Manche Menschen haben neurobiologische oder ererbte Störungen wie ADHS oder bipolare Störungen, die unerkannt bleiben und zu Ängsten und schwierigem Verhalten führen. Und wir *alle* leben Ängste und alte Verletzungen aus, von denen wir nicht einmal wissen, dass wir sie haben. Führungskräfte müssen darauf vorbereitet sein, im Team mit solchen zwischenmenschlichen Problemen umzugehen, die das individuelle Verhalten und damit das Geschäfts- und Organisationsleben bestimmen.

All das soll heißen: Ängste gehören zum Job. Sie *werden* auf die eine oder andere Weise, direkt oder indirekt, täglich mit Ängsten zu tun haben. Der einzig wirksame Ansatz besteht also darin, den Umgang mit Ängsten zu erlernen und sie sogar zu Ihrem Vorteil zu nutzen. So sehr wir uns auch wünschen, dass die Angst verschwindet, die Antwort ist nicht, sie wegzuwünschen, wegzuarbeiten, wegzutrinken, wegzutrainieren oder sie zu verstecken, zu leugnen oder zu unterdrücken.

Die Antwort ist, sich die Hilfe zu holen, die Sie brauchen, wenn die Angst beginnt, Ihr Wohlbefinden und Ihre Arbeitsleistung zu beeinträchtigen, und dann zu versuchen zu verstehen, was die Ursache Ihrer Angst ist. Hier kann ein kompetenter, fürsorglicher Psychotherapeut von enormem Wert sein, und glücklicherweise sind Ängste gut behandelbar.

Aber ich will ganz offen sein: Wenn Sie Ihrer Angst nicht irgendwann ins Gesicht sehen, kann sie Sie zu Fall bringen. Geben Sie sich also nicht mit der schnellen Lösung zufrieden, die Ihre unangenehmen Gefühle kurzfristig lindert. Erforschen Sie stattdessen mutig Ihre Geschichte und Ihre inneren Antreiber, und werden Sie neugierig auf die Faktoren, die Ihre Angst auslösen. Wie tief sind diese Ursachen verwurzelt? Sind Ihre Ängste und deren Auslöser Teil eines größeren Musters? Wie treten Ihre ängstlichen Impulse bei der Arbeit zutage? Was sind die Auswirkungen dieser Handlungen?

Das übergeordnete Ziel ist ein zweifaches: Sie müssen sich darüber im Klaren sein, was Sie ängstlich macht und wie Sie typischerweise auf Angst reagieren, und Sie müssen sich ein verlässliches Instrumentarium zulegen, auf das Sie zurückgreifen können, um in Ihrem Arbeitsleben hervorragende Leistungen zu erbringen, ganz gleich, welche Herausforderung die Angst für Sie bereithält. Ob Sie es glauben oder nicht, Sie *können* mit Autorität und Wirkung führen, auch wenn Sie sich ängstlich fühlen. Sie können andere inspirieren und motivieren, auch wenn

Ihr Verstand und Ihr Herz rasen und Sie sich selbst zutiefst unsicher fühlen. Wenn das alles zu schön klingt, um wahr zu sein, kann ich nur sagen: Lesen Sie weiter. Sie werden in diesem Buch viele erstaunliche Menschen kennenlernen, Führungskräfte, die den Gipfel des Erfolgs und des Einflusses erreicht haben, obwohl sie mit ernsthaften mentalen und emotionalen Herausforderungen leben. Diese Führungspersönlichkeiten haben gelernt, bewusst zu führen, im vollen Bewusstsein ihrer Angstauslöser und der Mittel, die sie dagegen einsetzen können. Und in vielen Fällen haben sie sogar gelernt, die Angst zu ihrem persönlichen Leitfaden zu machen – dem Vorteil, der ihnen einen Vorsprung vor ihren Konkurrenten verschafft und der sie antreibt und in ihrem beruflichen Umfeld auszeichnet.

Das weite Spektrum der psychischen Gesundheit

Um zu lernen, wie man mit seinen Ängsten umgehen kann, sollten wir uns mit einigen Grundlagen der psychischen Gesundheit vertraut machen und klären, wie und warum Ängste so funktionieren, wie sie es tun. Es kann hilfreich sein, sich die psychische Gesundheit zunächst als ein Spektrum vorzustellen. Dabei geht es nicht um psychische *Erkrankungen* im engeren Sinne, sondern vielmehr um jede Art von psychischer oder emotionaler Belastung. An einem Ende des Spektrums gibt es geringfügigen, alltäglichen Stress, der zwar ärgerlich, aber leicht zu bewältigen ist, am anderen Ende eine klinische psychische Erkrankung, die Sie unglücklich und funktionsunfähig macht.

Zwischen diesen beiden Extremen – in denen sich das meiste Leben abspielt – liegt ein unglaublich breites Spektrum an Symptomen und Erfahrungen psychischer Befindlichkeiten. Es reicht von Traurigkeit über Unruhe und Angst bis hin zu Burnout, Gehirnnebel und Depressionen, die sowohl in ihrer Schwere als auch in ihrer Häufigkeit schwanken können. Ich leide zum Beispiel an klinischer Angst und Depression, aber an manchen Tagen fühlt sich das Leben wunderbar an, und an anderen Tagen, vor allem wenn ich eine Krise auf der Arbeit bewältigen muss und nicht gut geschlafen habe, wächst meine Angst und treibt mich an das ungesunde Ende des Spektrums. Der Punkt ist, dass es ein breites Spektrum an schwierigen psychischen Befindlichkeiten gibt, und wir *alle* werden einige davon zu irgendeinem Zeitpunkt erleben. Eine kürzlich von der American Psychological Association durchgeführte Studie ergab, dass bis zu 80 % der Menschen eine diagnostizierbare psychische Erkrankung wie Angstzustände, schwere Depressionen oder Substanzmissbrauch erleben. Psychische Erkrankungen sind so häufig, dass die Forscher zu dem Schluss kamen, dass »eine diagnostizierbare psychische

Störung zu einem bestimmten Zeitpunkt im Leben die *Norm* und nicht die Ausnahme ist« und dass »die Zahl der Personen, die ihr Leben lang keine psychische Störung haben, bemerkenswert gering ist«. Wie wenige? Laut dieser Studie, die die Teilnehmer von der Geburt bis zur Lebensmitte verfolgte, 17 Prozent.[3]

Ich hoffe, Sie können den Silberstreif am Horizont sehen. Wenn Sie sich jemals Sorgen gemacht haben, dass Sie der Einzige sind, der Probleme hat, können Sie diese Befürchtung nun ad acta legen. (Oder vielleicht tröstet es Sie zu wissen, dass der unerschütterliche Kollege, der immer alles im Griff zu haben scheint, wahrscheinlich nur ein sehr guter Schauspieler ist). Seelische Not ist einfach Teil des menschlichen Daseins. Meistens gehen diese schwierigen Gefühle vorbei, sobald die herausfordernde Situation überwunden ist, und selbst bei denjenigen von uns, bei denen eine psychische Erkrankung diagnostiziert wurde, ändern sich Schwere und Häufigkeit der Symptome je nach den Ereignissen, therapeutischen Eingriffen und Präventionsmaßnahmen. Manche verschwinden sogar mit der richtigen Behandlung. Ich finde es tröstlich, sich daran zu erinnern, dass wir alle in der gleichen schwierigen Lage sind, dass wir viele Ressourcen haben, um gesund zu werden, und dass das, was heute unmöglich scheint, morgen schon ganz anders aussehen kann.

Dieses Spektrum an Erfahrungen wirft jedoch einige wichtige Fragen auf: Was ist der Unterschied zwischen alltäglichem Stress und ernsthafter Angst, und ab welchem Punkt wird die Angst so problematisch, dass es sich um eine echte *Angststörung* handelt?

Zunächst einmal haben Stress und Angst einige Gemeinsamkeiten, aber sie sind nicht dasselbe. Es ist wichtig, zwischen den beiden zu unterscheiden, weil die Unterschiede ein beruhigendes Merkmal der Angst hervorheben. Stress ist das, was wir angesichts einer realen Bedrohung empfinden, die in der Regel von *außen* kommt – ein Beinahe-Unfall auf der Autobahn, die Notwendigkeit, ein Haushaltsdefizit zu rechtfertigen, ein Gerücht über Entlassungen. Während die Quelle von Stress extern ist – Ereignisse und Situationen, die oft nicht unter unserer Kontrolle stehen –, ist der Ursprung der Angst *intern* und läuft oft auf die Angst vor dem hinaus, was passieren könnte. Die Anxiety and Depression Association of America erklärt den Unterschied ganz einfach: »Stress ist eine Reaktion auf eine Bedrohung in einer Situation. Angst ist eine Reaktion auf den Stress.«

Während Stress und Angst die gleichen psychischen und physischen Symptome hervorrufen können – Sorgen, Reizbarkeit, Schlaflosigkeit, Herzklopfen, Schweißausbrüche, Kopfschmerzen, Zittrigkeit – klingen die Stresssymptome ab, sobald die äußere Bedrohung (der Stressor) verschwindet oder das Problem gelöst ist. Bei Angst hingegen können die schlechten Gefühle auch dann noch anhalten, wenn ein beunruhigendes Ereignis vorüber ist oder gar keine eindeutige Bedrohung vorliegt.

Wir haben wenig Kontrolle über ein Auto, das plötzlich die Spur wechselt – oder über die alltäglichen Stressfaktoren und den Druck, der mit der Arbeit einhergeht –, aber Angst ist eine andere Geschichte. Da Angst eine innere Emotion ist, die unser Gehirn erzeugt, *können wir lernen, mit ihr umzugehen*, auch wenn wir uns ihr manchmal hilflos ausgeliefert fühlen. Wir können verstehen, wie und warum unser Gehirn die innere Angst heraufbeschwört, und das gibt uns die Macht, mit ihr umzugehen und ihr nicht ausgeliefert zu sein.

Ich möchte betonen, dass es völlig normal ist, sowohl Stress als auch Angst zu empfinden, und dass selbst Momente großer Angst, wie zum Beispiel eine Panikattacke, nicht zwangsläufig bedeuten, dass man eine Angststörung hat.

Angstzustände, die so lästig geworden sind, dass sie eine klinische Diagnose rechtfertigen, sind durch zwei Dinge gekennzeichnet. Erstens sind sie übermäßig und überwältigend und stehen in keinem Verhältnis zur Situation. Anstelle der normalen Nervosität, die die meisten Menschen vor einer Rede verspüren, machen Sie sich zum Beispiel Gedanken darüber, wie Sie sich zum Narren machen, bis Sie hyperventilieren und Ihnen übel wird.

Zweitens beeinträchtigen oder verhindern Angstzustände, dass Sie alltäglichen Aktivitäten nachgehen können. Angst vor dem Fahren auf einer vereisten Straße zu haben, ist völlig normal, aber wenn Ihre Angst Sie den ganzen Winter über von der Straße fernhält, befinden Sie sich im Bereich der Angststörung. Ähnlich verhält es sich mit unserem vorherigen Beispiel: Wenn Sie es vermeiden, in der Öffentlichkeit zu sprechen, auch wenn Ihr Traumjob dies erfordert oder Sie im Grunde Ihres Herzens gerne mehr Präsenz zeigen würden, ist dies wahrscheinlich ein Hinweis auf eine Angststörung.

Verpasste Gelegenheiten sind eine der größten Tragödien, wenn wir unsere Ängste nicht in den Griff bekommen. Wenn wir nicht lernen, damit umzugehen, kann unsere Angst uns daran hindern, die Dinge zu tun, die wir wirklich tun wollen, und die Person zu sein, die wir wirklich sein wollen.

Aber selbst, wenn wir in der Lage sind, Situationen zu überstehen, die uns Angst machen, können die Mittel, die wir einsetzen, um sie zu überstehen, einen zu hohen Preis fordern. Scott Stossel, der nationale Redakteur des *Atlantic*, schreibt in seinem Buch *My Age of Anxiety* überzeugend über seine lebenslangen Kämpfe, zu denen auch das Trinken von Wodka vor Gesprächen mit Gruppen gehörte. Solche Geschichten sind sehr verbreitet. Viele von uns haben versucht, sich selbst zu medikamentieren oder ungesunde Verhaltensweisen an den Tag zu legen, um ihre Angst zu bewältigen.

Wenn das auf Sie zutrifft, versuchen Sie es jetzt mit dieser einfachen Gedankenübung: Stellen Sie sich die Person vor, die Sie wären, wenn die Angst Sie nicht zurückhalten würde. Stellen Sie sich diese Person in allen Einzelheiten vor. Wer sind Sie? Wo sind Sie? Was tun Sie gerade? Was ist die Wirkung, die Sie haben? Läuten Sie gerade die Eröffnungsglocke an der New Yorker Börse? Leiten Sie gerade ein motiviertes Team, um ein Produkt zu entwickeln, das das Leben von Millionen von Menschen verbessert? Gründen Sie eine Reihe äußerst erfolgreicher Startups und ziehen sich dann mit fünfundvierzig Jahren zurück, um Ihre Zeit mit der Betreuung junger Unternehmer zu verbringen? Geben Sie Ihren Job in einem Unternehmen auf und konzentrieren sich auf Ihr eigenes Unternehmen, von dem Sie schon immer geträumt haben, es von zu Hause aus zu betreiben? Steigen Sie gerade ins Flugzeug, um auf Geschäftsreise zu gehen, nüchtern und ruhig und ohne Angst, dass Sie abstürzen werden?

Oder möchten Sie einfach jeden Morgen ohne ein Loch im Bauch aufwachen?

Was auch immer Sie träumen, erinnern Sie sich an diese Person. *Das ist die Person, die Sie ohne das Hindernis der ungeprüften, unkontrollierten Angst sind.* Und das ist die Person, der Sie immer näherkommen werden, wenn Sie lernen, die Angst zu Ihrem Partner zu machen.

Angst, Ihr treuer Partner

Wenn die Angst Sie unglücklich macht, ist es leicht, sie als Feind zu betrachten, der um jeden Preis besiegt werden muss. Aber die Gehirnforschung zeigt eine andere Geschichte.

Die Hauptaufgabe des Gehirns besteht im wahrsten Sinne des Wortes darin, uns am Leben zu erhalten. Dies geschieht nicht nur durch die Regulierung von Herzfrequenz, Blutdruck und Körpertemperatur, sondern auch durch das ständige Absuchen unserer Umgebung nach potenziellen Bedrohungen. All dies geschieht, ohne dass wir uns dessen bewusst sind, im limbischen System, das als der älteste und ursprünglichste Teil des Gehirns gilt.

Der Bereich des limbischen Systems, auf den wir uns konzentrieren wollen, ist eine komplexe Struktur von Zellen, die Amygdala. Hier treffen unsere grundlegenden Überlebensmechanismen auf unsere Emotionen – und das nicht immer im positiven Sinne. Die Amygdala, die manchmal auch als »Bedrohungsdetektor« bezeichnet wird, verarbeitet angstauslösende oder bedrohliche Reize und löst die Kampf-, Flucht- oder Erstarrungsreaktion aus, wenn sie eine Gefahr wahrnimmt. Die Amygdala spielt auch eine Rolle dabei, Ereignissen eine emotionale Bedeutung beizumessen, was dazu beiträgt, sie im Gedächtnis zu verankern. Deshalb ist es so viel einfacher, sich an Dinge zu erinnern, die sehr emotional sind, wie die Geburt eines Kindes oder den epischen Streit mit Ihrem Partner – oder ein Ereignis, das Sie zu Tode erschreckt hat.

Wenn das Gehirn angstauslösende Ereignisse in das Langzeitgedächtnis speichert, geschieht dies aus einem grundlegenden Überlebensinstinkt heraus: Es will, dass Sie Situationen vermeiden, die es als gefährlich empfindet. Und da die Amygdala evolutionär gesehen ein so alter Teil des Gehirns ist, wurde sie in einer Zeit ausgebildet, in der die Menschen routinemäßig lebensbedrohlichen Gefahren wie Säbelzahntigern und Wolfsrudeln begegneten. Auch wenn die meisten von uns heute nur noch selten mit solchen Gefahren konfrontiert werden, agiert – und reagiert – dieser primitive Teil unseres Gehirns manchmal immer noch so, als ob dies der Fall wäre. Ganz einfach: Wir sind auf Angst eingestellt, weil wir auf Überleben eingestellt sind.

Aber die Sache ist die. Einige von uns haben eine hypervigilante Amygdala, eine, die ein wenig zu reizbar und übervorsichtig ist. Einige von uns haben eine Amygdala, die sowohl hypervigilant *als auch* schießwütig ist. Das macht uns nervös und wir neigen dazu, hinter jedem raschelnden Busch einen Säbelzahntiger zu vermuten, obwohl es nur der Wind ist.

Der berühmte Psychologe Rollo May stellte fest, dass »Angst ein wesentlicher Bestandteil des menschlichen Daseins ist«, und er meinte dies ganz wörtlich. Angst existiert, um uns vor Schaden zu bewahren. Aber bei einem ängstlichen Menschen können die Dinge aus dem Ruder laufen. »Wir sind nicht mehr die Beute von Tigern und Mammuts, sondern von Verletzungen unseres Selbstwertgefühls, von der Ächtung durch unsere Gruppe oder von der Bedrohung, im Konkurrenzkampf zu verlieren«, schrieb May bereits 1977. »Die Form der Angst hat sich verändert, aber die Erfahrung bleibt relativ gleich«.[4] Christine Runyan, klinische Psychologin und Professorin für Medizin an der Universität von Massachusetts, stimmt dem zu. »Wenn wir mit irgendeiner Ungewissheit konfrontiert werden, sei sie klein oder groß, real oder eingebildet, wird unser System zur Bewertung von Bedrohungen aktiviert«, erklärt sie.

Ich möchte einen wichtigen Punkt hervorheben, den Runyan für Führungskräfte anführt: Das System zur Bewertung von Bedrohungen reagiert auf *jede Unsicherheit*. Und welcher Job ist nicht mit Unsicherheit verbunden? Märkte können unbeständig sein, geschätzte Teammitglieder können kündigen, Rezessionen können auftreten, Pandemien können über den Globus hinwegfegen, Lieferketten können unterbrochen werden. Viele Menschen haben Angst vor einer ungewissen Zukunft, und ein Teil der Führungsverantwortung besteht darin, die Zukunft so gut wie möglich zu antizipieren und Entscheidungen zu treffen, von denen wir hoffen, dass sie die gewünschten Ergebnisse bringen. Aber natürlich gibt es dafür keine Garantie. Bei so viel Ungewissheit, die in der Natur der Führung liegt, ist es kein Wunder, dass so viele Führungskräfte von einem Grundton erhöhter Ängstlichkeit ausgehen.

Und genau da liegt der Knackpunkt. Die Amygdala kann nicht unterscheiden zwischen einer Bedrohung, die tatsächlich unser Leben bedroht – der Grizzlybär, auf den wir beim Wandern stoßen – und einem Ereignis, das *sich* einfach nur lebensbedrohlich *anfühlt*, wie die Präsentation einer Gewinnschätzung vor dem Vorstand. So oder so: Wenn das Gehirn etwas entdeckt, das es als Bedrohung interpretiert, löst es automatisch die Kampf-, Flucht- oder Erstarrungsreaktion aus. Und wenn *das* passiert, erleben wir eine Kaskade von körperlichen und emotionalen Reaktionen, die wir alle kennen: Herzklopfen, schnelle Atmung, Muskelanspannung und Zittern, Schwitzen und möglicherweise Übelkeit oder andere Verdauungsprobleme. *Furcht*. Das ist die Art und Weise, wie der Körper uns darauf vorbereitet, einen vermeintlichen Feind zu bekämpfen, vor ihm wegzulaufen oder sich tot zu stellen, in der Hoffnung, dass er weiterzieht.

All das ist angemessen und sehr willkommen, wenn unser Leben oder das Leben eines geliebten Menschen auf dem Spiel steht – wir brauchen einen enormen Adrenalinschub, Schnelligkeit, Kraft und erhöhte Konzentration, wenn wir einem Grizzly begegnen. Aber diejenigen von uns, die unter übermäßiger Angst leiden, können diese Art von panischer Angst auch bei Ereignissen empfinden, die überhaupt nicht lebensbedrohlich sind. Sobald das Gehirn, das auf Effizienz programmiert ist, die neuronalen Bahnen zwischen einer wahrgenommenen Bedrohung und der Bewertung dieser als bedrohlich angelegt hat, kann es sich an die Angstreaktion gewöhnen, die unseren Körper in Alarmbereitschaft versetzt. Die automatische Reaktion des Gehirns ist einer der frustrierendsten Aspekte der Angst: Sie ist oft irrational. Wir *wissen*, dass es unsinnig ist, in Panik zu geraten, weil wir bei einem Networking-Event Smalltalk halten müssen, und doch sitzen wir in der Ecke, schwitzen und zittern und sind nicht in der Lage, uns rational aus der Situation herauszureden. Oder wir befinden uns in einem nahezu konstanten Zustand leicht erhöhter Angst, der ohne erkennbaren Grund von Sorgen und einem vagen Gefühl der Furcht beherrscht wird.

Nach all dem fragen Sie sich vielleicht, wie ich dazu komme, die Angst als Partner oder Geschenk zu bezeichnen. Das geht auf die Ursprünge der Angst zurück: Der eigentliche Grund für ihre Existenz ist, uns zu schützen. Die Angst selbst ist also nicht unser Feind. Im Gegenteil, sie wurde als unser Freund und Beschützer konzipiert, um uns vor Schaden zu bewahren.

Ich habe es als enorm hilfreich empfunden, mich an diese grundlegende Wahrheit zu erinnern und daraus zu lernen, wie ich mit meinen Ängsten arbeiten kann, anstatt einen aussichtslosen Kampf gegen sie zu führen. Wenn meine Angst zu eskalieren droht, erinnere ich mich daran, dass mein Gehirn nicht kaputt ist und meine Angst nicht darauf aus ist, mich zu zerstören. Mein Gehirn funktioniert auf eine Art und Weise, die logisch, erwartungsgemäß und sogar wohlwollend ist. Es versucht, mich vor einer wahrgenommenen Bedrohung zu schützen.

Wenn es mir gelingt, ein wenig Abstand zwischen mich und meine Angst zu bringen, kann ich meine Angst gelassener behandeln, ihr dafür danken, dass sie so viel geleistet hat, um mich zu schützen, und mich fragen, was sie ausgelöst hat. Es ist von großem Vorteil, diese intellektuelle und psychologische Veränderung zu vollziehen, indem man die Angst nicht mehr als Feind betrachtet, den es zu vernichten gilt, sondern als einen übereifrigen Freund, der so sehr versucht, mir zu helfen. Sie werden von einem Ort der Zusammenarbeit und, an einem guten Tag, vielleicht sogar der Dankbarkeit ausgehen.

Wenn Sie von diesem Punkt noch weit entfernt sind, ist das in Ordnung. Zu lernen, mit der Angst als Freund und Partner zu leben, braucht Zeit. Die gute Nachricht ist: So wie Ihr Gehirn die neuronalen Bahnen für das gewohnheitsmäßige Auslösen einer Angstreaktion erlernt hat, kann es auf der Grundlage Ihrer Entscheidungen, Handlungen und Verhaltensweisen neue neuronale Verbindungen bilden – ein Phänomen, das als *Neuroplastizität* bekannt ist. Das heißt, wir müssen unserer Angst nicht hilflos ausgeliefert sein.

Auch wenn Sie sich nicht aus einer Angststörung herausdenken können, so können Sie doch Maßnahmen ergreifen, die Ihr Denken verändern, was wiederum Ihr Verhalten positiv verändert und Ihre Ängste kontrollierbarer macht. Ganz gleich, wie hartnäckig sich Ihre Angst anfühlt, es ist immer möglich, sich zu ändern, zu verbessern und neue Bewältigungsstrategien zu erlernen.

Und das ist ein Bereich, in dem wir Streber zufällig besonders gut sind.

2

Angst ist ein zweischneidiges Schwert

Alyssa Mastromonaco kann auf eine lange und bewegte Karriere in der Politik zurückblicken, aber am bekanntesten ist sie vielleicht für ihre Rolle im Weißen Haus als stellvertretende Stabschefin für Einsätze in der Obama-Regierung – die jüngste Person, die jemals diese Position innehatte. (Für Fans von *The West Wing*: Sie war Präsident Obamas Josh Lyman.) Nach Obama wurde Mastromonaco Chief Operating Officer von Vice Media und dann President of Global Communications Strategy and Talent bei A&E Networks. Sie ist außerdem *New York Times*-Bestsellerautorin, Redakteurin bei *Marie Claire* und Co-Moderatorin des Crooked Media-Podcasts *Hysteria*. Und das alles, obwohl sie sowohl unter Angstzuständen als auch unter dem Reizdarmsyndrom leidet, das durch Angstzustände oft noch verschlimmert wird.

Präsident Barack Obama hat sich mehr als ein Jahrzehnt lang auf Mastromonaco verlassen (schon bevor er Präsident wurde), als es darum ging, alles zu managen, vom Stillstand der Regierung über die Evakuierung amerikanischer Bürger aus Kairo nach dem Sturz von Hosni Mubarak bis hin zur Verabschiedung des Affordable Care Act. Es gibt wohl kaum eine hektischere, stressigere und anstrengendere Position. Wie also kann eine ängstliche Person in einem solchen Umfeld gedeihen?

Nun, wie viele ängstliche Leistungsträger schreibt Mastromonaco ihrer Angst die extreme Konzentration und Produktivität zu, die sie so erfolgreich gemacht hat. »Ich verstehe jetzt, dass meine Angst damals ein Nutzen war«, sagte sie mir. »Ich glaube, weil ich so präsent war, hatte ich sie völlig unter Kontrolle und nutzte sie zu meinem Vorteil.« In Mastromonacos Fall trieb die Angst sie dazu an, ständig vorauszudenken und nicht nur potenzielle Probleme zu antizipieren, sondern auch mehrere Lösungen für jedes dieser Probleme zu finden. »Ein Teil meiner Angst macht mich produktiv«, sagt sie. »Denn je mehr man unter Kontrolle hat, je mehr man weiß, was auf einen zukommt, desto weniger Stress hat man.« Und das bedeutet weniger Stress und mehr Fortschritt für Ihr Team, Ihre Führungskräfte und Ihr Unternehmen.

Während eine unbehandelte Angststörung früher oder später Ihre Führungsqualitäten untergräbt, ist ein Leben mit *kontrollierter* Angst eine andere Geschichte. Eine kontrollierte Angst kann die Produktivität steigern und Ihnen einen Wettbewerbsvorteil verschaffen, und ängstliche Führungskräfte, die gelernt haben, *mit* ihren Ängsten umzugehen, können unter stressigen Bedingungen sogar besser abschneiden als andere. Menschen, die es nicht gewohnt sind, mit Ängsten umzugehen, können in schwierigen Zeiten die ganze Nacht wach sein, während wir in der Lage sind zu schlafen. Wenn es zu einer Krise kommt, sind wir vorbereitet, weil wir die Situation wahrscheinlich schon eine Million Mal mental geprobt haben. Es gibt sogar Daten, die zeigen, dass das Gehirn ängstlicher Menschen Bedrohungen in einer anderen Region verarbeitet als das Gehirn ruhigerer Menschen – nämlich in einem Bereich, der für *Aktionen* zuständig ist.[1] Diese schnelle Reaktion auf eine Bedrohung oder eine angstauslösende Situation ist alles andere als ein Hindernis, sondern ein entscheidender Vorteil. Es kann sogar ein Gefühl der Erleichterung aufkommen, dass das Problem da ist und wir die ganze nervöse Energie für einen guten Zweck einsetzen können!

Wir ängstlichen Leistungsträger, die gelernt haben, unsere Ängste zu nutzen, können anderen viel beibringen, denn wir wissen, wie wir unsere Ängste in den Griff bekommen, so dass sie zu einem Vorteil und nicht zu einer Belastung werden. Ich habe zum Beispiel gelernt, dass meine soziale Ängstlichkeit mich zu einem aufmerksamen, neugierigen und interessierten Zuhörer macht – eine Fähigkeit, die meine Karriere im Vertrieb und Marketing mehr vorangetrieben hat als jede noch so spektakuläre Präsentation. Ebenso machten Mastromonacos Hypervigilanz und ihr sechster Sinn dafür, genau zu wissen, was in einer Krise gebraucht wird, sie zur perfekten Person für ihre wichtige Rolle, bei der viel auf dem Spiel stand.

Ängstliche Menschen haben sich so sehr daran gewöhnt, sich auf die Zukunft und das, was sie bringen könnte, zu konzentrieren, dass wir, wie Mastromonaco, bereits mehrere Lösungen parat haben, die wir einsetzen können, wenn etwas schief geht. Auch sind wir bereit, Chancen zu ergreifen, die andere vielleicht nicht einmal erkennen. In einer Wirtschaftskrise kann uns die Angst, die uns nachts wachhält, helfen, einen Weg zu finden, unser Geschäft aufrechtzuerhalten. Wir können auch besser mit unangenehmen Gefühlen umgehen – und davon gibt es im Laufe einer Karriere eine Menge. Wenn wir unsere Ängste mit Bedacht kanalisieren, können sie uns dazu motivieren, gewissenhafter zu sein, zwischenmenschliche Dynamiken besser wahrzunehmen, mehr auf Details zu achten und schneller Ergebnisse zu erzielen. Sie kann Barrieren abbauen und neue Bindungen schaffen. Sie kann unsere Teams einfallsreicher, produktiver und kreativer machen, und sie kann uns widerstandsfähiger werden lassen.

In diesem Kapitel möchte ich Ihnen helfen, die andere Seite der Angst zu verstehen, damit Sie diese in einem neuen Licht sehen können. Ängste sind keineswegs nutzlos oder immer schädlich, sondern bieten Vorteile für die Führung. Der Schlüssel liegt darin, die positiven Aspekte der Angst zu nutzen und die negativen abzuschwächen. Vielleicht können Sie sich nicht von der Angst befreien oder sie völlig kontrollieren, aber Sie können lernen, mit ihr so umzugehen, dass sie Ihnen zugutekommt und Ihre Effektivität erhöht. Und vielleicht gehören Sie dann zu den Führungskräften, die ihre Angst dafür verantwortlich machen, dass sie ihr Ziel erreicht haben, auch wenn es ein holpriger Weg war.

Die Beziehung zwischen psychischer Gesundheit und Erfolg

Als ich 2014 den Begriff »Unternehmerporno« prägte, dachte ich nicht allzu sehr darüber nach, wie unsere Besessenheit von den Höhen, Tiefen und Beinahe-Fehlschlägen von Unternehmerlegenden Gewohnheiten beschönigt und verherrlicht, die zu schlechter psychischer Gesundheit führen können, wie chronischer Schlafmangel und Überarbeitung.

Was sich hinter diesen Geschichten verbirgt, sind Angstzustände, Depressionen und andere psychische Probleme, unter denen so viele Spitzenkräfte leiden. Es gibt immer mehr Anhaltspunkte dafür, dass psychische Erkrankungen – ein Begriff, der sowohl diagnostizierbare psychische Störungen als auch akute psychische Probleme umfasst – bei sehr erfolgreichen Menschen häufiger vorkommen.

In einer oft zitierten Studie, die sich mit Unternehmern befasst, wurde festgestellt, dass 72 Prozent der Teilnehmer in der Stichprobengruppe von psychischen Problemen betroffen waren. Im Vergleich zur Kontrollgruppe gaben die Unternehmer häufiger an, an einer psychischen Erkrankung zu leiden (49 Prozent), an Depressionen (30 Prozent), ADHS (29 Prozent), Suchtmittelkonsum (12 Prozent) und bipolaren Störungen (11 Prozent).[2] In jüngerer Zeit haben Daten aus einer

Umfrage von Mind Share Partners, SAP und Qualtrics aus dem Jahr 2021 ergeben, dass die Befragten auf Geschäftsführungs- und C-Level zu 82 Prozent bzw. 78 Prozent häufiger über mindestens ein psychisches Symptom berichteten als Manager und einzelne Mitarbeiter.[3] In einigen Studien wurde festgestellt, dass CEOs mehr als *doppelt* so häufig an Depressionen leiden wie die Allgemeinbevölkerung, was vielleicht daran liegt, dass der Job so viel Druck, Isolation und Auszehrung mit sich bringt.[4] Vermutlich aus demselben Grund leiden schätzungsweise etwas mehr als 10 Prozent der Personen in Führungspositionen an einer Suchterkrankung.[5] Es gibt sogar Hinweise auf das höhere Auftreten schwerer Persönlichkeitsstörungen unter leitenden Angestellten: Während etwa 1 Prozent der Allgemeinbevölkerung psychopathische Verhaltensweisen zeigt, stieg die Rate unter leitenden Angestellten auf 3,5 Prozent.[6]

Warum scheinen die besonders ehrgeizigen und erfolgreichen Menschen überproportional häufig von psychischen Erkrankungen betroffen zu sein? Es ist ein faszinierendes Rätsel, das die Wissenschaftler noch nicht vollständig verstanden haben, aber einige Forscher haben beobachtet, dass genau die Eigenschaften, die Spitzenleistungen ermöglichen, eine Schattenseite haben, wenn sie auf die Spitze getrieben werden. Hyperfokus, unermüdliche Hingabe, Risikobereitschaft und übermäßiger Ehrgeiz sind beispielsweise die Markenzeichen vieler sehr erfolgreicher Menschen, können jedoch schwerwiegende Folgen für die psychische Gesundheit haben, wenn sie zu weit getrieben werden oder wenn sie nicht durch mildernde Gewohnheiten und Eigenschaften ausgeglichen werden. Ohne entsprechende Schutzmechanismen kann die Hyperfokussierung beispielsweise in übermäßiges Nachdenken, Grübeln oder Besessenheit ausarten. Unermüdlicher Einsatz kann zu Überarbeitung und Burnout führen, vor allem, wenn man sich selbst Schlaf und soziale Kontakte vorenthält. Risikobereitschaft kann, – wenn Sie weitreichende Entscheidungen treffen, ohne sich mit Ihrem Team abzustimmen, oder aus einer Angst heraus impulsiv reagieren – zu einer Katastrophe führen. Übertriebener Ehrgeiz kann dazu führen, dass Sie ein unhaltbares Tempo vorlegen und damit zu Angstzuständen und Depressionen führen, wenn Sie die (möglicherweise unrealistischen) Ziele, die Sie sich selbst gesetzt haben, nicht erreichen.

Natürlich bedeutet das Vorhandensein einer oder sogar aller dieser Eigenschaften nicht, dass man eine psychische Störung hat – und gute Führungskräfte brauchen jede dieser Eigenschaften bis zu einem gewissen Grad. Die wichtigste Erkenntnis ist folgende: Der Zusammenhang zwischen einem hohen Maß an Leistungsbereitschaft und Erfolg und einem überdurchschnittlich hohen Risiko für psychische Erkrankungen unterstreicht die Notwendigkeit von Gewohnheiten, die Leistung *und* psychische Gesundheit fördern. Eine angemessene Selbstfürsorge, die insbesondere ausreichend Schlaf, Therapie, Bewegung, gesunde Ernährung, Pausen von der Arbeit und soziale Unterstützung umfasst, ist nicht verhandelbar. Dies gilt für jede Führungskraft, die Spitzenleistungen anstrebt, aber insbesondere für diejenigen unter uns, die zu Angstzuständen neigen oder eine psychische Diagnose haben.

Zur Selbstfürsorge für den Erfolg gehört auch, dass Sie, soweit es Ihnen möglich ist, ein Arbeitsumfeld schaffen, das Ihre Persönlichkeit und Ihre geistige Gesundheit am besten unterstützt. Meine psychische Gesundheit hat sich enorm verbessert, als ich meine Arbeit in einem Unternehmen aufgab und begann, von zu Hause aus zu arbeiten, wo ich meinen Zeitplan und mein Umfeld selbst bestimmen konnte. Das Gleiche gilt für Ihre Rolle: Suchen oder schaffen Sie eine Arbeit, die Ihren Stärken und Persönlichkeitsmerkmalen entspricht und, was ebenso wichtig ist, die Sie so wenig wie möglich Ihren bekannten Schwachstellen und Angstauslösern aussetzt. Wenn Sie beispielsweise ein geselliger, extrovertierter Mensch sind, der soziale Kontakte sucht, ist es für Ihre psychische Gesundheit und Ihren Erfolg nicht gerade förderlich, allein in Ihrem Keller zu arbeiten.

Da Stress und Ängste mit der Arbeit einhergehen und mit dem beruflichen Aufstieg und den damit verbundenen Erwartungen zunehmen werden, sollten Sie dafür sorgen, dass Sie in der Lage sind, mit den steigenden Anforderungen an Ihre Zeit, Ihre Verantwortung und Ihre Leistung umzugehen. Wenn wir viel zu tun haben und zu viele Termine einhalten müssen, sind unsere Selbstfürsorge und unsere Freizeitaktivitäten oft die ersten, die auf der Strecke bleiben. Aber wir, die wir auf Leistung bedacht sind, müssen die Selbstfürsorge als unverzichtbar ansehen – genauso wie unsere Arbeitsprodukte. Ohne angemessene Unterstützung und Selbstfürsorge verwandelt sich erhöhter Stress allzu leicht in problematische Ängste, eskalieren Erschöpfung und Überarbeitung zu einem Burnout oder werden ungesunde Bewältigungsstrategien zu schlechten Gewohnheiten, die unseren Erfolg sabotieren. Unkontrolliert kann eine emotionale Abwärtsspirale sogar eine ernsthafte psychische Erkrankung auslösen und mit Sicherheit eine bestehende Diagnose verschlimmern.

Alyssa Mastromonaco, die ihre ängstliche Natur so effektiv nutzte, um außergewöhnliche Ergebnisse zu erzielen, erreichte schließlich einen Punkt, an dem sie das hohe Tempo und den extremen Stress ihrer Arbeit nicht mehr aushalten konnte. Ihr Weckruf kam in Form von häufigen Reizdarm-Attacken und schließlich einer so tiefgreifenden körperlichen und geistigen Erschöpfung, dass sie in der medizinischen Abteilung des Weißen Hauses landete, unfähig zu funktionieren. Es dauerte zwei Monate, bis sie wieder voll einsatzfähig war.

Aber Mastromonacos wirkliche Genesung begann erst, nachdem sie das Weiße Haus verlassen hatte und in ihrer plötzlich vielen Freizeit ihre Ängste nicht mehr beherrschen konnte. Sie wurde schwer depressiv und nahm sich sechs Monate frei. Aber »anstatt die Druckentspannung herbeizuführen, die ich gebraucht hätte, habe ich viel geweint … und war sehr darauf fixiert, einen Job zu finden, weil ich dachte, dass die Gefühle verschwinden würden, wenn ich einen Job finde und irgendwo arbeite«, sagt sie. Mastromonaco fand einen weiteren Job mit hoher Intensität, viel Stress und der zusätzlichen Schwierigkeit, sich in eine Kultur einzufügen, die sich grundlegend von der des Weißen Hauses unterschied. Wieder einmal sandte ihr Körper SOS. Nachdem Mastromonaco wegen unerträglicher Magenschmerzen in weniger als einem Monat dreimal die Notaufnahme aufgesucht hatte, wurde sie von einem Freund an einen Gastroenterologen überwiesen. Dort erfuhr sie schließlich, was der Grund für ihre Beschwerden war und wie sie wieder gesund werden konnte.

Sie beschreibt es folgendermaßen: Der Gastroenterologe sagte: »Es ist so. Sie haben nicht nur ein Reizdarmsyndrom, sondern auch schwere Angstzustände, und die haben alles noch verschlimmert. Ich habe es einfach immer weiter in mich hineingestopft, bis mein Körper sagte: ›Hör auf. Uns geht es nicht gut.‹« Mastromonaco begab sich in Therapie und nahm Antidepressiva, und wie es ihrem Naturell entsprach, begann sie, offen über ihre Probleme mit dem Reizdarmsyndrom und ihren Ängsten zu sprechen. Heute leidet sie immer noch unter Angstzuständen, aber es geht ihr sehr gut, weil sie daran gearbeitet hat, gesund zu werden, und gelernt hat, die positiven Aspekte ihrer Angst zu nutzen und die schädlichen Auswirkungen hinter sich zu lassen.

Der schlechte Ruf der Angst

Im Laufe der Jahre bin ich immer wieder auf die Überzeugung gestoßen, dass Angst ein unproduktiver und schädlicher emotionaler Zustand ist und daher mit allen Mitteln beseitigt werden sollte. Ein paar Mal wurde ich von denjenigen zurückgewiesen, die glauben, dass so genannte negative Emotionen – wie Angst, Wut, Kummer oder Traurigkeit – schädlich sind und uns nicht dienen und deshalb beseitigt (oder irgendwie losgelassen) werden sollten. Als jemand, der lange Zeit sehr unter den negativen Auswirkungen von Angst gelitten hat, kann ich diese Einstellung gut verstehen. Keiner von uns möchte Schmerzen haben, und eine unkontrollierte Angststörung *ist* unproduktiv und schädlich. Sie nützt niemandem.

Und doch bin ich die Erste, die sagt, dass Angst einen schlechten Ruf hat und dass der Versuch, sie – oder jede andere schwierige Emotion – auszurotten oder zu eliminieren, letztendlich Ihre Führungsqualitäten und Ihre geistige Gesundheit untergraben wird.

Wenn Sie von Natur aus ängstlich sind, gehört das einfach zu Ihrem Wesen. Sie können zwar lernen, die schädlichen Auswirkungen der Angst zu verringern und auf eine gesündere, produktivere Art und Weise auf die Angst zu reagieren, aber es gibt keine Maßnahme, die diesen Kernbereich Ihrer Persönlichkeit einfach verschwinden lässt. Sie brauchen sich nicht schlecht zu fühlen, weil Sie so sind, wie Sie sind, und Sie brauchen keine Zeit mit dem Versuch zu verschwenden, jemand zu sein, der Sie nicht sind. Vielleicht müssen Sie an einigen Dingen arbeiten – wer tut das nicht – aber im Grunde sind Sie in Ordnung, so wie Sie sind. Sie haben der Welt etwas zu bieten, was nur Sie mit all Ihren einzigartigen Fähigkeiten, Problemen und Erfahrungen können.

Ich erlebte einen echten Wendepunkt, als ich akzeptierte, dass ich nicht das unerreichbare Ziel einer perfekten geistigen und emotionalen Gesundheit erreichen muss, um gute Arbeit zu leisten, sondern dass ich meine Natur nicht ändern oder mich irgendwie von der Angst »heilen« muss. Das Ziel besteht vielmehr darin, nicht mehr gedankenlos auf die Angst zu reagieren, was oft zu schlechten Entscheidungen führt und unser Unglücklichsein fördert. Stattdessen heißt es, achtsam zu reagieren, wenn die Angst auftaucht. Denn aus einem achtsameren Zustand heraus können Sie beginnen, die Vorteile zu entdecken, die Ihre ängstliche Natur mit sich bringt.

Wendy Suzuki, Professorin für Neurowissenschaften und Psychologie an der New York University, ist eine der führenden Stimmen, die sich gegen die gängige Meinung wendet, dass Angst immer schlecht ist. Ihre Arbeit zur Neuroplastizität – der Fähigkeit des Gehirns, sich an seine Umgebung anzupassen – wurde zum Eckpfeiler ihrer Forschung darüber, wie wir die Kontrolle über unsere Angst übernehmen und sie zu einem nützlichen Werkzeug machen können, statt zu einem negativen, unproduktiven Gefühl, das uns kontrolliert.

Der Schlüssel liegt darin, ein Gleichgewicht zwischen diesem wünschenswerten Zustand, in dem wir wachsam und bereit zum Handeln sind, und der negativen Angst, die unser Funktionieren beeinträchtigt, zu finden. Die »gute Angst«, wie Suzuki sie definiert, ist der Körper-Gehirn-Raum, in dem wir engagiert und aufmerksam sind und uns *gerade genug gestresst* fühlen, um unsere Aufmerksamkeit zu maximieren und uns auf das zu konzentrieren, was wir tun wollen. »Denken Sie daran, wann Sie die besten Leistungen erbracht haben«, sagt sie. »Bei mir war es, wenn ich nervös war und ein bisschen Angst hatte.« Wenn sie vor einer großen Rede nicht nervös ist, weiß sie, dass sie ihre Vorbereitung nicht ernst genug nimmt. Stattdessen nutzt Suzuki ihre Nervosität als »Aktivierungsenergie«, um sich zu motivieren und zu konzentrieren.

Was aber, wenn Sie diesen Idealpunkt zwischen guter, produktiver Angst und schlechter, unkontrollierbarer Angst noch nicht finden können? Was ist, wenn Ihre Angst so schmerzhaft ist, dass Sie nur noch vor ihr zu weglaufen wollen?

Seien Sie zunächst einmal nachsichtig mit sich selbst. Unangenehme Gefühle zu erleben ist schwierig, und es ist ganz natürlich, dass man vor ihnen weglaufen möchte. »Wir alle müssen uns ständig darin üben, unsere Gefühle auszuhalten, das Unbehagen auszusitzen und nicht sofort zu versuchen, es zu verbergen, zu leugnen, zu entkommen oder uns abzulenken«, sagt Suzuki.

Das Unbehagen auszuhalten, bewirkt zwei Dinge: »Man gewöhnt sich an das [angstauslösende] Gefühl und erkennt, dass man es tatsächlich überleben kann, und man gibt sich selbst Zeit und Raum in seinem Gehirn, um eine bewusstere Entscheidung darüber zu treffen, wie man handeln oder reagieren soll. Auf diese Weise wird ein neuer, positiverer neuronaler Pfad geschaffen.«[7]

Wir können unser Gehirn darauf trainieren, auf Angstgefühle in neuer, gestalterischer Weise zu reagieren. Wenn es Ihnen leichter fällt, können Sie sogar üben, die Ängste zu akzeptieren und sie durch sich hindurchfließen zu lassen, ohne auf sie zu reagieren. Wir können lernen, zu akzeptieren, dass Angst, auch wenn sie unangenehm ist, uns nicht umbringen wird, und wir können sie sogar als produktive Kraft begrüßen.

Das erfordert in der Tat etwas Übung, aber »gerade die Übung ist der Grund, warum diejenigen von uns, die unter Ängsten leiden, einen klaren Vorteil bei der Entwicklung dieser Superkraft haben«, sagt Suzuki. »Warum? Weil eine Neubewertung nur möglich ist, wenn man sich bewusst ist, was bei einem nicht funktioniert, und Angst ist die Emotion, die genau das aufzeigt – es gibt keinen besseren Motivator, der einem sagt, woran man arbeiten muss, als die eigenen Angstauslöser. Sie können ein Weg zu einigen der besten Erkenntnisse und Veränderungen sein, die Sie heute in Ihrem Leben vornehmen können.«[8]

Suzuki beschreibt ein solches Beispiel aus ihrem eigenen Leben, eine schwierige Zeit, in der sie überarbeitet und einsam war und sich allgemein unzufrieden fühlte. Sie führte Veränderungen in ihrem Lebensstil durch, die dazu beitrugen, dass sich ihr Körper besser fühlte (Sport, bessere Ernährung und Meditation), aber sie begann auch, auf ihre Ängste zu achten, und stellte fest, dass diese eine Geschichte zu erzählen hatten. »Meine Angst war ein großes, rot blinkendes Zeichen, das mir sagte: *Du brauchst mehr soziale Interaktion, Freunde, Freundschaft und Liebe in deinem Leben! Du bist kein Roboter, der nur arbeitet! Achte auf all diese negativen*

Emotionen, die ich dir schicke; sie geben dir eine Botschaft! Diese negativen Gefühle sind WERTVOLL!«[9]

Angstgefühle könnten die Art und Weise sein, wie Ihr Gehirn Sie darauf aufmerksam macht, dass Sie etwas ändern müssen. Auch hier zeigt sich, dass Angst ein treuer Freund ist, ein verstecktes Geschenk. Diese vagen Gefühle der Unzufriedenheit und des Unbehagens? Vielleicht sind sie ein Zeichen dafür, dass Sie sich in einem Beruf befinden, der nicht optimal zu Ihnen passt. All das Grübeln und die Unruhe, die wie ein Uhrwerk auftauchen, wenn Sie vor einer Aufgabe stehen, die Sie fürchten? Vielleicht sagen Ihnen Ihre Ängste, dass Ihre Fähigkeiten woanders liegen.

Wenn Sie sich mit negativen Gefühlen soweit anfreunden können, dass Sie ihre Botschaft hören und beherzigen, kann eine echte Transformation stattfinden. Dann, so Suzuki, haben Sie die Möglichkeit, »etwas anders zu tun und zwar auf eine Art und Weise, wie es niemand auf der Welt zuvor getan hat«.[10] Sie Glücklicher!

Wenn wir in der Lage sind, mit der Angst zu leben und aus ihr zu lernen, haben wir das angenommen, was Suzuki eine »aktivistische Denkweise« nennt. Das ist es, was wir brauchen, um die generativen Kräfte der Angst anzuzapfen und schließlich die von ihr genannten Superkräfte der Angst freizusetzen, wie beispielsweise bessere Konzentration, stärkere körperliche und emotionale Widerstandsfähigkeit, höhere Produktivität und Leistung sowie gesteigerte Kreativität, Empathie und Mitgefühl.

Suzuki erzählt die Geschichte von Monica (nicht ihr richtiger Name), einer Startup-Beraterin, die sich auf Geschäftsentwicklung spezialisiert hatte. Monica war so zielstrebig und erfolgreich, dass sie sich den Spitznamen »Wonder Woman« verdient hatte. Außerdem litt sie ihr ganzes Leben lang unter problematischen Angstzuständen. Zu Beginn ihrer Karriere zeigte sich ihre ängstliche Natur darin, dass sie sich »über jeden Schritt und jede abschließende Entscheidung Gedanken machte«, und das wurde so belastend, dass Monica einen Berufswechsel in Betracht zog.

Dann erkannte sie, dass die zwanghaften Tendenzen, die sie dazu brachten, sich Sorgen zu machen und jeden Schritt zu hinterfragen, ein geschäftlicher Vorteil waren. Anstatt zu versuchen, die unangenehmen Gefühle loszuwerden, die sie empfand, wenn sie unter Druck stand, beschloss Monica, ihre Aufmerksamkeit darauf zu richten, alle möglichen Fallstricke einer bestimmten Situation zu erkennen. Die daraus resultierende »Was-wäre-wenn-Liste«, die sie erstellte, wurde zu einem »Werkzeug, das ihr half, eine effektivere und vollständigere Bewertung jedes Geschäftsvorschlags vorzunehmen«. Seit dieser Erkenntnis erwartet Monica nicht nur, dass ihre Ängste auftauchen, wenn sie eine geschäftliche Entscheidung treffen muss, sie *will* es sogar. »Meine Ängste anzunehmen hat mich zu einer viel effektiveren Unternehmerin gemacht«, sagt sie.[11]

Und das ist wirklich der Schlüssel. Was sind die Vorteile Ihrer ängstlichen Natur? Können Sie diese erkennen, sie als etwas Positives betrachten und dazu nutzen, Ihre Leistung zu steigern?

Ängste richtig einordnen

David Barlow ist der Gründer und emeritierte Direktor des Zentrums für Angst und verwandter Störungen an der Boston University. Er ist ein Experte mit jahrzehntelanger klinischer Forschungserfahrung über das Wesen und die Behandlung von Angststörungen, und als ich ihn für den *Anxious Achiever* Podcast interviewte, sagte er etwas, das man sich merken sollte, wenn man sich wegen seiner Angst entmutigt fühlt. »Ich denke, es ist wichtig, sich daran zu erinnern, dass man mäßig ängstlich sein *sollte*«, sagte Barlow. »Mäßige Angst ist Ihr Freund.«

Der beste Ansatz für ängstliche Führungskräfte, die ihr Bestes geben wollen, sei es, das richtige Maß an Angst zu finden, nicht zu viel und nicht zu wenig. »Sie wollen Ihre Ängste nicht beseitigen«, sagte Barlow. »Die Angst ist aus einem bestimmten Grund da. Sie ist ein normales menschliches Gefühl und ein sehr wichtiger Teil unseres Funktionierens. Ohne sie würde die Leistung von Sportlern, Entertainern, Führungskräften, Künstlern und Studenten leiden. Unsere Kreativität würde abnehmen. Unsere Ernten könnten nicht eingebracht und für Lebensmittel nicht gesorgt werden.« Kurz gesagt: Mäßige Angst führt dazu, dass wir vorbereitet sind und unser Bestes geben.

Scott Stossel, der nationale Redakteur des *Atlantic*, leidet sein Leben lang schon an einer Angststörung und sagte mir, dass ängstliche Züge, so schlimm sie auch sein mögen, oft mit einer positiven Eigenschaft oder einer guten Seite verbunden sind. Sozial ängstliche Menschen, die sich Sorgen machen, wie sie auf andere wirken, sind zum Beispiel einfühlsamer und gewissenhafter, gerade weil sie so aufmerksam auf die Temperatur eines Raumes und die Reaktionen jedes Einzelnen darin achten. »Sie sind wahrscheinlich besser in der Lage, sich in die Sichtweise anderer Menschen hineinzuversetzen als jemand, der wenig Angst hat, und können sich daher leichter mit anderen verbinden«, so Stossel. »Als Manager können Sie dadurch effektiver arbeiten, weil Sie besser vorhersehen können, wie etwas, was Sie sagen oder kommunizieren oder was Ihr Unternehmen kommuniziert, auf eine bestimmte Person wirken wird, und Sie können diese dabei besser unterstützen«.

Auch die angsteinflößende Hypervigilanz, bei der man seine Umgebung ständig nach Bedrohungen absucht, kann zu einer positiven Kraft werden, wenn man lernt, sie unter Kontrolle zu halten. »In einem Arbeitsumfeld bedeutet dies, dass man sehr aufmerksam ist, was vor sich geht«, so Stossel. Und selbst wenn man Situationen zu negativ bewertet, »ist man wahrscheinlich besser auf schlechte Dinge vorbereitet, die auf einen zukommen. Man kann quasi um die Ecke denken.«

Die Supermacht, von der wir nicht wussten, dass wir sie brauchen

Eine Führungspersönlichkeit, die ich im Podcast interviewte und die wirklich gelernt hat, ihre Ängste in den Griff zu bekommen, ist Harley Finkelstein, Gründer und Präsident von Shopify, einem der größten und profitabelsten E-Commerce-Unternehmen der Welt. Finkelstein war schon immer ein ängstlicher Überflieger: Seit seiner Kindheit ist er ängstlich und hat ein Talent für Unternehmertum. Sein erstes Unternehmen gründete er bereits mit dreizehn Jahren. Als er DJ werden wollte und keinen Job bekam, gründete er seine eigene DJ-Firma. Dann, als Finkelstein siebzehn war, nur wenige Monate nach Beginn seines Studiums an der McGill University, brach der Aktienmarkt zusammen und seine Familie verlor alles. Der naheliegende nächste Schritt war, das Studium abzubrechen und zurück nach Hause zu ziehen, um Vollzeit zu arbeiten. Aber Finkelstein dachte, dass es einen Weg geben müsse, die Schule weiter zu besuchen und seine Familie zu unterstützen, und er fand die Lösung im Unternehmertum. Innerhalb weniger Jahre verkaufte das T-Shirt-Geschäft, das er als Studienanfänger gegründet hatte, Kleidung an mehr als fünfzig Universitäten in ganz Kanada.

»Das war nicht von Leidenschaft getrieben«, sagte Finkelstein. »Ebenso wenig von Interessen oder einem unglaublichen Ehrgeiz. Es war die Angst, die den Überlebenswillen wachrief.« Finkelsteins Angst ließ ihn jeden Morgen um sechs Uhr aus dem Bett springen und loslegen. Damals wurde ihm zum ersten Mal klar, dass Ängste auch ein Vorteil sein können. »Diese Sache, die ich habe, konnte tatsächlich unglaublich effektiv sein, wenn es darum ging, ein unternehmerisches Ziel oder ein Geschäftsziel zu erreichen«, sagte er.

Was nicht heißen soll, dass Angstzustände Finkelsteins Lebensqualität nicht auch negativ beeinflusst haben. Als er ein Kind war, äußerte sich die Angst in Wutanfällen. Als Teenager zeigte sie sich in Form von Streitigkeiten mit seinen Eltern. Als Unternehmer in den Zwanzigern weigerte er sich, seinen Ängsten auf den Grund zu gehen und zu lernen, wie er auf gesündere Weise mit ihnen umgehen konnte. »Ironischerweise habe ich einige Jahre damit verbracht, meine Ängste loszuwerden, weil ich dachte, dass ich das tun sollte«, sagte Finkelstein. »Erst als ich Ende zwanzig war, wurde mir klar, dass ich diese Sache nicht loswerden kann. Das ist ein Teil von mir. Was ich jedoch tun kann, ist, sie besser zu managen und dafür zu sorgen, dass diese Superkraft verfeinert wird.«

Heutzutage bewältigt Finkelstein seine Ängste durch Therapie, tägliche Meditation, Bewegung, Atemübungen und eine sorgfältige Zeitplanung, mit der er seine Arbeitszeiten einteilt und seine Zeit mit der Familie schützt. Seine tiefe Selbsterkenntnis hat ihn in die Lage versetzt, die Werkzeuge zu erkennen, die er braucht, um ein erstaunlich effektiver Leistungsträger zu sein und seine Angst in Schach zu halten, wenn sie zu eskalieren beginnt – und sich andererseits auf sie als Superkraft zu stützen, wenn die Situation es erfordert.

Wenn er zum Beispiel vor einer großen öffentlichen Veranstaltung nervös ist, macht Finkelstein eine tiefe Atemübung, die das parasympathische Nervensystem aktiviert (auch bekannt als unser »Ruhe- und Verdauungssystem«). Es ist eine »dreiminütige Übung, die sofort meine Angst reduziert, mich konzentrierter macht und mich weniger nervös werden lässt«, so Finkelstein. Aber wenn er hochenergetisch bleiben muss, begrüßt er die Anwesenheit von Angst. »Wenn ich mich auf etwas wirklich Wichtiges vorbereite – zum Beispiel einen Börsengang, eine Telefonkonferenz oder die Verhandlung eines sehr wichtigen Geschäftsabschlusses – möchte ich einen Teil der Angst nutzen, um all die Dinge zu antizipieren, die schief gehen könnten«, sagte er. »Dadurch habe ich eine unglaubliche Checkliste mit Dingen, an die die meisten Menschen nie denken würden.« Die Fähigkeit ängstlicher Leistungsträger, Probleme vorauszusehen und alles doppelt zu überprüfen, ermöglicht es ihnen, im Vorfeld Leitplanken zu setzen, sodass potenzielle Probleme einfach nicht auftreten können.

Eine weitere Führungskraft, die ihre Angst als unverzichtbare Zutat für ihren Erfolg bezeichnet, ist Andrea Parra Vera, Forschungs- und Entwicklungsmanagerin bei Procter & Gamble in Brasilien. Nachdem Parra Vera gehört hatte, wie Finkelstein und andere Teilnehmer des Podcasts ihre Ängste als Superkräfte bezeichneten, meldete sie sich bei mir auf LinkedIn. »Ich habe das gehört und musste so sehr lachen, weil es so ist«, sagte sie.

Die aus Venezuela stammende Parra Vera beschrieb, wie sie in einem Land aufwuchs, das durch Hyperinflation, politische Verfolgung und den Mangel an grundlegenden Dingen wie Medizin, Wasser und Strom destabilisiert war. Seit ihrem zwölften Lebensjahr wusste sie, dass sie eine »Ausstiegsstrategie« für sich und ihre Familie brauchte. »Ich wuchs mit der Angst auf, wie sich mein Leben in diesem Land entwickeln würde, von dem ich keine Ahnung hatte, ob ich eine

Zukunft haben würde«, sagte sie. »Ich bin mit der Angst aufgewachsen, dass jederzeit alles passieren könnte.«

Parra Vera nutzte diese Angst, indem sie in allen Bereichen zu einer Streberin wurde. »Ich habe jede Sprache angefangen, die ich lernen konnte, und meinen Abschluss als Klassenbeste gemacht«, sagt sie. »Ich habe versucht, den absolut besten Job zu finden, den ich finden konnte. Insgesamt hatte ich das Gefühl, dass ich die Beste werden musste, die ich sein konnte. Wenn ich auch nur einen Knochen in meinem Körper habe, der Potenzial hat, werde ich ihn ausquetschen, denn ich muss jede Chance nutzen, die sich mir bietet, um aus dieser Situation herauszukommen und auch allen um mich herum eine Hilfe zu sein.« Parra Vera hat es auf sich genommen, ihre Ausbildung abzuschließen und genug Geld zu verdienen, um ihre Eltern und ihren Bruder aus Venezuela herauszuholen. Sie räumt ein, dass dieses enorme Unterfangen – und der Glaube, dass alles von ihr abhing – aus der Angst resultierte, die sie sich selbst einredete. Aber sie schreibt ihrer Angst auch die Beharrlichkeit zu, eine Vorreiterin zu sein, die das Leben ihrer Familie zum Besseren verändert hat. »Ich glaube nicht, dass ich es ohne diese überehrgeizige Einstellung geschafft hätte«, sagt sie.

Jetzt, da ihre Familie in Sicherheit ist und Parra Vera eine anspruchsvolle Führungsrolle innehat, war ich neugierig, wie sich ihre Ängste in ihrem Arbeitsleben zeigen und wie sie damit umgeht. Sie beschrieb Erfahrungen, die vielen von uns bekannt vorkommen dürften: Anfälle von Hochstapler-Syndrom, Sorgen darüber, ob sie genug tut, Sorgen darüber, ob sie auf die nächste Krise vorbereitet ist, Sorgen über »das schlimmstmögliche Ergebnis«. Was hilft ihr? Eine Therapie, Kräutertee, Tagebuchführung, um ihre Gefühle zu verarbeiten, und ein offener Umgang mit ihren Ängsten bei der Arbeit. Als Parra Vera um mehr zeitliche Flexibilität für ihr psychisches Wohlbefinden bat, erhielt sie nicht nur volle Unterstützung, sondern auch Hilfe von der Personalabteilung, um ein Programm für psychisches Wohlbefinden am Arbeitsplatz zu starten. »Meine persönliche Mission ist es, die Botschaft zu vermitteln, dass wir Menschen sind und es in Ordnung ist, im Alltag Probleme zu haben«, sagte sie. »Bei der Arbeit ist nicht jeder perfekt. Man kann Probleme haben und lernen, mit ihnen umzugehen, und das macht einen nicht weniger professionell.«

Obwohl die meisten von uns nicht die extremen Umstände erleben werden, die Parra Vera erlebte, haben viele ängstliche Leistungsträger ihre Ängste genutzt, um für sich und ihre Familien ein besseres Leben zu schaffen, und jede Führungskraft muss von Zeit zu Zeit Situationen meistern, in denen viel auf dem Spiel steht und Ängste hervorgerufen werden. Was Parra Vera so gut gemacht hat und was wir alle lernen können, ist, was Psychologen manchmal das *Entschärfen unserer*

Ängste bezeichnen. Ängste verschwinden nicht, aber man kann lernen, ihnen den Biss zu nehmen und sie weniger schädlich zu machen. Parra Vera hat ihre Ängste überwunden, indem sie darüber gesprochen hat, und sie hat im Gegenzug vielen anderen Menschen in ihrem Unternehmen geholfen, ihre Ängste ebenfalls zu überwinden.

Angst *ist* eine Superkraft, sagte Parra Vera. »Wir müssen sie nur abschwächen, damit sie nicht so viel von uns abverlangt.

Angst ist kein schädliches Hindernis für die Führungsarbeit, sondern ein hilfreicher Bestandteil davon. Der Schlüssel liegt darin, zu lernen, wie wir sie so handhaben, dass sie uns nützt, während wir die Art von lähmender Angst hinter uns lassen, die unsere Führungsqualitäten untergraben und unser Wachstum hemmen kann.

3

Entdecke deine Auslöser und Vorzeichen

Seien wir ehrlich: Ängste sind seltsam. Sie sind widersprüchlich und ergeben oft keinen Sinn. Was der eine als bedrohlich empfindet, nimmt der andere kaum wahr, und es ist nicht ungewöhnlich, dass scheinbar widersprüchliche Angstreaktionen bei ein und derselben Person auftreten. Ich habe mit so vielen Führungskräften gesprochen, die kein Problem damit haben, eine Grundsatzrede vor Tausenden von Menschen zu halten, aber beim bloßen Gedanken an Smalltalk bei einem Abendessen Panikattacken bekommen. Andere empfinden Jobs mit vielen Kontakten als belebend, leiden aber unter starken Angstzuständen oder Depressionen, wenn sie allein sind; wieder andere fühlen sich allein wohl und reagieren bei häufigen Kontakten mit Menschen erschöpft, ängstlich und depressiv. Selbst Menschen, die wir traditionell für mutig halten – Fallschirmspringer, Klippenspringer, furchtlose Investoren – werden manchmal von lähmenden inneren Ängsten geplagt.

In manchen Fällen *treibt* die Angst Menschen sogar zu einem riskanten Verhalten, das die meisten von uns vermeiden würden. Meist, wenn so viel auf dem Spiel steht, dass das Risiko für sie die einzige Möglichkeit ist, ein Problem zu lösen und die Angst zu verringern. Der Präsident von Shopify, Harley Finkelstein, den wir in Kapitel 2 kennengelernt haben, war schon als kleines Kind ängstlich *und* unternehmerisch tätig. Der Investor und Startup-Berater Andy Johns, der an *acht* Unternehmen in der Frühphase, die mehr als eine Milliarde Dollar wert sind, mitgearbeitet oder sie beraten hat, sagt, dass Angst »zu meiner Fähigkeit beigetragen hat, gute Leistungen bei der Arbeit zu erbringen, während sie es mir gleichzeitig sehr schwer gemacht hat, einen klaren Kopf zu behalten«.

Ihr Angstempfinden kann sich auf eine bestimmte Situation oder einen bestimmten Bereich konzentrieren – zum Beispiel eine Phobie – oder es kann sich als ein allgegenwärtiges Gefühl des Unbehagens oder der Furcht manifestieren. Angst kann auch in Form von Verhaltensweisen auftreten, die von unserer Gesellschaft und Arbeitskultur belohnt werden: Perfektionismus, Überarbeitung, übermäßige Sorge um das Wohlergehen Ihrer Familie oder Ihres Teams. Sie kann mit anderen psychischen Problemen wie beispielsweise Depressionen koexistieren. Sie kann ein ständiger Begleiter sein, der immer auf Sparflamme köchelt, oder sie kann als Reaktion auf bestimmte Auslöser oder Situationen aufflammen.

Der Punkt ist, dass die Formen der Angst sehr vielfältig sind. Angst ist von Person zu Person sehr spezifisch – was sie auslöst, wie sie sich in unserem Körper und in unseren Gefühlen manifestiert und wie wir reagieren, wenn wir getriggert werden. In diesem Kapitel möchte ich Sie daher bitten, sich selbst genau zu beobachten und zu sehen, wie sich Ihre Ängste bei der Arbeit auswirken. Ihre Ängste zu erkennen und sich ihnen zu stellen, kann schwierig und sogar schmerzhaft sein. Vielleicht haben Sie das Gefühl, dass die Konzentration auf diese Ängste sie nur noch stärker macht oder eine Panikattacke auslöst. Oder Sie befürchten, dass die Erinnerung an Ängste, die durch ein demütigendes öffentliches Versagen entstanden sind, Sie in die Zeit der Qualen zurückversetzt.

Aber haben Sie Vertrauen. Jahrzehntelange Forschungen haben gezeigt, dass Menschen, die ihre Gefühle verstehen, eine höhere Arbeitszufriedenheit, eine bessere Arbeitsleistung und bessere Beziehungen haben. Sie sind innovativer, können unterschiedliche Meinungen zusammenführen und Konflikte deeskalieren. Durch ihre Selbsterkenntnis wissen sie, was ihnen zu schaffen macht, und können so ängstlichen Situationen am Arbeitsplatz vorbeugen. Sie sind in der Lage, auf Ängste und Stressoren für sich selbst und für ihr Team viel effektiver zu reagieren, was zu besseren Ergebnissen für alle führt. Und warum? Sie verstehen sich selbst und wissen, was ihre Ängste auslöst. Sie haben Strategien entwickelt, um mit ihren Ängsten umzugehen, anstatt sie nur so gut wie möglich zu bewältigen und durchzustehen. Sie sind nicht mehr in automatischen Verhaltensweisen gefangen, mit denen sie sich selbst und ihr Team belasten.

Außerdem hat die sozialpsychologische Forschung gezeigt, dass Menschen am besten auf Führungskräfte reagieren, die eine Kombination aus Kompetenz und Wärme ausstrahlen – und Wärme steht an erster Stelle. Wärme erfordert die Bereitschaft, verletzlich und transparent zu sein. Sie hilft den Führungskräften, schnell eine Verbindung zu ihrem Umfeld herzustellen, die Kommunikation zu erleichtern und ihre Vertrauenswürdigkeit zu beweisen.

Es ist eigentlich ganz einfach: Führungskräfte, die verstehen, wie Angst ihr

Verhalten motiviert, und die die Fähigkeit entwickelt haben, mit ihren Reaktionen umzugehen, sind bessere Führungskräfte und erzielen bessere Ergebnisse für ihre Organisationen.

Detektiv spielen

Um Ihre Ängste kennenzulernen, müssen Sie sich auf sich selbst einstellen und einen ehrlichen Blick auf sich und Ihr Verhalten werfen. Gehen Sie an diese Übung mit so wenig Wertung und so viel Mitgefühl wie möglich heran. Vielleicht haben Sie eine offensichtliche Form von Angst, wie zum Beispiel eine Panikstörung oder Glossophobie (Angst vor öffentlichen Auftritten). Vielleicht wachen Sie aber auch jeden Morgen mit einem flauen Gefühl im Magen auf und haben ein unbestimmtes Gefühl der Angst, den Tag zu beginnen. Vielleicht haben Sie Angst vor dem Tod oder vor persönlichen Verlusten, die sich auf die Führung Ihres Unternehmens auswirken. Was auch immer Ihre Erfahrung ist, fangen Sie genau dort an, in diesem Moment, und spielen Sie Detektiv mit Ihrer Erfahrung.

Rebecca Harley, Psychologin am Massachusetts General Hospital und Assistenzprofessorin für Psychologie an der Harvard Medical School, half mir, meine Erfahrungen zu untersuchen. Das beginnt damit, dass ich mich nach innen wende und wahrnehme, was im gegenwärtigen Moment geschieht. Wie ein Detektiv, der einfach nur beobachtet und Informationen sammelt, stellen Sie sich auf das ein, was gerade passiert, und schauen, was Sie entdecken. Die Rolle des Detektivs ist eine Erkundungsmission. Ihre Aufgabe ist es nicht zu beurteilen, was passiert, oder irgendetwas zu *tun*. Sie sollen unvoreingenommen beobachten.

Nachdem Sie beobachtet haben, was passiert, versuchen Sie, das auffälligste Erlebnis in Worte zu fassen. Das kann ein Gedanke sein (*diese Präsentation wird eine Katastrophe*), eine körperliche Empfindung (Schwindel, Übelkeit, trockener Mund, Herzrasen, übermäßiges Schwitzen) oder ein Verhalten (gedankenloses Scrollen oder Naschen).

Achten Sie darauf, wie Sie reagieren, wenn sich die Angst meldet. Ich nenne diese Reaktion »*Vorzeichen*«, und sie kann viele Formen annehmen – von einem Engegefühl in der Brust oder einer Magenverstimmung über Ungeduld oder Reizbarkeit, Schlaflosigkeit oder Verdauungsstörungen bis hin zu einem Anfall von Depression (zum Beispiel einem Verlust des Interesses am Leben). Ihre Vorzeichen müssen nicht immer negative Verhaltensweisen mit schädlichen Folgen sein. Viele von uns sind zum Beispiel in stressigen Zeiten häufiger mit Freunden und

Familie zusammen. Wenn ich sehr ängstlich bin, koche ich und friere Mahlzeiten ein. Andere treiben Sport, zappeln herum oder räumen ihren Arbeitsbereich auf.

Eine körperliche Erfahrung ist für viele Menschen oft der erste Hinweis. Das liegt daran, dass unser Körper die Angst auch dann registriert, wenn unser Verstand sie noch nicht bewusst wahrnimmt oder wenn wir einfach noch nicht bereit sind, uns unsere Angst einzugestehen. Eines der ersten Anzeichen dafür, dass meine Angst zunimmt, ist, dass ich meine Schultern hochziehe. Meistens bemerke ich das gar nicht, bis ich innehalte und erkenne, was los ist. Wenn ich das nicht tue, melden sich mein Nacken und meine Schultern irgendwann in Form von Schmerzen und Verspannungen. (Wenn Sie mehr über Ihre Vorzeichen erfahren möchten, lesen Sie die Übung »Schneller und einfacher Körperscan«).

Schneller und einfacher Körperscan

Körperliche Anzeichen können wie die Kontrollleuchte in unserem Auto funktionieren: Sie sind ein frühes Warnzeichen dafür, dass die Angst überhandnimmt. Ein Körperscan ist eine der einfachsten und zuverlässigsten Methoden, um zu erkennen, wie Ihr Körper Angst verarbeitet. Sie können einen Körperscan unauffällig an Ihrem Schreibtisch durchführen, sogar in einem Großraumbüro, was ihn zu einer idealen Übung für die Arbeit macht.

Führen Sie dreimal am Tag (vielleicht morgens, mittags und abends oder vor Meetings oder Veranstaltungen – Sie haben die Wahl) einen Körperscan durch, indem Sie die folgenden Schritte befolgen:

1. Setzen Sie sich aufrecht auf einen Stuhl, stellen Sie die Füße flach auf den Boden und legen Sie die Hände in den Schoß. Halten Sie Ihr Kinn gerade. Wenn möglich, schließen Sie die Augen.

2. Stellen Sie fest, welchen Teil Ihres Körpers Sie am unmittelbarsten spüren.

3. Scannen Sie die folgenden Körperteile. (Wenn Sie möchten, können Sie sich selbst beim Sprechen jedes einzelnen Teils auf-

zeichnen und haben dann einen geführten Körperscan, den Sie jederzeit verwenden können).

- Ihr Kopf
- Ihr Kiefer
- Ihr Hals
- Ihre Schultern
- Ihre Handgelenke und Unterarme
- Ihr oberer Rücken
- Ihr unterer Rücken
- Ihr Magen
- Ihre Hüften
- Ihre Kniesehnen und Ihr Gesäß
- Ihre Waden, Knöchel und Füße

4. Achten Sie darauf, was sich eng, schmerzhaft oder anderweitig unangenehm anfühlt.

5. Atmen Sie in dieses Gefühl hinein, in den Bereich, der sich unangenehm anfühlt. Wenn Sie möchten, fügen Sie eine Gegenmaßnahme hinzu: Atmen Sie langsam und mit dem Zwerchfell, probieren Sie ein sanftes Lächeln und stellen Sie sich vor, wie sich das Unbehagen auflöst. (Stellen Sie sich zum Beispiel vor, wie sich Ihr Kiefer entspannt, Ihr Herzschlag sich verlangsamt und Ihre Schultern sich entspannen).

6. Achten Sie im Laufe des Tages darauf, wie sich jeder dieser Bereiche bei jedem Scan anders anfühlt.

Angst ist eine Reaktion des gesamten Körpers. Sie kennen vielleicht das Gefühl von Herzrasen oder flacher Atmung, aber Angst kann sich kurzfristig auch als Engegefühl in der Brust, verkrampfte Kiefermuskeln oder starre Schultern äußern. Längerfristig kann es zu Magen-Darm-Beschwerden, Bluthochdruck, Hautausschlägen, Appetitveränderungen oder einem deutlichen Anstieg oder Abfall des Energieniveaus kommen. Wenn Sie lernen, wie Ihr Körper Angst erlebt, können Sie das Problem an der Wurzel packen, anstatt nur die Symptome zu behandeln.

Als ich Marketingleiterin in einem internationalen Unternehmen war, wurde mir jeden Donnerstag übel und ich bekam Migräne, außerdem war ich erschöpft, weil ich die Nacht zuvor nicht schlafen konnte. Es dauerte lange, bis ich erkannte, dass die Personalbesprechungen, die ich donnerstags in der Mittagspause abhalten musste, schreckliche Gefühle von Leistungsangst, Hochstapler-Syndrom und sozialer Nervosität auslösten. Mein Körper meldete sich, aber ich hatte noch nicht gelernt, meine körperlichen Erfahrungen mit meiner Gefühlswelt zu verbinden.

Während einer Therapiesitzung im Jahr 2021 wurde mir klar, wo die Wurzeln dieser Symptome lagen. Als ich in der High School war, kandidierte ich als Schulsprecherin. Nicht, weil ich eine große Vision von Führung hatte oder weil ich die Rolle überhaupt *wollte* – ich tat es, weil ich dachte, ich sollte es tun, und weil meine Sorgen, an eine gute Universität zu kommen, immer größer wurden. Heute weiß ich, dass meine Angst zu impulsivem Verhalten führte. Ich warf meinen Hut in den Ring, ohne groß nachzudenken, und war schockiert, als ich gewann. Aber ich hatte keinen Plan und kein Ziel.

Jeden Donnerstag in meinem letzten Schuljahr leitete ich eine Mittagssitzung der Schülervertretung, bei der ich einfach nur dasaß und herumfuchtelte. Die Erwachsenen im Raum, darunter zwei meiner Lieblingslehrer, machten abfällige Bemerkungen darüber, dass es »so ein ruhiges Jahr« sei, und taten nichts, um mir zu helfen. Ich war siebzehn und konnte nicht für mich selbst eintreten, und je mehr ich mich schämte und ängstlich war, desto gelähmter (und unglücklicher) wurde ich.

Spulen Sie ein Jahrzehnt vor. Ich war für die Marketingabteilung zuständig, aber bei unseren Personalbesprechungen am Donnerstagmittag fror ich immer wieder ein. In diesem Fall nahm ich die Hilfe meines Stellvertreters in Anspruch, eines Mannes, der nur zu gern die Leitung der Sitzungen übernahm. Obwohl ich sein Chef war, war ich zu ängstlich und zu beschämt, um einzugreifen, und so gab ich meine ganze Macht ab.

Jetzt spule ich wieder vor. Ich habe zum ersten Mal seit vielen Jahren versucht, mich in die Managementstruktur eines anderen Unternehmens einzufügen. An zwei Donnerstagen hintereinander musste ich sehr schwierige Gespräche mit dem Geschäftsführer führen, und ich war so überfordert, dass ich einfach nicht mehr sprechen konnte. Es war mein Therapeut, der mich auf den Zusammenhang zwischen all diesen Erlebnissen hinwies und darauf, dass diese Donnerstagssitzungen ein ernsthafter Auslöser für mich waren. Die Ursache war jeweils Scham. Die Art von Scham, die besagt: *Du steckst bis zum Hals in der Sache drin, und jeder weiß es; du sitzt auf einem Platz, auf dem du nicht sitzen solltest; du verdienst diese Rolle nicht, und niemand wird dir helfen.*

Mein Therapeut stellte fest, dass ich mit siebzehn Jahren zum Scheitern verurteilt war, weil ich so jung und überfordert war und niemand einsprang, um mich zu unterstützen. Die jetzige Situation war ein Auslöser für mich, weil sie all diese Erinnerungen an Scham und das Gefühl, ein Betrüger zu sein, wachgerufen hat. Aber Gefühle sind keine Tatsachen, und jetzt bin ich erwachsen und habe Selbstvertrauen und Handlungsfähigkeit. Ich kann ein anderes Ergebnis herbeiführen. Ich habe mich mit meinem Chef getroffen und gesagt, dass wir meiner Meinung nach nicht gut miteinander kommunizieren.

War ich vor dem Treffen ängstlich? Ja, natürlich. Aber diese Angst war überschaubar, und es war ein gutes Gefühl, für mich selbst einzutreten und meine Macht nicht zu verschenken. Es wurde ein unglaublich produktives Treffen für uns beide.

Kennen Sie Ihre Auslöser oder Trigger?

Trigger ist ein Begriff, der umgangssprachlich oft verwendet wird, um Gefühle des Unbehagens zu bezeichnen, aber in der Psychologie ist ein Trigger ein Reiz wie ein Geruch, ein Geräusch oder ein Anblick, auf den wir reagieren. Solche Auslöser können dazu führen, dass wir uns an ein Trauma erinnern oder es sogar erneut erleben. Sie können nicht nur Unbehagen, sondern auch Angst- und Panikgefühle auslösen und manchmal sogar Rückblenden auf ein vergangenes traumatisches Ereignis hervorrufen. Obwohl das Wort in der Populärkultur missbraucht wird, verwende ich es, weil es klar und vertraut ist. In der Medizin, der Psychologie und der Sozialarbeit bezeichnen viele Menschen Auslöser als *aktivierende Ereignisse*. Auslöser oder aktivierende Ereignisse sind die Dinge, die uns aus der Fassung bringen, die unsere Angst entfachen und eine körperliche und emotionale Reaktion hervorrufen.

Marc Brackett, Gründer und Direktor des Yale Center for Emotional Intelligence, weist darauf hin, dass Führungskräfte und Manager bei der Arbeit *ständig* Auslöser erleben, ohne dass wir uns dessen bewusst sind, weil so viele Auslöser unbewusst auftreten. Was uns triggert, kann alles Mögliche sein: die Art, wie jemand spricht oder sich verhält, oder die Tatsache, dass ein Teammitglied regelmäßig zu spät kommt. Im Laufe der Zeit sammeln sich diese Auslöser in uns an und häufen, wie Brackett es ausdrückt, »eine Schuld von Ärger oder Angst an«. Diese wachsende Schuld kann sich dann in Situationen und auf eine Art und Weise zeigen, die oberflächlich betrachtet keinen offensichtlichen Zusammenhang mit dem Auslöser hat: einen Kollegen oder ein Familienmitglied anschreien, zu viel trinken oder Netflix in Dauerschleife glotzen. Aber in Wirklichkeit hat die Reaktion, die aus dem Nichts zu kommen schien, eine identifizierbare Ursache.

Viele von uns glauben zu wissen, was uns bei der Arbeit ängstigt oder stresst, und manchmal ist es ganz offensichtlich. Aber oft sind die Auslöser spezifisch und überraschend klein: Eine E-Mail von einem Kunden, auf die Sie nicht geantwortet haben. Eine Nachricht von Ihrem Chef. Eine Nachrichtenmeldung. Ein Kollege, der zu nah neben Ihnen hustet. Es kann aber auch etwas Größeres sein: Ein Einbruch in der Nachbarschaft. Gerüchte über eine Umstrukturierung. Oder sogar etwas, das wahrscheinlich nicht eintreten wird. Wenn zum Beispiel die Arbeitslosenzahlen in die Höhe schnellen, kann es sein, dass Ihnen übel wird und Sie sich nicht konzentrieren können, obwohl Ihr Job nicht in Gefahr ist.

Denken Sie also darüber nach, wie sich Angst bei Ihnen am häufigsten bei der Arbeit zeigt und was sie auslöst. Zu den häufigsten angstauslösenden Situationen gehören:

- Konflikte oder schwierige Gespräche
- Öffentliches Reden oder Präsentieren
- Kryptische Nachrichten von einem Kollegen, Manager oder Kunden
- Gesellschaftliche Zusammenkünfte oder Netzwerkveranstaltungen
- Sitzungen (Leitung von Sitzungen, Teilnahme, Feedback)
- Telearbeit und Auftritte vor der Kamera
- Das Bedürfnis nach persönlicher Anwesenheit oder mehr körperlicher Präsenz
- Vereinbarkeit von Beruf und Privatleben
- Geschäftsreisen
- Finanznachrichten
- Beförderungen oder eine neue Stelle

Die Liste ist endlos und für jeden von uns anders. Der Schlüssel liegt darin, herauszufinden, welche Situationen Sie ängstigen und wie Sie sich fühlen, wenn die Angst einsetzt. Unser Ziel ist es, nicht mehr nur wegen unserer Angst auf Autopilot zu wechseln, sondern zu verstehen, was unsere Ängste auslöst, und zu steuern, wie wir reagieren. Wenn Sie wissen, was Ihre Auslöser sind, können Sie besser mit Ihren Ängsten umgehen. Untersuchungen haben gezeigt, dass dies zu einer höheren Arbeitszufriedenheit und einer besseren Arbeitsleistung führen kann, ganz zu schweigen von einem größeren allgemeinen Wohlbefinden.

Manchmal können wir unsere Angstauslöser entdecken, indem wir uns von der ungesunden Reaktion zurückarbeiten. »Wenn Sie einmal erkannt haben, dass etwas nicht funktioniert und nicht gut für Sie ist, können Sie einen Schritt zurückgehen, um herauszufinden, was dieses Gefühl der Dringlichkeit ausgelöst hat«, erklärte mir die Psychotherapeutin Carolyn Glass. »Was war die schnelle, unbewusste Reaktion, die Ihr Problem vielleicht nicht gelöst hat, zu der Sie sich aber gezwungen fühlten?«

Denken Sie an das letzte Mal, als Sie etwas gedankenlos getan haben und sich kaum bewusst waren, was Sie taten, bis die Tat vollbracht war. Wer hat die ganze Packung Oreos gegessen, auf »Jetzt kaufen« geklickt, diese schnippische Antwort abgeschickt oder einen impulsiven Spruch auf Social Media gepostet? Sicherlich niemand, den Sie kennen, aber nehmen wir einmal an, dass Sie sich eines Morgens kurz nach dem Abrufen Ihrer E-Mails durch Twitter und Instagram gescrollt haben, und ehe Sie es sich versahen, eine ganze Stunde verstrichen war.

Aber anstatt sich selbst dafür zu bestrafen, beschließen Sie, Detektiv zu spielen und neugierig zu werden: Warum habe ich das getan? Was hat mich auf die Palme gebracht und mich ins Niemandsland der sozialen Medien geschickt? Indem Sie die Ereignisse des Tages und Ihre Gedanken und Gefühle genau unter die Lupe nehmen, stellen Sie fest, dass es in diesem Fall die nächtlichen E-Mails Ihres Kollegen waren, die Ihren Posteingang mit Aufgaben überschwemmten und Ihre Angst auslösten. Und nicht nur das: Es war nicht das erste Mal, dass diese Person Sie außerhalb der Geschäftszeiten kontaktiert hat – und es war auch nicht das erste Mal, dass Sie darauf mit einem Ausweichen auf die E-Mails reagiert haben.

Hier ist also eine Herausforderung: Wenn eine Interaktion oder eine Situation Sie aus der Fassung bringt, halten Sie inne und untersuchen Sie die Situation, ohne zu urteilen. Nehmen Sie einfach Ihre Reaktion wahr – Ihre Gedanken, Ihre Gefühle, Ihr Verhalten. Spulen Sie dann die Uhr zurück und versuchen Sie herauszufinden, was Sie getriggert hat. Lesen Sie die Übung »Identifizieren Sie Ihre Auslöser«, um damit zu beginnen.

Identifizieren Sie Ihre Auslöser

Mit dieser Übung lernen Sie, die Auslöser für Ihre emotionalen Reaktionen zu identifizieren.

Halten Sie im Laufe des Tages dreimal inne (vielleicht morgens, mittags oder abends oder vor Sitzungen oder Veranstaltungen – auch hier können Sie wählen), um zu prüfen, wie Sie sich fühlen.

1. Beginnen Sie damit, Ihre Gefühle zu benennen. Welche spezifischen Gefühle erleben Sie gerade? (eine kategorisierte Liste finden Sie in Tabelle 3-1)

2. Überlegen Sie nun, was diese Gefühle ausgelöst hat. Können Sie bestimmte Personen oder Situationen nennen, die sie ausgelöst haben? Hilft es Ihnen, Ihre Auslöser zu kennen, um anders über Ihre Gefühle zu denken?

Wenn Sie Ihre typischen Reaktionen und Ihre Auslöser kennen, können Sie eher mit dem Auslöser umgehen, ohne voreilig oder ängstlich zu reagieren und ohne, dass der Auslöser Ihre Stimmung und Ihren ganzen Tag beherrscht. Wenn Sie anfangen, Muster zu erkennen und herauszufinden, warum Sie so reagieren, übernehmen Sie die Kontrolle.

Ihre wichtigsten Bewältigungsstrategien

Wir alle werden bei der Arbeit mehr oder weniger getriggert. Wie reagieren Sie typischerweise, wenn die Angst zuschlägt? Sind diese Verhaltensweisen hilfreich oder nicht?

Ignorieren oder unterdrücken Sie Ängste? Powern Sie sich aus? Häufen Sie mehr Arbeit an? Drücken Sie sich vor der Verantwortung? Lassen Sie bei Kollegen Dampf ab? Wie gehen Sie zu Hause mit dem Stress im Büro um? Wie oft greifen Sie unter der Woche zu einem Drink, einem Muskelrelaxans, einem Schlafmittel oder einem frei verkäuflichen Schmerzmittel?

Unsere typischen Reaktionen auf Angst sind das, was ich unsere wichtigsten Bewältigungsstrategien nenne. Die meisten von uns neigen dazu, mit einem oder zwei typischen Bewältigungsstrategien zu reagieren, die in der Vergangenheit funktioniert haben. Und wenn man diese Bewältigungsstrategien mehrfach anwendet, werden sie zur Gewohnheit.

Tabelle 3-1

Eine Gefühlsliste

Schauen Sie unter die Oberfläche und identifizieren Sie, was Sie fühlen.

Wütend	Traurig	Ängstlich	Verletzt	Peinlich berührt	Glücklich
mürrisch	enttäuscht	furchtsam	eifersüchtig	isoliert	dankbar
frustriert	niedergeschlagen	gestresst	verraten	selbstbewusst	vertrauensvoll
genervt	bedauernd	verwundbar	isoliert	einsam	angenehm
defensiv	deprimiert	verwirrt	geschockt	minderwertig	zufrieden
trotzig	gelähmt	verstört	benachteiligt	schuldig	begeistert
ungeduldig	pessimistisch	skeptisch	geschädigt	beschämt	entspannt
empört	weinerlich	besorgt	gekränkt	abgestoßen	erleichtert
beleidigt	bestürzt	verunsichert	gequält	erbärmlich	beschwingt
gereizt	desillusioniert	nervös	verlassen	verwirrt	zuversichtlich

Quelle: Susan David, »3 Ways to Better Understand Your Emotions,« hbr.org, November 10, 2016, https://hbr.org/2016/11/3-ways-to-better-understand-your-emotions.

Nehmen wir an, der Name einer bestimmten Person taucht in einer E-Mail oder in Teams auf (Ihr Trigger), und Ihr Magen dreht sich sofort um (Ihr Vorzeichen). Klappen Sie daraufhin Ihren Laptop zu, trinken eine Tasse Kaffee und tun so, als wäre die E-Mail nicht da? Das wäre Vermeiden.

Oder lassen Sie alles fallen, was Sie für den Beginn Ihres Arbeitstages geplant hatten, und verbringen stattdessen eine halbe Stunde damit, eine ausführliche Antwort zu schreiben? Das ist Perfektionismus.

Vielleicht starren Sie aber auch mit leerem Blick auf den Bildschirm und machen sich wirklich kreative Gedanken darüber, wie das Projekt, an dem Sie mit dieser Person arbeiten, scheitern könnte? Das ist Katastrophisieren.

Ihre Reaktionen müssen nicht immer negativ sein: Sie könnten Sport treiben. Sie könnten sich an einen vertrauenswürdigen Freund oder ein Familienmitglied wenden. Ich kenne zum Beispiel eine Führungskraft, die immer dann ihren Oldtimer restauriert, wenn die Ängste überhandnehmen: Fünfzehn oder zwanzig Minuten Basteln in der Garage ließen seine Angstspirale abklingen, bis er in sein Büro zurückkehren konnte. Meine Praxis, Mahlzeiten zu kochen und einzufrieren, wenn ich Angst habe, ist eine meiner gesündesten Bewältigungsstrategien. Später, wenn mein Geist klar und mein Körper ruhig ist, kann ich mich meinen Arbeitsproblemen viel wirkungsvoller stellen.

Bewältigungsstrategien sind eine faszinierende Gruppe von Reaktionen. Nicht zu verwechseln mit *Abwehrmechanismen*, die in der Regel auf einer unbewussten Ebene ablaufen und dazu dienen, Emotionen zu vermeiden, auf die man nicht vorbereitet ist. Bewältigungsstrategien hingegen sind normalerweise bewusst und zielgerichtet. Sie sind die Art und Weise, wie wir auf Situationen, die uns unangenehm sind, reagieren und mit ihnen umgehen. Psychologen bezeichnen gesunde und ungesunde Bewältigungsstrategien als *adaptiv* bzw. *maladaptiv*.

Glass bietet eine nützliche Unterscheidung an: Adaptive Bewältigungsstrategien geben uns die Möglichkeit, eine schwierige Situation zu überwinden und *zur* Gesundheit zu gelangen. Maladaptive Bewältigungsstrategien bieten schnelle Erleichterung in einem schwierigen Moment, bringen uns aber von der Gesundheit *weg*. Das Essen eines Kekses als Reaktion auf die Angst mag uns beruhigen, aber nur solange wir den Keks essen. Danach fühlen wir uns vielleicht schuldig, schämen uns oder fühlen uns körperlich unwohl – und trotzdem bietet diese ungesunde Form der Selbstberuhigung nur vorübergehenden Komfort.

Beispiele für adaptive Bewältigung sind dagegen Erdungstechniken wie Bauchatmung oder progressive Muskelentspannung oder eine körperliche Aktivität wie Spazierengehen, Yoga oder Tanzen. Adaptive Bewältigungsstrategien helfen Ihnen, sich im Moment *und* langfristig besser zu fühlen. Da sie Ihnen helfen, schwierige Momente zu bewältigen, anstatt sie zu vermeiden oder sich zu betäuben, tragen sie zum Aufbau von Stresstoleranz und Widerstandsfähigkeit bei.

Die Identifizierung Ihrer maladaptiven und adaptiven Reaktionen ist sehr hilfreich, unabhängig davon, ob es sich um Vermeidungs- oder Problemlösungsreaktionen handelt. Es kann ein wenig Detektivarbeit erfordern, um Ihre typischen Bewältigungsstrategien zu identifizieren, da einige Reaktionen subtil sein können und sich im Laufe der Zeit zeigen, anstatt akut, wenn wir getriggert werden. Vielleicht merken Sie nicht, dass Sie aus Angst jeden Abend bis 22 Uhr mit E-Mails beschäftigt sind, bis Sie am Laptop einschlafen. Oder Ihre Reaktionen fühlen sich zunächst mild oder trivial an, zum Beispiel wenn Sie eine zusätzliche Schmerztablette einwerfen oder mehr fernsehen als sonst. Aber wenn Sie anfangen, wiederkehrende Verhaltensmuster zu bemerken, ist dies ein Hinweis darauf, dass Sie auf Angst reagieren. Und wenn Sie herausfinden, warum Sie auf diese Weise reagieren, bekommen Sie die Kontrolle. Um Ihre Reaktionen besser zu verstehen, lesen Sie die Übung »Überprüfen Sie Ihre Reaktionen«.

Überprüfen Sie Ihre Reaktionen

Es gibt zwar eine Vielzahl von Dingen, die uns ängstigen und von Mensch zu Mensch höchst unterschiedlich sein können, aber die Reaktionen auf Angst sind eigentlich ziemlich typisch. Wir sollten üben, uns unserer Reaktionen auf Angstgefühle bewusst zu sein.

1. Denken Sie an eine Zeit, in der Sie sich ängstlich fühlten. Das kann eine Situation in der Vergangenheit sein, die Ihnen im Gedächtnis geblieben ist, etwas, das Sie während der Übung »Identifizieren Sie Ihre Auslöser« erkannt haben, oder etwas, das Sie jetzt gerade erleben.

2. Wie haben Sie auf diese Angst reagiert?

3. Denken Sie darüber nach, wie sich Ihre Reaktion ausgewirkt hat, angefangen damit, wie sie Sie persönlich betroffen hat. Hat sie Ihre Ängste gemildert? Verschlimmerten sie sich? Weder noch? Denken Sie nun darüber nach, wie sie auf andere gewirkt hat. Wie hat sich Ihre Reaktion auf Ihre Kollegen, Teammitglieder oder direkten Mitarbeiter ausgewirkt? Wie hat es sich in einer Besprechung ausgewirkt?

4. Wiederholen Sie diese Übung im Laufe des Tages, wenn Sie ängstliche Momente erleben. Untersuchen Sie Ihre Selbstge-

spräche zu jeder Reaktion. Gibt es Themen oder Gedanken, die das Verhaltensmuster bestimmen, zum Beispiel die Angst, alles zu verlieren, die Angst vor negativem Feedback, die Angst, entdeckt zu werden oder sich zu schämen, oder die Angst, andere zu enttäuschen?

Automatische Reaktionen aufdecken

Haben Sie bei der Arbeit manchmal unerwartet starke Reaktionen oder Reaktionen, die aus dem Nichts zu kommen scheinen? Ertappen Sie sich dabei, wie Sie dieselben ungesunden Muster wiederholen oder sich immer wieder in dieselbe missliche Lage begeben, obwohl Sie sich aufrichtig bemühen, sich zum Besseren zu verändern? Wenn solche Szenarien auftreten, ist es wahrscheinlich, dass automatische Reaktionen einen übermäßigen Einfluss auf Ihr Verhalten haben.

Als ich in meinen Zwanzigern immer wieder Jobs kündigte, hatte das viel mehr mit dem Bedürfnis zu tun, mir zu beweisen, dass ich gut genug war, als mit dem, was im Job passierte. Ich hatte noch nicht daran gearbeitet, die wenig hilfreichen automatischen Gedanken zu entdecken, die meine Reaktionen auslösten. Also griff ich immer wieder auf dieselben Bewältigungsstrategien zurück – vor allem Überarbeitung und Alkoholkonsum –, die nicht funktionierten. Doch bevor ich erkannte, was unter der Oberfläche vor sich ging – und noch wichtiger, wie ich mein Verhalten ändern konnte –, ging es mir bei der Arbeit weiterhin schlecht, und ich kündigte einfach weiter.

Genau wie bei den Auslösern führen wir ständig automatisch erlernte Verhaltensweisen aus, die konkrete, reale Konsequenzen haben. Ich möchte Ihnen ein Beispiel aus meinem eigenen Leben geben. Ich war schon immer ein hochkompetenter Mensch, und als ich aufwuchs, übernahm ich einen großen Teil der Verantwortung im Haushalt, noch bevor ich dazu bereit war. Ich wurde ziemlich kontrollsüchtig, was die Haushaltsführung anging, weil ich in meiner Kindheit gelernt hatte, dass, wenn ich nicht die Verantwortung übernehme, es niemand tut. Als ich heiratete und Kinder bekam, wiederholte sich dieses Muster. Als ich mit meinem Mann über die Arbeitsteilung zu Hause verhandelte, hatte ich das Gefühl, dass ich eine unangemessene Last auf mich nahm. Wut und Ängste stauten sich auf. Warum war ich immer diejenige, die alles machen musste? Ich begann, meinen Mann zu hassen, und schon ein kleiner Fehler beim Geschirrspülen konnte dazu führen, dass ich böse Dinge sagte, die in keinem Verhältnis zur Situation standen. Ich folgte damit automatisch meinem erlernten Verhalten aus meiner Kindheit.

Übertragen Sie diese Dynamik nun auf den Arbeitskontext, wo Auslöser ständig automatische Verhaltensweisen hervorrufen. Haben Sie zum Beispiel jemals mit jemandem zusammengearbeitet, der auf seiner eigenen Agenda beharrt, die Ideen anderer abwertet, jede Entscheidung überdenkt oder eine Kultur der Überlastung fördert? (Oder waren Sie jemals *diese* Person?) Haben Sie andererseits jemals weniger Geld akzeptiert, als Sie wert sind, einen Job angenommen, der unter Ihren Fähigkeiten lag, es versäumt, die Grenzen durchzusetzen, die Sie brauchen, um erfolgreich zu sein, oder eine Gelegenheit verpasst, im Namen Ihres Teams zu verhandeln? Obwohl es sich bei der ersten Gruppe von Beispielen um Machtmissbrauch und bei der zweiten um Machtverzicht handelt, stehen die Chancen gut, dass hinter *all* diesen unproduktiven und schädlichen Reaktionen automatische Reaktionen stecken.

Es wäre schön, wenn wir unsere alten Wunden, ungelöste Probleme und unangepasste Bewältigungsstrategien an der Tür abgeben könnten, sobald wir auf Arbeit erscheinen, aber sie begleiten uns, wohin wir auch gehen. Wenn wir uns nicht um sie kümmern, werden sie sich täglich auf große und kleine Weise bemerkbar machen. Daher sollten wir lernen herauszufinden, was hinter unserem Verhalten steckt, und dann Veränderungen vornehmen, die unser Wachstum und unser Wohlbefinden und das unseres Teams fördern.

Ich bin der festen Überzeugung, dass jeder diese Arbeit machen muss. Da Führungskräfte eine Machtposition innehaben und ihre Handlungen immer Auswirkungen auf andere haben, tragen sie eine besondere Verantwortung dafür, sich ihrer automatischen Reaktionen bewusst zu werden. Viele Beispiele für schlechte Führung sind in Wirklichkeit Beispiele für nicht hilfreiche Reaktionen auf Ängste von Führungskräften, die ihre unproduktiven Verhaltensmuster wiederholen.

Hervorragende Führungsqualitäten haben dagegen diejenigen, die über das notwendige Selbstbewusstsein verfügen, um eine Kultur zu schaffen, die ihrem Team die besten Erfolgschancen bietet. Viele Studien haben gezeigt, dass Führungskräfte, die sich um ihre Selbsterkenntnis bemüht haben, im Großen und Ganzen einfach bessere Führungskräfte sind und ihre Teams zu besseren Ergebnissen befähigen. Führungskräfte, die sich ihrer selbst bewusst sind, sind selbstbewusster und kreativer, und sie sind bessere Kommunikatoren. Sie treffen bessere Entscheidungen, bauen engere Beziehungen auf, werden häufiger befördert, haben zufriedenere Mitarbeiter *und* profitablere Unternehmen.[1]

Wenn Sie bereit sind, unter die Motorhaube zu schauen und besser zu verstehen, was Ihrem Verhalten bei der Arbeit zugrunde liegt, gehen Sie zurück zu den Reaktionen, die Sie in der Übung »Überprüfen Sie Ihre Reaktionen« ermittelt haben. Suchen Sie nach Verhaltensmustern und den Reaktionen, die immer wieder auftauchen. Gehen Sie nun ein wenig tiefer und spielen Sie Detektiv, was diese bestimmten Muster antreibt. Welche Selbstgespräche tauchen auf? Notieren Sie einfach, was Sie finden, ohne zu urteilen. Es kann eine Weile dauern, bis Sie das Thema oder den Gedanken finden, der dieses Verhalten auslöst.

Danny Bernstein, ein leitender Angestellter bei Microsoft, erzählte mir, dass er früher »ein schrecklicher Manager« war, weil seine Angst ihn dazu brachte, seine Teams sehr hart zu fordern. Wenn er sie auf das jährliche Ritual der Leistungsbeurteilung vorbereitete, bestand Bernsteins Methode darin, sich zu sehr vorzubereiten und sich und seine Teams auf einen unerreichbaren Standard festzulegen. »Ich habe das jahrelang gemacht und habe durchweg negatives Feedback bekommen«, sagt er. »Aber ich war sehr hartnäckig, weil ich sagte: ›Nein, ich versuche nur, euch vorzubereiten!‹ Es hat sehr lange gedauert, bis ich diesen Ansatz aufgegeben und erkannt habe, dass ich eigentlich dazu beitragen sollte, das Vertrauen der Menschen in diesen persönlichen Gesprächen zu stärken und die psychologische Sicherheit zu verbessern.«

Es ist das Bewusstsein *in Verbindung mit dem Handeln*, das den Unterschied ausmacht. Die Psychologin und Expertin für Selbsterkenntnis Tasha Eurich warnt davor, *nur* zu versuchen, herauszufinden, warum man sich so verhält, wie man es tut. »Warum«-Fragen, sagt sie, können tatsächlich nicht hilfreich sein, wenn es darum geht, unser Selbstbewusstsein zu stärken. Das liegt daran, dass wir dazu neigen, auf introspektive Fragen die falschen Antworten zu geben – wir sind voreingenommen gegenüber dem, was sich wie eine neue Erkenntnis anfühlt, und übersehen oft, was objektiv wahr ist. Außerdem können Fragen nach dem Warum unproduktive negative Gedanken und Grübeleien hervorrufen, anstatt die objektiven Informationen aufzudecken, die wir brauchen, um voranzukommen. Wenn zum Beispiel ein Mitarbeiter, der eine schlechte Leistungsbeurteilung erhält, fragt: »*Warum habe ich so eine schlechte Bewertung bekommen?*«, wird er wahrscheinlich auf eine Erklärung stoßen, die sich auf seine Ängste, Unzulänglichkeiten oder Unsicherheiten konzentriert, anstatt auf eine rationale Bewertung seiner Stärken und Schwächen«, schreibt Eurich.[2]

Weitaus effektiver sind ihrer Meinung nach »Was«-Fragen, die uns helfen, uns auf objektive Informationen und Maßnahmen zu konzentrieren, die uns auf zukünftiges Wachstum ausrichten. Sie helfen uns, zu handeln und uns zu verbessern, anstatt uns festfahren und grübeln zu lassen. Anstatt also zu fragen, warum Sie so schlecht bewertet wurden, sollten Sie fragen: »Was kann ich unternehmen, um meine Leistung zu verbessern und beim nächsten Mal eine bessere Bewertung zu erhalten?«

Von der ehrlichen Einsicht zum wirksamen Handeln

So sehr wir uns auch bemühen mögen, wir können nicht jedes Ergebnis kontrollieren oder sicherstellen, dass jeder Tag fehlerfrei verläuft. Aber wir können durchaus verstehen, wie Angst unser Verhalten motiviert und wie unsere automatischen ängstlichen Gedanken und Reaktionen direkt zu diesem Verhalten beitragen, sowohl positiv als auch negativ.

Ganz gleich, ob Sie eine Führungskraft sind, die wie ich von Natur aus ängstlich ist, oder ob Ihre Ängste durch eine Situation am Arbeitsplatz ausgelöst werden, Sie können die Fähigkeiten entwickeln, wie Sie auf Auslöser reagieren. Wir können lernen, die Arbeitsbedingungen zu schaffen, die uns zu Höchstleistungen antreiben, und uns auf die Momente vorzubereiten, in denen Auslöser und angstauslösende Umstände auftreten. Wenn dies der Fall ist, können wir uns daran erinnern, dass diese Gefühle Teil des Lebens sind und dass es das Gesündeste ist, was wir tun können, sie zuzulassen und mit Selbstmitgefühl zu reagieren. Wir können uns sagen, dass diese schwierigen Gefühle vorbeigehen werden, so wie sie es schon eine Million Mal zuvor getan haben, und dass wir auftauchen und unser Ding machen werden, so wie wir es schon eine Million Mal zuvor getan haben.

Dieses Wissen verschafft uns nicht nur einen persönlichen Einblick und ein tieferes Selbstbewusstsein, sondern gibt uns auch Freiheit, Handlungsspielraum und die Möglichkeit, unsere Ängste als Führungs-Superkraft zu nutzen. Es gibt uns ein Gefühl der Kontrolle zurück, das wir vielleicht für immer verloren glaubten. Sie ermöglicht es uns, die Macht zurückzuerobern – und sie zu behalten. Wir müssen uns nicht mehr damit begnügen, mittels Autopilot zu reagieren und den Dingen ihren Lauf zu lassen. Wir können überlegt, geschickt und im vollen Bewusstsein darüber reagieren, wie sich unsere Entscheidungen auf unsere Teams, Organisationen und die Gesellschaft auswirken werden.

4

Stellen Sie sich Ihrer Vergangenheit

Jason Miller hatte sich immer sehr angestrengt – er war der erste in seiner Familie, der aufs College ging, ein hervorragender Student und leitender Angestellter in einem globalen Unternehmen – bis er mit vierzig Jahren in der Notaufnahme landete, weil er überzeugt war, einen Herzinfarkt zu haben.

Miller wuchs in Sandusky, Ohio, auf, umgeben von Männern, die mit starken, aber verborgenen Ängsten lebten. Er erinnert sich noch gut daran, wie er eines Tages von der Schule nach Hause kam und erfuhr, dass sein Vater seinen Job bei General Motors verloren hatten. Zunächst freute sich der achtjährige Miller, dass sein Vater öfter zu Hause war. »Aber das passierte nicht, denn er war zu beschäftigt, einen Weg zu finden, um Geld zu verdienen«, sagt Miller. Millers Vater gründete schließlich sein eigenes Unternehmen, aber die Familie hatte weiterhin zu kämpfen. »Es kam der Punkt, an dem wir buchstäblich nicht mehr sicher waren, wann wir wieder etwas zu essen auf dem Tisch haben würden.«

Miller schwor sich, aufs College zu gehen und einen Beruf zu ergreifen, mit dem er seine Familie ernähren konnte, ohne sich Sorgen machen zu müssen. Doch als er in der Unternehmenswelt vorankam, kamen alte Selbstzweifel wieder zum Vorschein. Er reagierte darauf, indem er noch härter arbeitete – und sich noch mehr Stress machte. Er wechselte sogar die Stelle in der Hoffnung, dass der Stress nachlassen würde, der durch die Arbeit in einem globalen Umfeld entsteht, in dem man rund um die Uhr erreichbar ist. Aber das tat er nicht. Miller schlief immer schlechter und war ständig gestresst, aber er versuchte trotzdem, sein Unbehagen zu ignorieren und durchzuhalten. »Ich dachte nur: ›Ich bin angespannt.

So what?‹«, sagte Miller. »Ich bin in einem Umfeld aufgewachsen, in dem die Menschen ständig gestresst sind.«

Eines Tages aber fühlte er sich plötzlich kurzatmig, schwindlig und hatte ein Kribbeln im linken Arm. Da er wusste, dass dies alles Symptome eines Herzinfarkts waren, eilten Miller, seine Frau und ihr fünfjähriger Sohn ins Krankenhaus. Nach einer gründlichen Untersuchung erklärte ihm ein Neurochirurg, dass das Kribbeln in seinem Arm auf ein stressbedingtes Rückenleiden und einen eingeklemmten Nerv zurückzuführen sei, es aber keine Anzeichen für einen Herzinfarkt gebe. Dann erklärte der Neurochirurg Miller, dass er jung sterben würde, wenn er seinen Stress nicht in den Griff bekäme.

Damals wurde Miller zum ersten Mal bewusst, dass jemand buchstäblich an unkontrolliertem Stress und Angst sterben kann. Er landete in der Notaufnahme und fürchtete im Beisein seiner Frau und seines Sohnes um sein Leben, denn sein Körper hatte buchstäblich den Notruf gewählt.

Als Führungskraft bringen Sie Ihre Vergangenheit in jede Sitzung, jede Verhandlung und jede Aktivität mit ein. Das gilt selbst dann, wenn Sie sich nicht bewusst sind, wie Ihre Vergangenheit Ihr gegenwärtiges Verhalten beeinflusst und wie sie sich auf andere auswirkt.

Wenn eine Interaktion oder eine Situation bei der Arbeit eine ängstliche Reaktion auslöst, sollten Sie deshalb untersuchen, warum.

Angst ist ein Signal

Die Symptome von Krankheiten liefern uns wichtige Informationen. Fieber und Müdigkeit zum Beispiel machen Sie darauf aufmerksam, dass in Ihrem Körper etwas nicht in Ordnung ist. Wenn Sie auf diese Informationen reagieren, können Sie Ihre Gesundheit wiederherstellen oder sogar Ihr Leben retten. Angst – ein Krankheitssymptom, wenn Sie so wollen – funktioniert in ähnlicher Weise.

Amanda Clayman, eine Finanztherapeutin, die häufig Menschen bei ihren Ängsten in Bezug auf Geld berät, beschreibt, wie dies funktioniert. »Angst ist ein Signal, es ist eine Information«, sagt sie. »Ihr Zweck ist es, unsere Aufmerksamkeit auf etwas zu lenken, das uns aus dem automatischen Denken herausholt und zu uns sagt: ›Was ist das, was sich eklig anfühlt, worauf ich achten muss?‹ [Angst] ist dazu da, uns zu schützen.«

Clayman unterscheidet zwischen »Signal«-Angst (hilfreich) und »Stör«-Angst (nicht hilfreich). »Angst soll uns vor Gefahren warnen, aber ihre Aufgabe ist es, zu warnen, nicht zu bewerten«, sagt sie. Es ist unsere Aufgabe, das Signal vom Störgeräusch zu unterscheiden. Die Signal-Angst liefert verlässliche Informationen. Sie macht uns auf echte Bedrohungen aufmerksam. Die Stör-Angst hingegen ist die nicht hilfreiche, irrationale Angst, die unser Funktionieren beeinträchtigt. Die Stör-Angst erregt zwar unsere Aufmerksamkeit, aber sie lenkt uns nur ab. »Sie bremst unsere Fähigkeit, zu verarbeiten und gute Entscheidungen zu treffen«, sagt Clayman. Diese Art von Angst lässt sich oft auf die Kindheit oder auf ein traumatisches Erlebnis zurückführen. »Wir lernen durch Erfahrung, wovor wir glauben, in Zukunft Angst haben zu müssen«, erklärt Clayman. »Angst ist also fast immer eine Reaktion auf etwas, das uns in der Vergangenheit widerfahren ist.«

Marc Brackett, Gründer und Direktor des Yale Center for Emotional Intelligence, stimmt zu, dass Angst ein wichtiger Informationslieferant ist, und er erweitert dies auf alle Emotionen. Brackett sagt, wir sollten lernen, »mitfühlende Emotionsforscher« zu sein, anstatt »kritische Emotionsrichter«. Und warum? »Weil Emotionen Informationen sind«, sagt er. »Sie sind eine Orientierungshilfe.« Brackett empfiehlt, dass wir unsere Emotionen benennen – denn jede einzelne ist ein unschätzbarer Hinweis – und dann als mitfühlende Emotionsforscher den Wert eines jeden Gefühls hinterfragen. Hilft es uns bei der Bewältigung der anstehenden Aufgabe, oder behindert es uns?

»Wenn ich zum Beispiel meine Gefühle genau beschreibe, erhalte ich Informationen, die mir sagen: ›Marc, vielleicht ist das der falsche Weg für dich.‹ Verlassen Sie sich aber nicht nur auf Ihr Bauchgefühl, sondern analysieren Sie es genau. Ist es nur Ihre Angst vor dem Scheitern, die sich hier zeigt, oder ist es wirklich etwas, das Sie nicht tun wollen und von dem Sie glauben, dass es ein gefährlicher Weg ist?«

In der Nacht, in der Jason Miller feststellte, dass sein Stress und seine Angstzustände ein lebensbedrohliches Ausmaß erreicht hatten, machte er eine Liste mit all den Dingen, die ihm Sorgen bereiteten. Die Liste füllte schnell ein ganzes Blatt und verdeutlichte anschaulich, warum er in einem Krankenhausbett gelandet war. Er sagt:

> *»Das ist es, was in mir vorgeht, all die Geschichten, die ich mir darüber erzähle, dass ich ein Schwindler und Betrüger bin, und dass ich Angst habe, erwischt zu werden und nicht versorgt zu sein. Die Angst, zu versagen, und mein Geld, Sicherheit und das Haus zu verlieren.« Das war ein sehr, sehr harter Moment, aber es war mein Weckruf. Ich sagte mir buchstäblich: »Wenn ich die Macht habe, mir das anzutun, habe ich die Macht, auch alles zu tun, was ich will.«*

Miller reagierte auf die Informationen, die ihm seine Angst vermittelte, indem er eine dreimonatige Auszeit nahm. In dieser Zeit begab er sich in Therapie, arbeitete mit einem Executive Coach zusammen, lernte Achtsamkeitsmeditation und begann mit Yoga und Physiotherapie. Er verbrachte mehr Zeit in der Natur und nahm sich mehr Zeit für seine Familie.

Nach seiner Auszeit kehrte Miller an seinen Arbeitsplatz zurück, obwohl es ihm »verdammt unheimlich« war, in ein Umfeld mit hohem Druck und Stress zurückzukehren. »Ich war nicht stressfrei«, sagt er. »Stress geht nie weg, aber jetzt hatte ich all diese Werkzeuge und Fähigkeiten, um ihn effektiver zu bewältigen, und ich blieb dabei.« Unter all dem Stress, den Sorgen und dem Handeln nach alten Mustern wartete sein wahres Selbst darauf, zum Vorschein zu kommen und Miller zu einem nachhaltigen Lebensstil und einer erfüllenderen Karriere zu führen. »Mein eingeschränktes Selbstbild hatte mich davon abgehalten, meiner Begabung zu folgen«, sagt Miller. »Und das war ein großer Teil meiner inneren Unruhe.Mein wahres Wesen wurde in dieser Identität unterdrückt, von der ich das Gefühl hatte, dass ich sie leben und aufrechterhalten musste.«

Angst ist einer unserer wertvollsten Boten, der uns signalisiert, dass wir auf dem falschen Weg sind oder kurz davorstehen, eine unkluge Entscheidung zu treffen. Sie können die Informationen, die die Angst liefert, in alle möglichen Verbesserungen und bessere Ergebnisse ummünzen: Höhere Produktivität, mehr Einfühlungsvermögen, bessere Kommunikation, stärkere Motivation, vielleicht sogar eine Karriere, die besser zu Ihnen passt. All das ist ein guter Anfang – aber bleiben Sie nicht dabei stehen. Wer seinen Ängsten auf den Grund gehen und die Art von Selbsterkenntnis erlangen will, die für eine tiefgreifende Transformation und Heilung erforderlich ist – und für eine Entwicklung, die sowohl persönliche Erfüllung als auch Fähigkeiten mit sich bringt, die Teams und Organisationen zu Höchstleistungen anspornen –, der muss in die Vergangenheit blicken.

Das Erbe von Kindheitserfahrungen

Der Führungscoach Jerry Colonna ist der Ansicht, dass viele der Führungsprobleme, mit denen wir konfrontiert sind – Angst, Vermeidungsverhalten, Impulsivität, Verleugnung, Wut, toxische Beziehungen und manchmal auch Dinge wie Alkohol- oder Drogenkonsum – auf unsere grundlegenden Kindheitserfahrungen zurückgehen. Das ist für viele Menschen eine unangenehme Nachricht, und ich verstehe das. *Muss ich wirklich meine Beziehung zu meiner Mutter untersuchen*, werden Sie vielleicht denken, *um eine bessere Führungskraft zu sein?*

Nun, wahrscheinlich. Denken Sie einmal darüber nach: Es ist ja nicht so, dass unsere persönliche Geschichte verschwindet, sobald wir im Büro ankommen oder uns einloggen. Jeder von uns hat eine lange und detaillierte Geschichte, die wir mit uns tragen, wohin wir auch gehen. Wir alle sind das Produkt unserer früheren Lebensumstände und der komplexen Einflüsse, die uns prägen, sodass sich zumindest einige unserer Erfahrungen und Einflüsse zwangsläufig auf unsere Führungstätigkeit auswirken werden. Es kann sein, dass wir eine erfolgreiche Karriere machen, während wir schlechte Verhaltensweisen und ungesunde Reaktionen an den Tag legen, und wir alle kennen Menschen, die das getan haben. Wenn Sie jedoch verstehen, wie Ihre Kindheit den Erwachsenen geformt hat, der Sie heute sind, können Sie eine großartige Führungskraft sein.

Unsere frühen Einflüsse sind in der Regel eine Mischung aus positiven und negativen Einflüssen, aber die negativen Einflüsse sind in der Regel »klebriger« – das heißt, sie bleiben stärker im Gedächtnis und ihre Auswirkungen sind nachhaltiger. Psychologen bezeichnen diese fest verankerte Tendenz als *Negativitätstendenz*. Man nimmt an, dass es sich dabei um einen evolutionären Vorteil handelt, der in unserem grundlegenden Überlebensinstinkt verwurzelt ist: Die Erinnerung an Begegnungen mit negativen Reizen hilft uns, diese Begegnungen in Zukunft zu vermeiden. Doch in unserer gegenwärtigen Situation kann eine solche Neigung zur Negativität manchmal unverhältnismäßige Reaktionen auslösen. Sie kann unser Urteilsvermögen trüben und dazu führen, dass wir eine positive Entwicklung übersehen oder außer Acht lassen, weil wir zu sehr auf das Negative fixiert sind. Und sie kann uns *zu* vorsichtig machen, sodass wir nicht bereit sind, Risiken einzugehen, nur um klein, unerkannt und sicher zu bleiben.

Bahnbrechende Forschungen über negative Erfahrungen in der Kindheit (Adverse Childhood Experiences, ACEs) – also solche, die vor dem achtzehnten Lebensjahr auftreten – zeigen, wie negative Ereignisse aus der Vergangenheit uns noch Jahre später beeinflussen. In der ursprünglichen Studie, die Mitte der 1990er Jahre durchgeführt wurde, identifizierten die Forscher drei Arten von ACEs, die zu negativen Ergebnissen führten: *Missbrauch* (körperlich, emotional oder sexuell), *Vernachlässigung* (emotional oder körperlich) und *Störungen der häuslichen Gemeinschaft* (Scheidung, ein inhaftierter Elternteil oder das Miterleben von Gewalt, Drogenkonsum oder psychischen Erkrankungen im Elternhaus).[1] Seitdem wurden die Kategorien um gemeinschaftliche und systemische negative Erfahrungen wie Rassismus und chronische Armut erweitert, und Dutzende von Studien wurden unter Verwendung von ACE-Daten durchgeführt.

Unter den Ergebnissen kristallisierten sich zwei wesentliche Punkte heraus. Erstens sind ACEs sehr verbreitet und kommen in allen Bevölkerungsgruppen vor. Mehr als zwei Drittel der Studienteilnehmer gaben an, ein ACE erlebt zu haben, und fast ein Viertel hat drei oder mehr erlebt. Zweitens gibt es eine »starke, anhaltende Korrelation« zwischen der Anzahl der ACEs, die ein Kind erlebt, und dem Risiko negativer Folgen im späteren Leben – und diese Folgen betreffen alle Lebensbereiche. Forscher fanden heraus, dass »das Risiko für Herzkrankheiten, Diabetes, Fettleibigkeit, Depressionen, Drogenkonsum, Rauchen, schlechte schulische Leistungen, Arbeitslosigkeit und frühen Tod dramatisch ansteigt«, und neuere Forschungen haben einen eindeutigen Zusammenhang zwischen ACEs und finanziellem Stress im Erwachsenenalter aufgezeigt.[2] Das Erleben von ACEs kann die Wahrscheinlichkeit erhöhen, dass man ein ängstlicher Erwachsener wird.[3]

Auch Systeme spielen eindeutig eine Rolle. Die Erfahrung, als Schwarzer in den Vereinigten Staaten aufzuwachsen, einem Land mit einem rassistischen Gesellschaftssystem, kann beispielsweise Ängste auslösen, die in der Kindheit beginnen und sich bis ins Erwachsenenalter fortsetzen. Eine Studie aus dem Jahr 2016 kam zu dem Ergebnis, dass »Erfahrungen mit individuellem, kulturellem und institutionellem Rassismus einen kulturspezifischen Faktor darstellen, der mit Ängsten in der schwarzen amerikanischen Bevölkerung in Verbindung steht«.[4] In diesem Zusammenhang gibt es Daten, die zeigen, dass Angehörige niedrigerer Kasten im indischen System der sozialen Rangordnung ein schlechteres emotionales Wohlbefinden haben als Angehörige höherer Kasten, und dass Frauen in diesen Systemen mehr leiden als Männer.[5] Zu versuchen, eine Ausbildung zu erhalten, ein sicheres Leben aufzubauen und eine Karriere in rassistischen, patriarchalischen, starren sozialen Systemen zu entwickeln, kann ängstliche Leistungsträger erschaffen. Schließlich, so schreiben die Psychologen Akshay Johri und Pooja V. Anand, »kann das Wohlbefinden eines Menschen nicht in einem Vakuum existieren. Es hängt von verschiedenen sozialen und strukturellen Prozessen ab, die über das Individuum hinausgehen.«[6]

Susan Schmitt Winchester, eine C-Suite-HR-Führungskraft und Co-Autorin von *Healing at Work*, ist der Meinung, dass der Arbeitsplatz einer der besten Orte ist, um die schädlichen Auswirkungen schwieriger Erfahrungen aus unserer Vergangenheit zu verlernen und sich davon zu erholen. Winchester räumt ein, dass dies das Letzte ist, woran viele von uns denken, wenn es darum geht, an unseren psychologischen Problemen zu arbeiten, aber sie weist darauf hin, dass wir im Gegensatz zu unseren Herkunftsfamilien bei der Arbeit auf beiden Seiten die Wahl haben: Wir wählen unseren Arbeitgeber, und unser Arbeitgeber wählt uns. Und seien wir ehrlich: Da die meisten von uns den Großteil ihrer wachen Zeit bei der Arbeit verbringen, kommen unsere ungelösten Probleme und alten Wunden zwangsläufig dort zum Vorschein. All unsere Auslöser aus der Vergangenheit, sagt Winchester, »können sich jeden Tag an unseren Arbeitsplatz schleichen und Chaos verursachen«.

Sie nennt dies »den unbewussten, verletzten Karriereweg leben«. Oft gehen Menschen davon aus, dass sie keine Probleme aus der Vergangenheit haben, mit denen sie umgehen müssen, weil sie keine Traumata oder ACEs erlebt haben. Aber sowohl Winchester als auch Colonna weisen darauf hin, dass wir alle in irgendeiner Weise verwundet sind, das heißt, wir alle haben in unserem frühen Leben Dysfunktionen erlebt. Jemand, der beispielsweise mit einem Elternteil zusammenlebte, der übermäßig kritisch, anmaßend oder unberechenbar war, erfuhr einige der gleichen einschränkenden Überzeugungen und negativen Auswirkungen wie jemand mit einer traumatischen Vorgeschichte.

Auf der Suche nach einem Begriff, der weit genug gefasst ist, um diese Gruppe von Erwachsenen zu erfassen, kamen Winchester und ihre Mitautorin Martha Finney von *Healing at Work* auf den Begriff *Adult Survivors of a Damaged Past* (Erwachsene, die eine kaputte Kindheit überlebt haben) oder ASDP. Der Begriff selbst enthält wichtige Hinweise darauf, wie wir unsere alten Wunden heilen und sogar bitter erlangte Vorteile daraus ziehen können.

Als Erwachsene, sagt Winchester, werden unsere Entscheidungen nicht mehr von den Eltern oder anderen Bezugspersonen diktiert, und auf einer tieferen, psychologischen Ebene müssen wir nicht mehr auf die Auswirkungen vergangener Widrigkeiten reagieren. »Wir müssen keine Gefangenen der Vergangenheit sein«, sagt sie. »›Survivor‹ ist, glaube ich, ein hoffnungsvolles Wort für Resilienz, das besagt, dass jede dysfunktionale Dynamik, die man in seiner Jugend erlebt hat, auch ein großes Geschenk ist, das die Fähigkeit vermittelt, mit schwierigen Situationen umzugehen.« Die Chance für ASDP besteht darin, dass wir erkennen, dass wir nicht mit der schweren Last leben müssen, die unsere früheren Erfahrungen uns hinterlassen haben. »Beschädigt«, sagt Winchester gerne, »ist nicht kaputt«.

Wenn der erste Schritt darin besteht zu erkennen, dass die Gewinnung neuer Einsichten und eines neuen Verständnisses unserer Vergangenheit uns in der Gegenwart glücklicher machen wird, besteht die zweite Erkenntnis dann darin, dass wir die Macht und die Möglichkeit haben, dies zu tun. Aber wie können wir die Heilungsarbeit an unserem Arbeitsplatz tatsächlich in Angriff nehmen? Einer der wirksamsten Wege, um zu heilen *und* eine effektivere Führungskraft zu werden, besteht darin, darauf zu achten, was uns bei der Arbeit triggert. »Ich habe bei mir selbst und bei anderen festgestellt, dass, wenn jemand auf etwas reagiert, das sich am Arbeitsplatz ereignet hat und die Reaktion viel stärker ausfällt, als es die Fakten der Situation vermuten lassen, dies ein Hinweis darauf ist, dass die Person möglicherweise auf etwas reagiert, das in ihrer Vergangenheit geschah.«

Die Methode der schnellen Energie-Rückgewinnung

Susan Schmitt Winchester hat eine dreistufige Strategie entwickelt, die sie die »Methode zur schnellen Energie-Rückgewinnung« nennt, das heißt, wenn sich jemand bei der Arbeit ängstlich und überfordert fühlt.
Als Beispiel dient ein für gewöhnlich schwieriger Moment – wie der Erhalt einer negativen Rückmeldung. Hier erfahren Sie, wie Sie sich vor der »vertrauten, aber unbewussten Negativspirale« schützen können, und wie Sie verhindern, überzureagieren.

- **Schritt 1: Schaffen Sie Wahlmöglichkeiten.** Erinnern Sie sich daran, dass Sie die Macht haben, auf den Auslöser nicht mit den alten, automatischen Mustern zu reagieren – Sie sind jetzt erwachsen und können selbst entscheiden, wie Sie reagieren. Sie sind auch frei darin, wie Sie mit einer starken emotionalen Reaktion umgehen möchten.

- **Schritt 2: Kommen Sie ins Tun.** Hier führen Sie eine neue, gesündere Reaktion ein. Im Fall von negativem Feedback kann das bedeuten, dass Sie der Kritik künftig mit Neugierde begegnen. »Anstatt in den Verteidigungsmodus zu gehen, werde ich Fragen stellen, um es zu verstehen«, sagt Winchester. »Ich werde mich wirklich darauf konzentrieren, was ich aus diesem Feedback lernen kann, anstatt mich darüber zu ärgern«. Wenn Sie besonders gereizt sind, können Sie einfach mit »Erzählen Sie mehr« antworten, um das Gespräch zu eröffnen und zu verhindern, dass Sie verstummen. »Welchen Rat haben Sie für mich?« ist eine weitere Möglichkeit, Ihr Handeln zu verändern und auf neue, produktivere Weise zu reagieren.

- **Schritt 3: Feiern und integrieren.** Eine andere Reaktion auf einen alten Auslöser ist ein Grund zum Feiern! Feiern Sie den Anlass mit einer positiven Aktivität, mit der Sie sich belohnen. Durch das Feiern von Erfolgen wird diese neue Reaktion in die eigene

Identität integriert, sagt Winchester. Je öfter Sie eine neue Reaktion mit einem alten Auslöser verbinden, desto weniger stark triggert Sie dieser.

Wenn Sie mitten in einer Besprechung sind und von Emotionen überflutet werden, ist es in Ordnung, um eine zehnminütige Pause zu bitten. Wenn die Besprechung vorbei ist, empfiehlt Winchester, einen Weg zu finden, die physiologische und emotionale Energie, die Sie empfinden, loszuwerden, damit Sie weniger reaktiv sind und klarer sehen. Tiefes Atmen, Zeichnen oder Aufschreiben der Gefühle oder auf ein Kissen schlagen – all dies kann helfen, um die Emotionen aus Ihrem System zu bekommen.

Wenn Sie sich dabei ertappen, überfordert zu reagieren, rät Winchester, sich zu fragen: »Bin ich mir sicher?« Zum Beispiel: Bin ich sicher, dass mein Chef wütend auf mich ist? Bin ich sicher, dass das Schweigen meiner Kollegen bedeutet, dass sie meine Arbeit missbilligen? Bin ich sicher, dass ich meine Arbeit noch zehn Mal überprüfen muss? Die Beantwortung dieser Frage zeigt oft, dass unsere ausgelösten Reaktionen in keinem Verhältnis zum Ausmaß des Ereignisses stehen – ein Zeichen dafür, dass alte Verletzungen und ungelöste Probleme unser gegenwärtiges Verhalten beeinflussen. (Um eine hilfreiche Technik für diese schwierigen Momente zu erlernen, lesen Sie die Übung »Methode zur schnellen Energie-Rückgewinnung«).

Aber es ist so: Nicht alle Auswirkungen alter Wunden sind negativ. Genauso wie Angst eine Superkraft sein kann, wenn wir lernen, ihre generativen Aspekte anzuzapfen, können sich viele der negativen Lektionen und Erfahrungen, die wir in der Kindheit gemacht haben, in positiven Führungsqualitäten manifestieren.

Colonna erklärt eine Möglichkeit, wie dies funktionieren kann. Wenn ein Kind in einem Umfeld aufwächst, in dem ein Elternteil oder eine Betreuungsperson abwesend, nicht verfügbar oder unzuverlässig ist, muss das Kind manchmal die Verantwortung für das körperliche und emotionale Wohlbefinden anderer Familienmitglieder übernehmen. Das ist kein wünschenswertes Szenario, aber einer der Lichtblicke ist, dass das Kind schon früh lernt, Belastbarkeit zu entwickeln und eine fürsorgliche Führungspersönlichkeit zu sein, die für jedes Mitglied ihres Teams verantwortlich ist. »Dies ist eine wirklich wichtige Botschaft«, sagt Colonna. »Diese Wunden führen nicht unbedingt nur zu negativen Verhaltensweisen, wie beispielsweise Konfliktvermeidung als Folge des Aufwachsens mit Gewalt. Sie führen oft zu sehr starken positiven Erfahrungen, wie der Fähigkeit, sich in unsichere Situationen zu begeben und eine Vision und einen Weg zu finden. Im besten Fall, so Colonna, verfügen erwachsene Führungskräfte, die schon früh Widrigkeiten erlebt haben, über »die inneren Ressourcen, um Schocks zu überstehen, weil sie sie bereits erlebt haben«.

Eine der hilfreichsten Lektionen, die ich gelernt habe, ist, dass wir, wenn gegenwärtige Umstände ungelöste Verletzungen aus der Kindheit hervorrufen, das gleiche Maß an Angst wiedererleben, das wir als Kind empfunden haben. Wenn Sie sich zum Beispiel jemals gefragt haben, warum selbst eine kleine Zurückweisung Sie zittrig und den Tränen nahe macht, oder warum die Schärfe, die Sie in der Stimme Ihres Chefs zu erkennen glauben, Sie stundenlang darüber grübeln lässt, was Sie getan haben, um ihn wütend zu machen, schauen Sie in Ihre Vergangenheit. Wie würden Sie sich als Vierjähriger fühlen, wenn die Eltern, auf die Sie sich verlassen haben, um zu überleben, Sie zurückgewiesen hätten, oder wenn die Betreuungsperson, auf die Sie sich verlassen haben, um sicher zu sein, in Wut geraten wäre?

Wenn wir uns nie mit diesen frühen negativen Erfahrungen auseinandergesetzt haben – die für ein macht- und handlungsunfähiges Kind wirklich furchterregend sind –, können wir automatischen Reaktionen erliegen und das Ausmaß der Bedrohung, der wir in der Gegenwart begegnen, falsch einschätzen.

Wenn mir meine Angst also besonders irrational erscheint – wenn ich weiß, dass mein Überleben nicht wirklich bedroht ist, es sich aber so *anfühlt* – dann beschäftige ich mich mit der Vergangenheit statt mit der Gegenwart. Ich erinnere mich daran, innezuhalten, tief durchzuatmen und nach innen auf das kleine, verängstigte Kind zu schauen, das immer noch in mir lebt. Ich stelle sie mir genau vor: Die fünfjährige Morra, die wehrlos und übervorsichtig ist und unbedingt gefallen will, und die zur erwachsenen Morra aufschaut, die so viel mehr Kraft, Erfahrung und Weisheit hat. Wie kann das erwachsene Ich dem fünfjährigen Ich helfen, sich besser zu fühlen? Manchmal stelle ich mir vor, wie ich mich als Erwachsener hinunterbeuge und mein Kind auf den Arm nehme, wie eines meiner eigenen verängstigten Kinder, und es festhalte, bis es sich beruhigt. Manchmal schaue ich sie mit all dem Mitgefühl und der Dankbarkeit an, die ich aufbringen kann, und sage ihr, dass es ihr jetzt gut geht, dass sie sich nicht mehr so anstrengen muss, um mich zu beschützen. Manchmal stelle ich mir einfach vor, wie die erwachsene Morra die Hand der kleinen Morra ergreift und sie an einen besseren, sichereren und glücklicheren Ort führt.

Ich habe festgestellt, dass diese Visualisierungen kraftvoll und zutiefst vertrauenswürdig sind. Wenn es Ihnen unangenehm ist, diese auszuprobieren, denken Sie einfach an zwei Dinge. Erstens: Das ist eine private Übung; niemand muss davon erfahren. Zweitens, und das ist noch wichtiger, heilen Sie sich selbst. Denken Sie daran, wie kraftvoll das ist – Sie brauchen echte Stärke, um sich Ihren Ängsten zu stellen und diese Art an sich zu arbeiten. »Krieger sind nicht furchtlos«, sagt Colonna. »Ein Krieger erkennt, dass in der Angst Weisheit steckt. Angst ist der Wunsch, dich zu beschützen. Es ist leichtsinnig und tollkühn, die Angst zu leugnen. Die Stärke kommt, wenn wir uns entscheiden, im Angesicht der Angst zu handeln«.

Ganz gleich, wie verletzt oder hilflos Sie sich fühlen, Sie haben die Kraft, sich Ihrer Angst zu stellen und sich selbst zu heilen. Und wie ein Muskel wird diese Kraft stärker, je mehr Sie sie einsetzen.

Ihr Arbeitsplatz als Familiensystem

Wir scherzen oft, dass unsere Büros wie Familien sind – große, dysfunktionale Familien. Das ist witzig und doch wissen wir alle, wie komplex und schwierig es sein kann, gesunde Beziehungen zwischen einer Gruppe von Menschen aufrechtzuerhalten, sei es eine Familie, eine Gemeinde oder ein Team von Mitarbeitern. Die Familien-Systemtheorie nach Bowen ist eine Möglichkeit zu verstehen, wie sich familiäre Dynamiken am Arbeitsplatz wiederholen können.

Die Bowen-Theorie, die von dem Psychiater und Forscher Murray Bowen entwickelt wurde, besagt, dass man Menschen – ihre Charaktere, Motivationen, Persönlichkeiten und Verhaltensweisen – am besten im Kontext ihrer familiären Beziehungen verstehen kann. Bowen vertrat die Ansicht, dass ein Großteil der Probleme, die wir im Erwachsenenalter erleben, auf die negative Art und Weise zurückzuführen ist, wie wir in unseren Herkunftsfamilien gelernt haben, mit Stress und Ängsten umzugehen.[7] Als Erwachsene wiederholen wir automatisch Verhaltensweisen, die wir in unserer Familie übernommen haben, in der wir alle bestimmte Rollen spielten. (Wenn man Sie zum Beispiel jemals als »Goldkind« bezeichnet hat, dann haben Sie diese Rolle gespielt.) Andere erwarten bestimmte Verhaltensweisen von Ihnen, und Sie erwarten dasselbe von diesen. Ob wir uns dessen bewusst sind oder nicht, diese frühen Lektionen und Rollen wiederholen sich bei der Arbeit, und deshalb sollten wir unsere Rolle im »Familiensystem«, das unser Arbeitsplatz ist, verstehen.

Kurz gesagt geht die Systemtheorie (oder das Systemdenken) davon aus, dass alles Teil eines größeren, komplexen Systems ist und dass jeder Teil dieses Systems – ob es sich nun um ein Familienmitglied oder einen Mitarbeiter eines Unternehmens handelt – voneinander abhängig und miteinander verbunden ist.

Daher wirken sich Änderungen an einem Teil des Systems auf alle anderen Teile des Systems sowie auf das System als Ganzes aus.

Es ist leicht zu erkennen, wie sich das Systemdenken auf die Arbeit auswirkt, denn Organisationen bestehen aus Abteilungen, Bereichen, Teams und Einzelpersonen.

Selbst kleine Unternehmen und selbständige Auftragnehmer sind Teil eines komplexen Systems, da sie mit bestimmten Produkten oder Dienstleistungen arbeiten. Wirksame Führung erfordert also nicht nur Selbsterkenntnis des Einzelnen, sondern auch Gruppenerkenntnis, da jede Gruppe von Menschen in ihrer Beziehung zueinander zu einem System wird.

Paul English, der Serien-Tech-Unternehmer und Philanthrop, der Kayak mitbegründet hat, verfolgt einen systemorientierten Managementansatz und glaubt, dass eine seiner Superkräfte als CEO in seiner Fähigkeit besteht, die menschliche Dynamik im Spiel zu beobachten. Dazu gehört, dass er mit voller Aufmerksamkeit zuhört, was gesagt wird, aber auch auf das unausgesprochene Zusammenspiel zwischen den Menschen in einem Raum achtet. English beschreibt, dass er in einem winzigen Haus mit neun Personen aufgewachsen ist, was ihn zwangsläufig für die Dynamik sensibilisiert hat. »Ich glaube, das hat mich gelehrt, mich wirklich auf Interaktionen zu konzentrieren«, sagt er. »Und ich würde sagen, fünf Prozent der Zeit, die ich in jedem meiner Unternehmen verbringe, verbringe ich damit, Interaktionen zu beobachten.«

English wurde zum ersten Mal bewusst, dass er Menschen bei der Arbeit auf die gleiche Weise wahrnahm, wie er Familienmitglieder zu Hause wahrnahm, kurz nachdem er vom Computerprogrammierer zum Manager aufgestiegen war. Es war ein schwieriger Übergang, räumt er ein, zum Teil deshalb, weil die alte Strategie, die er als erfolgreicher Programmierer benutzte – also produktiv und schnell zu sein – sich nicht auf den Umgang von Menschen übertragen ließ. Dazu musste er sich daran erinnern, wie Menschen miteinander umgehen. »In meinen ersten Jahren [im Management] habe ich gelernt, dass man die Menschen glücklicher und produktiver machen kann, wenn man ihnen Aufmerksamkeit schenkt und weiß, was sie beschäftigt«, sagt er.

English hat diese Fähigkeit auf seinem Weg nach oben auf der Karriereleiter mitgenommen. »Ich denke, die wichtigste Fähigkeit für einen CEO, insbesondere für ein Startup-Unternehmen, das unter hohem Druck steht, ist es, Stress abzubauen und zu versuchen, ein Team zu entwickeln, das das Mojo hat«, sagt er. »Und wenn man ein Team haben will, mit dem es spannend ist zu arbeiten, muss man auf die Interaktionen achten.«

Wenn Sie die Dynamik verstehen, die Ihr Team antreibt, und die Kräfte, die sich auf die kollektive psychische Gesundheit auswirken und Ängste auslösen, können Sie darauf hinarbeiten, ein kohärentes, leistungsstarkes Team aufzubauen, das außergewöhnliche Leistungen erbringen kann – in den Worten von English: *ein Team mit Mojo.*

Das brauchen wir nach der Covid-19-Pandemie mehr denn je, wie die Psychotherapeutin und Autorin Esther Perel betont. »Ein kollektives Trauma, ein kollektives Ereignis, eine globale Pandemie wie diese erfordert kollektive Resilienz, nicht individuelle Resilienz«, sagte sie mir. »Und das bedeutet, dass man die kollektiven Ressourcen anzapft und die Bewältigungsstrategien der Gruppe in einer Weise nutzt, die das gegenseitige Vertrauen wieder zurückbringt.«

Sie rät uns, die Art und Weise zu untersuchen, wie unsere Teams und Organisationen die Pandemie (und, wie ich hinzufügen möchte, jede Erfahrung von kollektiver Angst oder Trauma) überstanden haben. Welche neuen Wege haben Sie gelernt, sich aufeinander zu verlassen? Welche neuen Erkenntnisse und Praktiken müssen Sie beibehalten, damit sich die gesamte Gruppe weiterentwickeln kann? »Dieses Maß an gegenseitiger Abhängigkeit hat es uns ermöglicht, so gut zu arbeiten, wie wir es getan haben«, so Perel. »Das sollten wir nicht verlieren.«

Systemdenken zur Auffrischung Ihrer Führungsqualitäten

Einer der wichtigsten Grundsätze der Familien-Systemtheorie nach Bowen ist die *Differenzierung des Selbst*. Sie bezieht sich auf die Fähigkeit, unabhängig zu denken und zu handeln und gleichzeitig mit anderen verbunden zu bleiben. Die Differenzierung geht auf die familiären Wurzeln zurück. Menschen, die weniger differenziert sind, haben Schwierigkeiten, sich von den Emotionen, Wünschen und Bedürfnissen ihrer Familie abzugrenzen. Ihre emotionalen Grenzen sind durchlässig – wenn ihre Mutter traurig oder ängstlich ist, werden auch sie traurig und ängstlich – und so sind sie den Gefühlen ausgeliefert, ihren eigenen wie auch denen anderer.

Es überrascht nicht, dass Menschen mit einem wenig differenzierten Selbst stark von der Akzeptanz und Zustimmung anderer abhängig sind. Bowen beobachtete, dass sie sich entweder schnell, in dem, was sie denken, sagen und tun, anpassen, um anderen zu gefallen (er nannte diese Gruppe »Chamäleons«) oder dogmatisch darauf bestehen, wie andere sein sollten, und sie unter Druck setzen, sich anzupassen (er nannte diese Menschen »Tyrannen«). Interessanterweise sind Tyrannen genauso auf Anerkennung und Akzeptanz angewiesen wie Chamäleons, und Konflikte bedrohen sie genauso stark. Der Unterschied besteht darin, dass Tyrannen andere dazu drängen, mit ihnen statt mit anderen übereinzustimmen.[8] In beiden Fällen benutzt die weniger differenzierte Person andere, um sich zu vergewissern, dass sie OK ist, und um ein solideres Selbstgefühl zu erlangen, anstatt ein Gefühl von »OKness« von innen heraus zu entwickeln.

Im Gegensatz dazu erkennen Menschen mit einem gut differenzierten Selbst ihre Abhängigkeit von anderen, können aber ihre eigenen Gedanken und Gefühle von denen anderer Menschen trennen. Bei Konflikten, Kritik oder Ablehnung bleiben sie ruhig und klar genug, um zwischen einem Denken, das auf einer sorgfältigen Bewertung von Fakten beruht, und einem Denken, das durch starke Emotionen getrübt wird, zu unterscheiden. Sie sind in der Lage, überlegt statt automatisch zu reagieren, denn diese Reaktionen ergeben sich aus ihren inneren Werten und Wünschen und nicht aus dem Druck äußerer Kräfte, zum Beispiel einer Person oder Gruppe, der sie gefallen wollen. Da ihr Selbstwertgefühl differenziert und gut entwickelt ist, sind sie weniger den Gefühlen ausgeliefert und können inmitten starker Emotionen mit anderen zusammen sein, ohne diese starken Emotionen selbst zu absorbieren.[9] Sie müssen nicht einspringen und Dinge in Ordnung bringen oder Menschen retten, weil sie eine größere Fähigkeit haben, Unbehagen zu tolerieren.

Dies sind natürlich nur grobe Beschreibungen, aber ich wette, Sie können bereits erkennen, wie sich unterschiedliche Grade der Selbstdifferenzierung am Arbeitsplatz auswirken können – und wie Sie dank unterschiedlicher Reaktionsmöglichkeiten zu einer effektiveren Führungskraft werden können. Wenn Sie flexibel sind, sind Sie in der Lage, aus Ihrem wahren Selbst heraus zu arbeiten. Sie können sich auf Ihre Grundüberzeugungen und -werte stützen und von einem festen Fundament aus agieren, anstatt reflexartig zu reagieren oder sich von den ständig wechselnden Bedingungen beeinflussen zu lassen, die so viele Arbeitsumgebungen kennzeichnen.

Ich wandte mich an Kathleen Smith, eine Expertin für die Bowen-Theorie, um mehr darüber zu erfahren, wie wir das Denken in Familiensystemen nutzen können, um unsere Führungsqualitäten zu verbessern oder einfach die alltägliche Bürodynamik zu steigern. Sie erklärte mir, dass sich Ängste in einem Gruppenkontext auf den unteren Ebenen der Selbstdifferenzierung vor allem auf zwei Arten äußern: Überfunktion oder Unterfunktion. Diese beiden Strategien haben wir von unserer Herkunftsfamilie gelernt, und sie sind die schnellsten Mittel, die uns zur Verfügung stehen, um uns selbst und alle anderen zu beruhigen, wenn Angst aufkommt. Es sind eher *Autopilot-Reaktionen* als durchdachte *Antworten*.

Für mich ist das Konzept der Über- und Unterfunktion einer der hilfreichsten Leitfäden, um nicht nur meine Führungsangst zu überwinden, sondern auch mit meiner Ehe und meiner Rolle zu Hause umzugehen. Ich bin ein klassischer Überfunktionär.

Wenn es um Ängste am Arbeitsplatz geht, ist Überfunktionalität häufiger anzutreffen, insbesondere bei Führungskräften, und kann sogar geschätzt werden. Smith weist jedoch darauf hin, dass in der Bowen-Theorie sowohl Überfunktionäre als auch Unterfunktionäre auf der gleichen Differenzierungsebene angesiedelt sind. Beide laden die Verantwortung für die Bewältigung ihrer persönlichen Ängste ab.

Der Überfunktionär reagiert auf Angst, indem er zu viel Verantwortung übernimmt. Er führt andere, indem er diese nicht selten kontrolliert. Dabei neigt er dazu zu glauben, dass ohne seinen Rat oder Unterstützung nichts zustande kommt. Da die Grenze zwischen dem Selbst- und Fremdbild der überfunktionalen Führungskraft durchlässig ist, sehen sie andere als verlängerten Arm ihrer selbst und gehen davon aus, dass sie die Gedanken und Gefühle der anderen kennen. Vor allem in angstauslösenden Situationen können sie die Fähigkeiten anderer falsch einschätzen, was dazu führt, dass sie einspringen und ein Problem lösen oder Kollegen »retten«, anstatt ihnen zu vertrauen, dass sie die Arbeit erledigen können. Es ist leicht zu verstehen, warum: Das Problem zu lösen, lindert ihre Ängste.

Es ist auch leicht zu verstehen, warum die klassische überfunktionale Führungskraft sehr erfolgreich aussehen und von einem Team oder einer Organisation hochgeschätzt werden kann. Smith warnt jedoch davor, dass Überfunktionalität in Wirklichkeit »eine Pseudostärke« ist und einen hohen Preis haben kann. »Wenn sie nicht in der Lage sind, andere anzuleiten, oder wenn andere sich nicht an [ihre Anweisungen] halten, nehmen ihre Fähigkeiten stark ab«, sagte sie mir.

Das gilt auch für ihr Selbstwertgefühl und ihr Selbstvertrauen. Wenn wir überlastet sind, so Smith weiter, »stützen wir uns auf unser eigenes Funktionieren, indem wir so tun, als seien andere Menschen eine Erweiterung von uns selbst, indem wir für sie funktionieren. Und das führt oft zu Burnout«. Es kann auch zu Frustration und Enttäuschung führen, wenn die Menschen, die für uns einspringen, keine guten Leistungen erbringen oder weniger leistungsfähig werden. Es ist eine große Belastung, die Gedanken, Gefühle und Verhaltensweisen anderer zu tragen! All das ist der Grund, warum Überfunktion eine Pseudostärke ist und warum sie auf Dauer nicht tragbar ist.

Unterfunktionalität hingegen kann so aussehen, dass man den »Schwarzen Peter« weiterreicht, auf Nummer sicher geht oder sich bei der Lösung von Problemen auf andere verlässt, anstatt selbst aktiv zu werden. Unterfunktionäre unterschätzen ihre Fähigkeiten und überlassen sie gerne anderen, wenn es schwierig wird. Das bringt einen wichtigen Punkt zur Sprache: Überfunktionalität und Unterfunktionalität bedingen sich gegenseitig. Überfunktionäre bewältigen Probleme, indem sie sich in die Probleme anderer einmischen. Unterfunktionäre kommen damit zurecht, dass sie andere in *ihre* Probleme hineinziehen. Diese beiden Dynamiken können nicht ohne einander existieren.

Beachten Sie auch, dass beide versuchen, ihre Ängste durch andere Menschen zu lösen. Die Einstellung des Überfunktionärs ist: »Ich muss mich übermäßig engagieren und Probleme für andere lösen, damit ich meine Ängste beruhigen kann.« Die Haltung des Unterfunktionärs ist: »Ich brauche jemanden, der sich übermäßig engagiert und Probleme für mich löst, damit ich meine Ängste beruhigen kann.« Die Bowen-Antwort lautet, dass sowohl der Überfunktionär als auch der Unterfunktionär eine stärkere Differenzierung des Selbst brauchen – und diese zu entwickeln hat nichts damit zu tun, das Verhalten (oder die Gedanken oder Gefühle) anderer zu ändern, sondern alles damit, dass man lernt, sein emotionales Funktionieren zu regulieren. (Um zu beginnen, differenzierter zu werden, lesen Sie die Übung »Fragen, die Ihnen helfen, ein differenzierteres Selbst zu entwickeln«).

Die Führungskraft, die ihre Emotionen regulieren und trotz Herausforderung einen klaren Kopf und Ruhe bewahren kann, ist in der Lage, ein Team durch jede Erfahrung kollektiver Angst zu führen und es zu Höchstleistungen zu inspirieren, anstatt das System mit ihren persönlichen Ängsten zu »infizieren« und Zeit und Energie damit zu verschwenden, die Arbeit anderer für sie zu erledigen. »Aus diesem Grund ist die Selbstregulierung ein so wichtiger Bestandteil der Führung«, schreibt Smith. »Führungskräfte, die herumrennen und versuchen, das Feuer zu löschen, anstatt selbst ruhig zu bleiben, sind weitgehend ineffektiv. Führungspersönlichkeiten, die sich selbst regulieren und Ruhe ausstrahlen, können, so Smith, jedem Teammitglied vermitteln, dass sie fähig genug sind, »einen Weg durch das Chaos zu finden«.[10]

Ich liebe diesen Ratschlag und unabhängig von unserer Rolle müssen wir alle die Verantwortung für unsere Emotionen und unser Verhalten übernehmen, die sich auf jedes Mitglied des »Familiensystems« bei der Arbeit auswirken, ob wir uns dessen bewusst sind oder nicht. Wenn wir uns dessen nicht bewusst sind, verfangen wir uns leicht in automatischen Reaktionen, die im besten Fall die Angst nur kurzfristig lindern und uns im schlimmsten Fall auf einen dunklen Pfad ungesunder Bewältigungsstrategien führen, die zu schlechten Gewohnheiten werden.

Fragen, die Ihnen helfen, ein differenzierteres Selbst zu entwickeln

Die folgenden Reflexionsfragen stammen aus den Schriften von Kathleen Smith, wo sie in leicht veränderter Form erscheinen. Nutzen Sie sie als Hilfe, um in Ihren Beziehungen ein stärkeres, differenzierteres Selbst zu entwickeln.

Definieren Sie Ihr Selbst

- Was sind Ihre Grundüberzeugungen? Wofür stehen Sie?
- Wie sieht gute Arbeit für Sie aus? Was bedeutet es, ein guter Kollege zu sein?

Beobachtung Ihres Denkens und Verhaltens

- Wann übernehmen Sie Überzeugungen und Werte von anderen, ohne selbst zu denken?
- Wo haben Ihre unterentwickelten Überzeugungen Konflikte oder Ängste verursacht?
- In welchen Beziehungen fällt es Ihnen schwer, selbständig zu denken oder Ihre Gedanken mitzuteilen? Wie können Sie Ihre eigenen Grundsätze entwickeln?

Sind Sie ein Überfunktionär?

- Eilen Sie herbei, um Probleme zu lösen, auch wenn Sie nicht dafür zuständig sind?
- Ziehen Sie es vor, etwas auf Ihre Weise zu erledigen, anstatt sich die Zeit zu nehmen, jemand anderem etwas beizubringen?
- Halten Sie sich in einem Meeting zurück, um Ihre Kollegen nicht zu verletzen oder zu ängstigen oder mildern Sie die Aussagen anderer ab, wenn Sie sehen, dass dadurch die Gefühle eines Kollegen verletzt werden?*

Sind Sie ein Unterfunktionär?

- Vermeiden Sie stressige Situationen in der Hoffnung, dass jemand anderes einspringt und alles in Ordnung bringt?
- Sind Sie bei einem gemeinsamen Projekt damit zufrieden, eine andere Person ans Steuer zu lassen und ihr mehr Anerkennung für das Endprodukt zu geben?
- Hat Ihnen schon einmal jemand gesagt: »Sie haben tolle Ideen, Sie müssen nur mehr Initiative zeigen!«?

Planung für den Wandel

- Welche Verhaltensweisen müssten Sie unterbrechen, um differenzierter zu werden?
- Mit welchen Menschen müssten Sie zusammenarbeiten und zusammen sein, um sich selbst definieren zu können? Wie würden Sie das tun?
- Wie können Sie sich darauf vorbereiten, dass Sie auf Ablehnung stoßen und die Leute sich unwohl fühlen, wenn Sie zu sich selbst stehen?**

* Kathleen Smith, »Are you an Overfunctioner?« *Psychology Today,* 17. October 2019, https://www.psychologytoday.com/us/blog/everything-isnt-terrible/201910/are-you-overfunctioner.

** Kathleen Smith, *Everything Isn't Terrible: Conquer Your Insecurities, Interrupt Your Anxiety and Finally Calm Down* (New York: Hachette Books, 2019).

Vielleicht sind Sie in einem Haushalt aufgewachsen, in dem Ihre Mutter immer in Panik war. Ihr Gehirn hat gelernt, ständig »Feuer!« zu denken, auch wenn es gar nicht brannte. Als Erwachsener wird Ihr Panikknopf vielleicht immer noch leicht ausgelöst. Weniger differenziert zu sein, kann zu mehr (und anstrengender) Reaktivität führen, weil Sie den Emotionen anderer Menschen und der ungefilterten Wirkung, die die Emotionen anderer Menschen auf Sie haben, immer ausgeliefert sind. Eine knappe E-Mail Ihres Chefs raubt Ihnen die Nachtruhe, weil Sie sofort in Panik geraten. Oder wenn sich ein Kollege aufregt, gehen Sie davon aus, dass es Ihre Schuld ist und dass es in Ihrer Verantwortung liegt, das Problem zu lösen – und schon haben *Sie* Angst. All das macht Sinn, wenn man das Familiensystem bedenkt, in dem Sie aufgewachsen sind.

Aber Sie sind jetzt erwachsen und müssen nicht alte Muster wiederholen. Sie können sich von dem automatischen Gedanken lösen, sich fragen: »Brennt es wirklich?« und dann Ihrer Angst sagen: »Danke, du hast deine Arbeit getan, aber es brennt nicht und du kannst jetzt ruhig sein.«

Die Tatsache, dass man selbst eher entspannt ist, statt panisch zu reagieren, senkt die Spannung in der gesamten Gruppe. Reagierer bauen auf anderen Reagierern auf, sodass die Dinge leicht eskalieren können. Denken Sie an die Dringlichkeit einer Kundensituation, wenn zwei ängstliche Reagierer das Sagen haben, und wie gut es sich anfühlen kann, wenn jemand Ruhiges den Raum betritt und die Temperatur senkt. Stellen Sie sich vor, Sie könnten diese gelassene Person für sich selbst sein!

Es ist nie zu spät

Glücklicherweise gibt es dank der erstaunlichen Neuroplastizität des Gehirns viele Möglichkeiten, die Selbstdifferenzierung im Erwachsenenalter zu verbessern, das heißt, Gefühle von Gedanken zu trennen. »Man ist nicht zu 100 Prozent in diesen Mechanismen gefangen«, sagt Smith. »Wenn man anfängt, sie zu beobachten, hat man die Möglichkeit, einen Schritt zurückzutreten und sich zu fragen: Ist es wirklich das, was ich tun will? Wenn es hart auf hart kommt, gibt es dann eine andere, flexiblere, kreativere Art, auf eine ängstliche Person, einen schwierigen Kollegen oder ein unmögliches Familienmitglied zu reagieren? Kann ich das Unbehagen aushalten, nicht das zu tun, was ich normalerweise tue?« Zu lernen, Unbehagen zu tolerieren – sowohl das eigene als auch das anderer Menschen – ist ein wichtiger Aspekt der Selbstdifferenzierung. Sie ermöglicht es uns, innezuhalten, bevor wir handeln – nicht davon auszugehen, dass wir wissen, was andere denken, keine impulsiven Entscheidungen zu treffen, nicht zu viel Verantwortung zu übernehmen und angesichts von Ängsten nicht auf Autopilot zu schalten. »Das ist es, was es bedeutet, an seiner eigenen Differenzierung zu arbeiten«, sagt Smith. »Das heißt, ein wenig außerhalb des emotionalen Systems zu agieren und trotzdem mittendrin zu sein.«

Für den Überfunktionär, dem es schwerfällt, die Notlage einer anderen Person zu tolerieren, ist es ein guter erster Schritt, vorauszuplanen: Wie könnte eine differenziertere Reaktion aussehen, anstatt die automatische Reaktion zu übernehmen und den anderen zu managen? Das kann bedeuten, dass man »den Menschen ein bisschen zuschauen muss«, sagt Smith. Anstatt sie sofort zu retten, wäre eine gesündere Reaktion, »es langsamer angehen zu lassen und die Leute Dinge weniger effizient tun zu lassen«, als man es selbst tun würde, und ihnen zuzuhören, auch wenn man nicht mit ihnen übereinstimmt oder glaubt, dass sie völlig falsch liegen. Wenn man die Arbeit anderer für sie erledigt und sich weigert, ihre Standpunkte anzuhören, untergräbt man ihre Autonomie und verwehrt ihnen die Möglichkeit, sich weiterzuentwickeln, an ihren Aufgaben zu wachsen und effektiver zu werden. Eine differenziertere Reaktion, so Smith, »eröffnet Ihnen den Raum, sich von den Fähigkeiten anderer Menschen überraschen zu lassen … Manchmal ist das beste Geschenk, das Sie jemandem machen können, … dass Sie zurücktreten und ihn für sich selbst arbeiten lassen«.[11]

Während Überfunktionalität aus der Unfähigkeit resultieren kann, die Notlage einer anderen Person zu tolerieren, kann die Unfähigkeit, die eigene Notlage zu tolerieren, zu Unterfunktionalität führen. Unterfunktionäre neigen dazu zu glauben, dass ihr Denken nicht so wichtig oder so effektiv ist wie das anderer Menschen. Die Herausforderung für sie besteht also darin, sich selbst zu vertrauen und nicht abzuschalten, wenn die Dinge schwierig werden. In einem Arbeitsumfeld, in dem es viele Unterfunktionäre gibt, gibt es vielleicht nicht viele Konflikte, aber es gibt auch nicht viele Fortschritte. Unterfunktionäre, so Smith, können sich darin üben, für ihre Gedanken und Meinungen einzustehen und eine Position zu einem Thema zu beziehen, wenn es Widerstand geben könnte, anstatt zu schweigen oder auszuweichen.

Das ist eine Lektion, an der ich noch arbeite. Bis vor kurzem war ich völlig darin gefangen, reaktiv zu sein, weil ich mir selbst nicht vertraute. Obwohl ich über zehn Jahre lang mein eigenes Unternehmen geführt hatte, hörte ich nicht auf meine Instinkte und vertraute meinem Arbeitsergebnis nicht. Alles, was ich produzierte, ließ ich von einem Angestellten erledigen. Ich bin ständig durch Reifen gesprungen und habe es allen anderen recht gemacht, weil ich so viel Angst vor Ablehnung hatte. Äußere Anerkennung und Geld wurden zu den Maßstäben, nach denen ich meinen Erfolg bewertete, denn das war es, was für meine Herkunftsfamilie und mich zählte. Ein einziger negativer Kommentar von irgendjemandem konnte mir den Tag verderben. Ich mied Menschen, von denen ich glaubte, dass sie wütend oder enttäuscht von mir sein könnten. Meine Gefühle beherrschten mein Leben vollständig.

Einerseits hat mir diese Unsicherheit geholfen, weil ich Leute einstellte, die klüger waren als ich. Ich habe viel delegiert und hatte großes Vertrauen in mein Team. Mein Radar für die Unzufriedenheit von Kunden oder Mitarbeitern wurde so scharf eingestellt, dass ich eine Arbeitsplatzkultur der Überbetreuung von Kunden schuf. Unsere Kunden liebten uns, aber wir waren alle am Ende unserer Kräfte.

Obwohl eines meiner Mantras lautet: »Frage immer erst nach, bevor du etwas tust«, wurde mir in diesem Fall klar, dass mich mein Wunsch, anderen zu gefallen und nicht mir selbst, einschränkte. Also beschloss ich, neugierig zu werden, wie eine differenziertere Reaktion aussehen könnte. Wie könnte ich die Angst, die ich wegen der Qualität meiner Arbeit empfand, besser ertragen und mich nicht so sehr auf externe Bestätigungen verlassen?

Nun, ironischerweise boten mir diese externen Zusicherungen eine hervorragende Ausgangsbasis. Ich konnte auf jahrelange große und kleine Erfolge zurückblicken und mich daran erinnern, dass sie echt und vertrauenswürdig waren; der unzuverlässige Erzähler hingegen war meine Angst. Von da an begann ich mich darin zu üben, meine Arbeit und meine Reden nach meinen Qualitätskriterien zu bewerten – nicht nach denen anderer. Und wissen Sie was? Mir gefiel, was ich sah, und es war viel weniger anstrengend – und viel effizienter –, nicht so viele andere in die Bewertung meiner Arbeit einzubeziehen. Das heißt nicht, dass ich nicht nach Feedback suche. Aber diese Technik hat mir und meinen Kollegen ein weitaus weniger ängstliches und damit angenehmeres Arbeitsumfeld beschert.

Wenn wir uns in unserem Kern-Selbst verankern können, dem Geburtsort unserer Werte, dem Selbst, das weiß, was ein gutes Arbeitsprodukt ist, beruhigen wir nicht nur unsere Ängste – wir werden auch eine effektivere Führungskraft und ein besserer Teamkollege. Aus diesem Grund brauchen wir ein differenziertes Selbst.

»Die größte Stärke, die größte Würde, kommt aus dem inneren Wissen um den eigenen Selbstwert«, sagt Colonna. »Das ist die größte Quelle des Risikos. Es ist der Ort, der angegriffen wird. Es ist der Ort, aus dem die Kämpferpersönlichkeit entspringt.« Und man kann nicht zu dem Ort gelangen, an dem der Kämpfer entspringt beziehungsweise, wo sich die effektivsten Führungskräfte bilden, ohne sich selbst weiterzuentwickeln. »Ich scheitere jeden Tag, aber ich werde morgen wieder aufstehen und es erneut versuchen, unabhängig davon, was die Außenwelt von mir denkt«, sagt Colonna. »Es hat lange gedauert, bis ich auf diese Weise erwachsen geworden bin. Ich denke, *das ist* die Chance, die sich uns als Führungskraft bietet.«

Die Vergangenheit wird uns immer begleiten, und niemand kommt als leeres Blatt Papier zur Arbeit. Aber wir haben so viel Auswahl und Einfluss darauf, wie unsere Vergangenheit uns beeinflusst. Wenn wir verstehen, wie unsere Vergangenheit unser heutiges Denken und die Art und Weise, wie wir mit der

Welt interagieren, geschaffen hat, können wir wählen, wie wir uns zeigen, und nicht nur auf alte Muster reagieren. Auch andere Menschen zeigen sich mit ihrer Vergangenheit belastet. »Deren Vergangenheit kann, genau wie bei Ihnen, die Erwartungen an die Gegenwart beeinflussen«, sagt die Psychotherapeutin Carolyn Glass. Ein besseres Verständnis der alten Muster und prägenden Einflüsse bei Ihnen und Ihrem Team hilft Ihnen, die entscheidende Selbsterkenntnis zu entwickeln, die Sie brauchen, um mit Ängsten umzugehen und die Führungskraft zu sein, die Sie sein sollen.

Teil 2

Werkzeuge für Führungskräfte zur Bewältigung von Angstzuständen am Arbeitsplatz

5

Negative Selbstgespräche

In meinen Zwanzigern arbeitete ich in einer toxischen Umgebung an einer nationalen politischen Kampagne mit. Ich hatte in meiner Abteilung den Ruf, unorganisiert zu sein. Bei einer politischen Kampagne rennt jeder wie verrückt herum und versucht zu beweisen, wie hart er arbeitet und wie viel er schafft (ob es nun stimmt oder nicht). Aus irgendeinem Grund liebten es meine Chefs, meine Schreiben zu zerpflücken und sie als Beweis für Desorganisation zu verwenden. Eines Tages beschloss der Abteilungsleiter Doug, sich vor dem gesamten Team darüber lustig zu machen, wie ich Memos schrieb. »Haben Sie jemals eines ihrer Memos gelesen?« fragte Doug. »Die machen keinen Sinn!« Alle lachten.

Die Wahrheit ist, dass ich sechsundzwanzig Jahre alt war und nicht mehr weiterwusste. Ich schrieb schlechte Memos, weil ich nicht wusste, was ich tat. Ich war unerfahren und brauchte Hilfe und Anleitung. Und offen gesagt, sind Memos nicht meine Stärke.

Im Laufe der Jahre habe ich gelernt, dass ich eigentlich ein guter Schreiber mit einem nichtlinearen Gehirn bin. Ich verarbeite Informationen nicht in Form von Memos, also muss ich meine Memos sorgfältig strukturieren, denn ich sehe die Dinge als Kreise, während andere gerade Linien sehen.

Aber manchmal höre ich immer noch die Stimme meines Chefs. Als ich mich in einem anderen schwierigen Arbeitsumfeld wiederfand, wurden meine Memos wieder zur Quelle der Kritik. Mein Vorgesetzter zerpflückte alles, was ich schrieb, bis hin zur Kritik an meiner Schriftart. Meine negativen Selbstgespräche liefen auf Hochtouren: »Sie sind so unorganisiert! Sie haben keinen Verstand! Sie haben Bücher geschrieben und Artikel veröffentlicht – warum können Sie nicht einmal ein klares Memo schreiben, verdammt noch mal! Sie haben wirklich keine Ahnung, was Sie tun.«

Bis vor kurzem löste diese Art von negativem Selbstgespräch eine Spirale von Angst und Selbstverachtung aus, die dazu führte, dass ich mich tagelang schlecht fühlte und alle möglichen ungesunden Verhaltensweisen an den Tag legte, von exzessivem Sport über Fressattacken bis hin zu strenger Einschränkung der Nahrungsaufnahme – und das alles, während ich mir der Existenz dieser kritischen Stimme kaum bewusst war.

Der erste Schritt im Umgang mit negativen Selbstgesprächen – dieser inneren Litanei der Verurteilung und Kritik, die viele von uns nur zu gut kennen – besteht darin, sich einfach bewusst zu machen, was sie sagen. Wie bei der Detektivarbeit, um Ihre ängstlichen Gedanken, Gefühle oder Verhaltensweisen zu identifizieren, ist das zunächst *alles,* was Sie tun müssen: Sich dessen bewusstwerden. Sie brauchen die negativen Selbstgespräche nicht zu korrigieren oder zu versuchen, sie zu ignorieren oder ihnen zu widersprechen. Das wird sich kontraintuitiv anfühlen, weil Überflieger so sehr daran gewöhnt sind, Strategien zu entwickeln und Probleme zu lösen. Aber nehmen Sie jetzt einfach zur Kenntnis, was diese Stimme sagt, und – das ist wichtig – tun Sie es, ohne zu urteilen. *Ah*, wird Ihre achtsamere, reifere, innere Stimme sagen, *das ist interessant.*

Dann können Sie in einem weniger reaktiven Zustand damit beginnen, Nachforschungen anzustellen. Haben Sie diese Worte und die Haltung, die sie widerspiegeln, schon immer gehört? Klingen diese Stimme und das, was sie sagt, wie jemand, den Sie kennen? Wo haben Sie sie zum ersten Mal bemerkt? Taucht diese Stimme unter bestimmten Umständen auf? Können Sie hier irgendwelche Muster erkennen?

Seit vielen Jahren ist die kognitive Verhaltenstherapie (KVT) der Goldstandard in der Behandlung problematischer Ängste. Ihr Ursprung liegt in der Notwendigkeit einer wirksamen Behandlung der negativen Selbstgespräche, die die Ursache für die Depression vieler Menschen sind. In den 1960er Jahren stellte der Psychiater Aaron Beck bei seinen Untersuchungen an schwer depressiven Patienten fest, dass sie alle einen, wie er es nannte, »systematischen Fehler« in ihren Denkmustern aufwiesen: Eine negative Voreingenommenheit gegen sich selbst. Durch »fehlerhafte Informationsverarbeitung«, so seine Beobachtung, neigten sie dazu, alles, was ihnen widerfuhr – Vergangenheit, Gegenwart und Zukunft – durch eine negative Brille zu sehen. Sie erwarteten das Schlimmste und neigten zu »massiver Selbstkritik«.[1]

Aus diesen frühen Beobachtungen entstand der gesamte Bereich der kognitiven Verhaltenstherapie (KVT). Becks Erkenntnis war, dass unsere Gedanken unsere Emotionen und unser Verhalten bestimmen und dass wir uns von selbstschädigenden Denkmustern und negativen Selbstgesprächen, die unsere Ängste, Depressionen und einschränkenden Verhaltensweisen verschlimmern, befreien können, wenn wir lernen, unser Denken zu ändern – von nicht hilfreichen, nicht auf der Realität basierenden Wahrnehmungen hin zu objektiveren, realitätsbezogenen Wahrnehmungen. Kurz gesagt, die KVT hilft den Menschen zu lernen, wie sie die schädlichen Gedankenmuster (Kognition), die einen negativen Einfluss auf ihr Handeln (Verhalten) und ihre Gefühle (Emotionen) haben, erkennen und ändern können. Dieser Rahmen unterscheidet die KVT von anderen Formen der Psychotherapie, und sie legt einen Großteil der Macht für die Besserung in die Hände des Einzelnen.

Eines der wichtigsten Prinzipien der KVT besteht darin, sich seiner Selbstgespräche bewusst zu werden – des inneren Monologs, der den ganzen Tag über »spricht«. Oft sind unsere Selbstgespräche so spontan, tief verwurzelt und subtil, dass sie unsere Stimmung, unser Wohlbefinden und unsere Leistung beeinflussen, ohne dass wir es überhaupt merken.

Selbstgespräche können positiv sein (»Ich habe es geschafft!« oder »Die Jacke steht mir gut«), neutral (»Vergiss nicht, die Wäsche abzuholen«) oder, wie bei ängstlichen und depressiven Menschen üblich, negativ (»Das war so dumm!« oder »Wie konnte ich nur so etwas sagen?«). Wenn Sie einen Moment innehalten und in sich hineinhorchen, werden Sie wahrscheinlich feststellen, dass Ihre innere Stimme viel zu sagen hat. Sobald Sie Ihre negativen Selbstgespräche erkannt haben, können Sie sie konfrontieren und hinterfragen. Sie könnten sich fragen: Ist die Geschichte, die ich mir erzähle, oder die Beobachtung, die ich über mich mache, wirklich wahr? Schon das Stellen dieser Frage ist ein großer Schritt nach vorn, da das Bewusstsein beginnt, die Macht der negativen Selbstgespräche zu brechen.

Die Schriftstellerin Anne Lamott bezeichnet unseren »immerwährenden« inneren Monolog als Radiosender KFKD. Auf dem einen Ohr hört man die Stimme der Selbstverherrlichung, die einem sagt, wie besonders, brillant und erstaunlich man ist, und auf dem anderen Ohr hört man die Stimme, die einen mit Vergnügen auf all die Misserfolge, Mängel und Zweifel hinweist.[2] Wenn es Ihnen wie den meisten ängstlichen Leistungsträgern geht, sind Sie mit dieser negativen Stimme sehr vertraut. Die meisten kognitiven Verzerrungen, die uns bedrängen, stammen von negativen Selbstgesprächen, die wir nicht hinterfragt haben. Es überrascht nicht, dass negative Selbstgespräche mit Angstzuständen, Depressionen, posttraumatischen Belastungsstörungen, Aggression und geringem Selbstwertgefühl in Verbindung gebracht werden.[3]

Jetzt, da ich gut therapiert bin und meine negativen Selbstgespräche gut kenne, kann ich leichter mit ihnen umgehen und lasse mich nicht mehr von ihren harten Worten verwirren oder verschwende so viel Zeit damit, sie zu bewältigen. Ich kann meine negativen Selbstgespräche auch im Lichte der Wahrheit betrachten: Bin ich wirklich schlecht im Schreiben von Memos? Nun, ja, aber wen kümmert's – ich kann besser werden. Bin ich tatsächlich unorganisiert? Nein, ich arbeite nur anders.

Woher kommt also diese Stimme? Wem gehört sie?

Nun, wie so oft können wir die Wurzeln der meisten Selbstgespräche bis in die Kindheit zurückverfolgen, und das gilt selbst dann, wenn Sie in Ihrem Leben keine strenge, grausame Person hatten, die die Worte sagte, die Sie jetzt hören. In meinem Elternhaus gab es den Mythos, dass ich mich in der Schule nicht anstrengte und mich einfach auf meine natürliche Intelligenz verließ. Wenn ich als unorganisiert oder unkonzentriert bezeichnet werde, löst das bei mir eine ganz bestimmte innere Stimme aus: die meiner Mutter. Genauer gesagt ist es die Stimme meiner Mutter, die darauf besteht, dass ich mich nicht genug angestrengt habe und dass ich meine Misserfolge verdient habe, weil ich alles vergeigt habe – im Gegensatz zu meiner Schwester, die sich so sehr angestrengt hat. (Und wenn wir eine Ebene tiefer gehen wollen, höre ich auch die Stimme dahinter, die sagt, dass mein Wert darin liegt, Perfektion zu erreichen).

Wenn dieser Monolog anfängt, in einer Schleife zu laufen, unterbreche ich alles, was ich gerade tue, und sage: »Hallo, Mama!«. Dieser kleine Moment des unbeschwerten Bewusstseins – die Stimme als das lange eingeübte Muster zu bezeichnen, das sie in Wirklichkeit ist, und, was wichtig ist, mich von ihr zu distanzieren – reicht normalerweise aus, um den Strom der negativen Selbstgespräche zu stoppen und mich in die Gegenwart zurückzubringen. Zurück in die Realität, sozusagen.

Das soll nicht heißen, dass es nicht weh tut, wenn man für das Schreiben schlechter Memos kritisiert wird. Das tut es. Aber ich kann meiner Mutter, Doug und meinen anderen kritischen Chefs zuwinken und ihnen sagen: Nur weil ihr sagt, dass ich schlecht bin, heißt das nicht, dass es wahr ist.

Das ist eines der besten Dinge an der fortschreitenden Entwicklung von Erwachsenen. Sie haben jetzt Handlungsspielraum und Bewusstsein, und Sie sind endlich in der Lage, sich aus diesen alten Mustern zu lösen. Und damit von dieser Stimme, die Ihnen sagt, Sie seien ein Betrüger und könnten kein Unternehmen leiten. Diese Stimme ist ein unzuverlässiger Erzähler, und Sie müssen ihr nicht glauben, ihr nicht vertrauen und Ihr Verhalten nicht an ihren Behauptungen ausrichten. Sie können sogar innehalten und dieser Stimme dafür danken, dass sie versucht, Sie zu schützen, aber Sie können ihr auch sagen, dass Sie diese Art von Rundum-Schutz nicht mehr brauchen. Diese Technik, bei der Sie Ihre Angst nach außen tragen und sich von ihr trennen und sogar ein wenig Dankbarkeit für ihre guten Absichten aufbringen, ist eine der wirkungsvollsten Methoden, um Ängste zu überwinden.

Aber manchmal ist die angemessenste Reaktion, dieser Stimme zu sagen, dass sie sich verziehen soll.

Der mit dem Emmy ausgezeichnete Star-Visagist Andrew Sotomayor hat eine brillante Methode, um mit seinen negativen Selbstgesprächen umzugehen: Er nennt die Stimme ein Streifenhörnchen. Er entzieht ihr die Macht, indem er sie als das quietschende, cartoonhafte kleine Tier bezeichnet, das sie ist: »OK, Streifenhörnchen«, sagt er, »geh weg.« Die Technik funktioniert auch dann, wenn sein negatives Selbstgespräch eine dunkle Wendung nimmt und Dinge sagt wie: »Du bist ein Stück Müll, niemand mag dich, du bist schrecklich darin, du wirst nie geliebt werden, du bist es nicht wert, geliebt zu werden.« Diese Fälle sind »etwas schwieriger zu bekämpfen«, sagt er, aber er erkennt diese unwahre innere Stimme als den unzuverlässigen Erzähler, der sie ist, und antwortet auf die gleiche Weise: »OK, Streifenhörnchen, alles in Ordnung, geh einfach weg. Ich kümmere mich später um dich.«

Was Sotomayor so gekonnt macht, ist, sich von seinen negativen Selbstgesprächen zu distanzieren und seine authentische Stimme von dem unzuverlässigen Erzähler zu trennen, der seine Arbeit und sein Selbstwertgefühl zu untergraben droht. Es gelingt ihm, den Radiosender KFKD auszublenden und seine destruktiven Selbstgespräche weniger beängstigend zu machen, indem er sie als klitzekleines, machtloses Streifenhörnchen darstellt.

Alice Boyes, eine ehemalige klinische Psychologin und Autorin von *The Anxiety Toolkit*, empfiehlt, sich eine lustige Figur auszudenken, wie es Sotomayor getan hat, oder eine unausstehliche Figur, um die ängstliche Stimme von der eigenen zu unterscheiden. Das Ziel ist es, sagt sie, »die Angst ein wenig zu externalisieren und eine leichtere Beziehung zu der ängstlichen Stimme zu haben«. In diesem ruhigeren, weniger reaktiven Zustand können Sie beginnen, die ängstliche Stimme objektiv zu untersuchen und zu erkennen, wo sie Sie in die Irre führt.

Je schneller Sie *Ihre* Stimme von der Ihres inneren Streifenhörnchens trennen und in die Realität zurückkehren können, desto schneller werden Sie produktiv sein und desto besser werden Ihre Entscheidungen sein.

Die Notwendigkeit von Selbstempathie

Einer der faszinierendsten Aspekte der negativen Selbstgespräche ist die Frage, warum es sie überhaupt gibt. Warum haben wir eine innere Stimme, die scheinbar aus eigenem Antrieb heraus plappert? Und warum sagt sie uns so oft schädliche, unwahre Dinge über uns selbst, die unser Selbstvertrauen untergraben und uns weniger glücklich und weniger effektiv machen?

Ob Sie es glauben oder nicht, die Antwort geht direkt auf unser primitives Gehirn und unseren grundlegenden Überlebensinstinkt zurück. Es stellt sich heraus, dass die ursprüngliche Funktion negativer Selbstgespräche – wie die der Angst – darin bestand, uns vor Schaden zu bewahren. Wenn unsere Vorfahren einen Fehler machten, der ihr Überleben bedrohte, war es sinnvoll, sich an diesen Fehler zu erinnern und sich dafür zu schelten. Denken Sie darüber nach: Die Wahrscheinlichkeit, einen Fehler zu wiederholen, ist weitaus geringer, wenn Sie sich selbst dafür hart verurteilen und sich für den Fehler schämen. Im Laufe der Zeit wurde dieser Impuls, sich selbst zu schelten und zu beschämen, immer stärker, da die Evolution ihn auswählte und in unserem tiefen Gedächtnis verschlüsselte. Heute ist er immer noch vorhanden, auch wenn die Fehler, die wir machen, nicht oft unser Überleben bedrohen. Auch hier handelt es sich um eine evolutionär angepasste Reaktion, die in unserem modernen Kontext aus dem Ruder gelaufen ist. Im Podcast *Hidden Brain* erklärt die Psychologin und Expertin für Mitgefühl und Selbstempathie Kristin Neff, dass negative Selbstgespräche, die sie als unseren inneren Kritiker bezeichnet, »dem einfachen Wunsch entspringen, sicher zu bleiben«. Sie zapfen die körpereigene Kampf-, Flucht- oder Erstarrungsreaktion an. Da wir einen Fehler machen oder bei etwas versagen, das uns bedrohlich und beängstigend vorkommt, löst das Gehirn eine Angstreaktion aus, genau wie wenn wir etwas in der Nacht hören würden. An diesem Punkt, so Neff, »kämpfen wir entweder gegen uns selbst an und denken, wir könnten die Situation kontrollieren und sicher sein, oder wir fliehen aus Scham vor den vermeintlichen Urteilen anderer, oder wir erstarren und verharren in Grübeleien. Und das sind alles ganz natürliche Wege, auf denen wir versuchen, sicher zu bleiben, so dass man sogar sagen könnte, dass die Motivation des inneren Kritikers eine gute ist, auch wenn die Konsequenzen alles andere als gut sind.«

Die Scham, die wir als Folge der Worte des inneren Kritikers empfinden, ist besonders schädlich und ein wichtiger Faktor für dysfunktionale Verhaltensweisen wie Sucht, Essstörungen und Selbstmordgedanken. Und Selbstkritik schadet nicht nur uns selbst. Wenn wir uns selbst kritisieren, erklärt Neff, steigt das Stresshormon Cortisol an, und wir sind empfindlicher mit anderen. Da es für Menschen leicht ist, die Gefühlslage anderer aufzugreifen, sind Emotionen in gewisser Weise ansteckend. Wenn Sie mürrisch, aufgeregt und gestresst sind, ist es wahrscheinlicher, dass auch Ihr Team mürrisch, aufgeregt und gestresst ist. Mit einer solchen Haltung, sagt Neff, sind wir nicht so geduldig, nicht so effektiv und einfach nicht so präsent, denn Scham und Selbstkritik sind »unglaublich selbstbezogene Zustände«.[4]

Wie können wir uns also aus der Abwärtsspirale von negativen Selbstgesprächen, Angst, Scham und Fehlverhalten befreien, mit denen wir versuchen, den inneren Kritiker zum Schweigen zu bringen? Ein wirksamer Weg ist, Selbstempathie zu praktizieren.

Wenn Sie jetzt schon mit den Augen rollen, will ich Sie nicht verurteilen; ich war früher eine von Ihnen. Aber das war, bevor ich verstanden habe, wie revolutionär Selbstempathie ist – und wie schwierig es sein kann, sie zu praktizieren, da sich so viele von uns an die kritische innere Litanei gewöhnt haben, die in einer Dauerschleife läuft. Ich verstehe auch, dass es sich kontraintuitiv oder schlichtweg falsch anfühlen kann, sich selbst gegenüber Mitgefühl zu zeigen, vor allem, wenn wir einen Fehler gemacht oder ein Ziel nicht erreicht haben und das Gefühl haben, andere enttäuscht zu haben: Ist das nicht *genau* der Zeitpunkt, an dem wir uns selbst kritisieren sollten, damit wir denselben Fehler nicht noch einmal machen? Und ist Selbstempathie nicht gleichbedeutend damit, uns in Schutz zu nehmen oder ein Problem unter den Teppich zu kehren?

Die Untersuchungen von Neff zeigen in allen Punkten das genaue Gegenteil.

Ähnlich wie die unzuverlässige Erzählerstimme der Angst, *wehrt sich* der Selbstkritiker laut Neff *gegen die Realität*. Er »glaubt irgendwie, dass Perfektion möglich ist, wenn wir uns nur genug anstrengen«, sagt sie. Aber in Wirklichkeit macht jeder Fehler, und Perfektion ist ein unmöglicher Standard mit einem sich ständig verschiebenden Zielpfosten. Selbstkritik kann zwar kurzfristig motivierend wirken, sagt Neff, »aber sie funktioniert so, wie körperliche Züchtigung bei Kindern funktioniert. Kurzfristig führt sie zur Einhaltung der Regeln, aber langfristig schadet sie sehr.«

Bei der Arbeit ein innerer Verbündeter für sich selbst sein

Diese Übung basiert auf der bekannten Übung »Selbstmitgefühlspause« von Kristin Neff, die leicht abgewandelt wurde, um sie inmitten eines anstrengenden Arbeitstages anzuwenden.*

Wenn eine Arbeitssituation eintritt, die Ihren inneren Kritiker auf den Plan ruft, nehmen Sie sich drei Minuten Zeit für sich selbst. Ich finde es hilfreich, den Ort zu wechseln, da die körperliche Bewegung meinen inneren Kritiker für einen Moment zum Schweigen bringt und meinen Verstand zu einem Neustart veranlasst. Wenn Sie Ihren Schreibtisch nicht verlassen können, machen Sie sich keine Sorgen: Diese Übung läuft intern ab. Sie können sie also überall durchführen, ohne dass andere es bemerken.

Atmen Sie jetzt tief durch und sagen Sie zu sich selbst:

»Dies ist ein Moment der Angst.« (oder Schmerz, oder Stress, oder Leiden – was immer sich richtig anfühlt)

»Angst (oder Schmerz, Stress, Leid) kommt bei der Arbeit vor, und jeder erlebt sie manchmal.«

»Möge ich mir das Mitgefühl schenken, das ich in diesem Moment brauche.«

Es steht Ihnen frei, diese letzte Aussage an die jeweilige Situation anzupassen. Ich habe diese Übung einmal angewandt, nachdem ich in einer Sitzung eine unbedachte Bemerkung gemacht hatte und die Schuldgefühle und die Scham nicht loslassen konnte – obwohl die Gruppe meine Entschuldigung sofort akzeptierte und über meinen Fauxpas lachte und sagte, es sei keine große Sache. Mein Satz des Selbstmitgefühls lautete: »Ich vergebe mir selbst.« Ein anderes Mal war es ein einfaches »Möge ich freundlich zu mir sein.«

Die Übung ist wirksam, weil sie das hervorruft, was Neff die drei Komponenten des Selbstmitgefühls nennt: *achtsames Gewahrsein* statt übermäßiger Identifikation mit Ihren negativen Gedanken und Gefühlen, *Mitmenschlichkeit* statt Isolation und *Selbstempathie* statt Selbstverurteilung.

* Kristin Neff, »Exercise 2: Self-Compassion Break«, self-compassion.org

Auch verbessert Selbstkritik die Leistung nicht. »Wenn man viel Angst hat, untergräbt das die Fähigkeit, sein Bestes zu geben«, erklärt Neff. »Wenn man sich sehr schämt, hemmt die Scham unsere Fähigkeit zu lernen und zu wachsen. Sie führt zu Depressionen und mangelnder Motivation, ist also kontraproduktiv. Und anstatt ihre Fehler oder Unzulänglichkeiten zu ignorieren, so Neffs Forschungsergebnisse, übernehmen Menschen, die mehr Selbstempathie haben, mehr Verantwortung für ihre Fehler, sind gewissenhafter und entschuldigen sich eher.[5] Es stellt sich heraus, dass ein Mangel an Selbstempathie in jeder Hinsicht nach hinten losgeht.

Für die meisten von uns wird Selbstempathie eine erlernte Fähigkeit sein, etwas, das wir viele Male üben müssen, bevor wir es uns angewöhnen können. Und das ist in Ordnung. Seien Sie mitfühlend mit sich selbst, gerade wenn Sie Selbstempathie lernen, und behalten Sie Ihr Endziel im Auge. (Um besser üben zu können, lesen Sie die Übung »Bei der Arbeit ein innerer Verbündeter für sich selbst sein.«)

Bei Selbstempathie geht es nicht darum, sich selbst zu entlasten oder nachsichtig mit sich selbst zu sein. Es geht darum, dass Sie lernen, aufrecht zu stehen und Ihre Arbeit und Ihre Rolle als Führungskraft mit einem klaren Blick und der richtigen Haltung anzugehen. Es geht darum, sich nicht von der unzuverlässigen Erzählerstimme der Angst oder der voreingenommenen Stimme des inneren Kritikers hinters Licht führen und entmachten zu lassen.

Vergessen Sie nicht: Wenn Sie auf das hören, was Ihr innerer Kritiker Ihnen sagt, *dann* geben Sie auf. Wenn Sie glauben, dass Sie ein Betrüger sind, dass Sie unfähig sind, dass Sie es nicht verdient haben, hier zu sein, dass Sie nie *gut* genug sein werden … dann bleiben Sie stehen und können Ihre Rolle als Führungskraft nicht wahrnehmen.

Lassen Sie das nicht geschehen. Stehen Sie auf und beanspruchen Sie Ihren Platz.

6

Gedankenfallen

Anfang 2021 wurde ich gebeten, einer prestigeträchtigen Gruppe von Wirtschaftsautoren beizutreten, was nur auf persönliche Einladung möglich war. Dieses Ansinnen löste bei mir sofort ein Hochstapler-Syndrom aus. Bestseller-Autoren, bekannte Namen, Mega-TED-Redner, sogar ein Vier-Sterne-General … Sie verstehen schon. Was zum Teufel machte ich hier bei diesen beeindruckenden Leuten? In der E-Mail, mit der ich mich der Gruppe vorstellte, gab ich zu, dass ich schon bei der Begrüßung große Angst verspürte. Zu meiner Freude antwortete eines der angesehensten Mitglieder der Gruppe: »Das Gefühl, ein Hochstapler zu sein, ist eine Qualifikation, um dieser Gruppe beizutreten.« Und viele andere Mitglieder schalteten sich in die E-Mail-Kette ein und sagten, dass sie genauso fühlten. Das war ein großer Aha!-Moment für mich: So viele von uns haben das Gefühl, nicht dazuzugehören, selbst – oder gerade – die Ehrgeizigsten unter uns. Das Hochstapler-Syndrom, also die Unfähigkeit zu glauben, dass man seinen Erfolg verdient hat und dass er das Ergebnis der eigenen Fähigkeiten ist, ist ein Paradebeispiel für das, was Psychologen eine *Gedankenfalle* nennen. Vielleicht haben Sie auch schon gehört, dass Gedankenfallen als kognitive Verzerrungen, Denkfehler oder automatische, negative Gedanken bezeichnet werden. Obwohl diese negativ voreingenommenen und unwahren Denkmuster in der Tat unsere Wahrnehmung verzerren und so tief verwurzelt sind, dass sie automatisch auftreten, ziehe ich den Begriff Gedankenfalle vor, da er das Gefühl des Gefangenseins besser beschreibt.

Gedankenfallen neigen dazu, sich zu wiederholen, und sie treten häufiger auf, wenn wir in Not sind. Es ist daher nicht verwunderlich, dass ängstliche und depressive Menschen häufiger in Gedankenfallen tappen. Stellen Sie sich einmal vor, Sie könnten nur noch denken: *»Ich bin ein Betrüger, und jeden Tag werden die Leute herausfinden, dass ich nicht weiß, was ich tue«*. Dann würden Ihre Stimmung und Ihr Selbstvertrauen sinken und Ihre Ängste zunehmen. Und von da an wird die Gedankenfalle Ihr Verhalten beeinflussen. Manche Menschen überanstrengen sich, um das Gefühl des Betrugs zu bekämpfen, andere wenden sich einer unpassenden Bewältigungsstrategie zu, wie beispielsweise Drogenkonsum, Vermeidung oder passive Aggressivität. Was auch immer das Gefühl oder das Verhalten ist, es ist das verzerrte *Denken* – die Gedankenfalle – die das Schiff steuert.

Wenn wir in Gedankenfallen tappen, können wir nicht klar sehen, nicht effektiv kommunizieren und keine sinnvollen, realitätsnahen Entscheidungen treffen. Oft wirken sich die Folgen der unbedachten Entscheidungen, die wir treffen, negativ auf uns und die Teams aus, die wir leiten. Das verstärkt unsere Angst und kann uns in weitere Denkfallen führen. Es wird wirklich zu einem Teufelskreis.

Sich seiner Gedankenfallen bewusst zu werden, kann einige Übung erfordern, denn sie sind so gewohnheitsmäßig und automatisch, dass wir sie oft gar nicht bemerken – sie fühlen sich an wie Teile unserer Persönlichkeit. Hier ist eine Übung, die Sie ausprobieren können: Denken Sie an eine Zeit, in der Sie sich ängstlich fühlten. Dabei kann es sich um eine Situation aus der Vergangenheit handeln, die Ihnen im Gedächtnis haften geblieben ist, um etwas, das vor kurzem während einer angespannten Verhandlung aufkam, oder um etwas, das Sie gerade jetzt erleben. Wie haben Sie gedanklich auf diese Angst reagiert? Haben Sie automatisch angenommen, die Situation sei Ihre Schuld? Sind Sie davon ausgegangen, dass das Schlimmste eintreten wird? Haben Sie geglaubt, dass so etwas immer Ihnen passiert und niemandem sonst? Sind Sie auf das, was schiefgelaufen ist, fixiert und können es nicht loslassen? Dies sind alles Beispiele für Denkfallen und für Ihre Angst, die sich meldet!

Seien Sie versichert, dass Sie in guter Gesellschaft sind – wir alle werden von Zeit zu Zeit von Gedankenfallen umgarnt. Außerdem sind sie so häufig, dass es eine Fülle von Anleitungen gibt, auf die wir zurückgreifen können, um uns zu helfen.

Warum gibt es Gedankenfallen?

Der einfachste – und am wenigsten befriedigende – Grund für das Auftreten von Denkfallen ist, dass wir Menschen sind. *Jeder Mensch* tappt in Denkfallen, und es ist überraschend einfach, unlogische Verbindungen oder wenig hilfreiche Annahmen zu treffen oder in voreingenommene Haltungen oder alte Denkmuster zu verfallen.

Eine Erklärung dafür, warum dies geschieht, ist eine Geschichte, die uns inzwischen bekannt vorkommen dürfte: Unsere Denkfehler lassen sich auf einen Überlebensinstinkt zurückführen, der darauf ausgerichtet ist, schnelle Urteile zu fällen. Das Gehirn, so schreibt der klinische Psychologe Paul Gilbert, hat ein System zur Bewertung von Bedrohungen entwickelt, das Effizienz über Genauigkeit stellt. Es neigt dazu, das Schlimmste anzunehmen und das Ausmaß der Bedrohung zu überschätzen und sofort eine Reaktion auf die Bedrohung einzuleiten, um sicherzustellen, dass wir in Sicherheit sind.[1] *Wenn ich immer davon ausgehe, dass das Schlimmste eintreten wird*, sagt das Gehirn, *kann ich immer darauf vorbereitet sein.*

Die kognitive Verhaltenstherapie (KVT) lehrt uns, dass die besonderen Arten von Denkfallen, für die wir anfällig sind, das Ergebnis der grundlegenden Überzeugungen sind, die wir in unserer Kindheit gelernt haben, *sowie* unserer Einstellungen und Annahmen, wenn wir älter werden und versuchen, uns einen Reim auf die Welt um uns herum zu machen.[2] Hier ein Beispiel: Wenn Sie in einem Haushalt aufgewachsen sind, in dem Ihre Eltern überfürsorglich waren und versucht haben, Sie vor Schaden oder Enttäuschungen zu bewahren, könnte Ihre Grundüberzeugung sein, dass die Welt ein gefährlicher Ort ist. Auf dem Fundament dieser Grundüberzeugung können Einstellungen und Annahmen wie *»Ich muss klein bleiben, um zu überleben«* oder *»Ich darf nie meine Deckung aufgeben«* entstehen. Wenn diese ängstliche Ausrichtung auf die Welt unsere Wahrnehmung beeinflusst, ist es leicht zu verstehen, wie wir irrationalen Gedanken und Überzeugungen erliegen können.

Der Psychiater David Burns, ein früher Schüler des verstorbenen Psychiaters Aaron Beck, den wir in Kapitel 5 kennengelernt haben, sagt, dass wir uns, wenn wir verärgert sind, oft übertriebene oder unwahre Geschichten über die Welt und über uns selbst erzählen. Nur wenn wir uns dieser »mentalen Täuschung« bewusstwerden, können wir unser Denken ändern, was wiederum unsere Gefühle verändert. Und dann können wir natürlich auch unser Handeln ändern.[3]

Gedankenfallen loszulassen oder sie abzuschwächen, ist eine der wichtigsten Führungsaufgaben, die Sie übernehmen können. Und warum? Weil es bei der Führung darum geht, Risiken einzugehen. Wenn Sie in Gedankenfallen feststecken, wird es Ihnen fast unmöglich sein, Risiken einzugehen, weil der Preis des Scheiterns tödlich erscheint. Aber das ist die mentale Täuschung! Die Realität ist, dass Ihr System zur Bewertung von Bedrohungen überreagiert, weil es dazu verdrahtet wurde, und dass die Dinge, die Sie sich als Reaktion auf die wahrgenommene Bedrohung einreden, nicht wahr sind oder zumindest stark übertrieben sind.

Häufige Denkfallen von ängstlichen Leistungsträgern

Schauen wir uns die zehn größten Denkfallen an, die uns am häufigsten bei der Arbeit und im Zusammenhang mit der Führung betreffen. Die meisten dieser Beispiele stammen aus Burns' klassischem Buch »*The Feeling Good Handbook*«. Ich habe noch ein paar andere hinzugefügt – Katastrophisieren und Überdenken –, die besonders ängstliche Leistungsträger zu betreffen scheinen.

Alles-oder-Nichts-Denken

Burns beschreibt dies als die Tendenz, die Dinge in Schwarz-Weiß-Kategorien zu sehen. Wenn eine Situation in Ihren Augen nicht perfekt ist, sehen Sie sie zum Beispiel als totalen Misserfolg an.[4]

Das Alles-oder-Nichts-Denken, auch bekannt als *polarisiertes Denken*, beraubt uns der Möglichkeit, das Leben in seiner ganzen Vielfalt und Komplexität zu erleben. Es führt zu geringem Selbstwertgefühl, schlechten Entscheidungen und – wie alle kognitiven Verzerrungen – zu einer Konzentration auf das Negative. Ein klassisches Beispiel ist das typische Vorstellungsgespräch. Der Alles-oder-Nichts-Denker verlässt das Gespräch mit dem Gedanken an einen einzigen Fehler, den er begangen hat, oder an die eine Sache, die er gerne gesagt hätte, und kommt zu dem Schluss, dass das gesamte Gespräch ein Reinfall war und er den Job auf keinen Fall bekommen wird. Eine gesündere, differenziertere Haltung ist es, das Vorstellungsgespräch als Ganzes zu betrachten: Sicherlich gibt es ein paar Dinge, die man gerne anders gemacht hätte, aber im Großen und Ganzen ist das Gespräch gut gelaufen. Eine der besten Möglichkeiten, dem Alles oder Nichts Denken zu begegnen, ist, das »oder« durch »und« zu ersetzen. Im Vorstellungsgespräch gab es positive *und* negative Momente. Die Erfahrung war eine Mischung aus gut *und* schlecht.

Wenn Sie überzeugt sind, dass alles eine Katastrophe ist, wenden Sie sich an einen vertrauenswürdigen Berater. Bei mir ist das meist mein Mann oder mein ehemaliger Geschäftspartner. Sie kennen mich gut, und als verlässliche Beobachter bringen sie eine Dosis Realität in die Situation, die mich getriggert hat. Manchmal bedeutet das, dass sie mir helfen, in Grautönen zu sehen und nicht in meinem starren Schwarz-Weiß-Denken von Perfektion oder Scheitern. Ein wichtiger Hinweis: Das Hinzuziehen eines vertrauenswürdigen Beraters ist eine gesunde Bewältigungsstrategie, solange die Person, an die man sich wendet, nicht zum Müllabladeplatz wird und in der Lage ist, eine objektive Sichtweise zu vermitteln. Andernfalls geben Sie nur Ihre negativen Gefühle weiter.

Etikettierung

Das Etikettieren, so Burns, ist eine extreme Form des Alles-oder-Nichts-Denkens. »Anstatt zu sagen: ›Ich habe einen Fehler gemacht‹, weist man sich selbst ein negatives Etikett zu: ›Ich bin ein Verlierer‹«, schreibt Burns. Jeder von uns hat seine eigenen Etikette, wenn es darum geht, sich selbst zu kritisieren und herabzusetzen; verletzende Etikette wie *Versager*, *inkompetent*, *unqualifiziert* und *unverdient* scheinen in den negativen Selbstgesprächen von ängstlichen oder depressiven Menschen häufig aufzutauchen. Wie man sich denken kann, verschlimmern diese Bezeichnungen das Problem nur noch. Burns nennt sie »nutzlose Abstraktionen, die zu Ärger, Angst, Frustration und geringem Selbstwertgefühl führen«.

Natürlich können wir auch andere Menschen mit einem Etikett versehen. Wenn Ihr Chef eine schlechte Entscheidung trifft, können Sie automatisch denken: »*Was für ein Idiot!*«, obwohl er in neun von zehn Fällen gute Entscheidungen trifft. Burns weist darauf hin, dass Etikettierung von Natur aus irrational ist, weil Menschen nicht dasselbe sind wie das, was sie tun. Mit anderen Worten, es gibt einen Unterschied zwischen unseren Kernidentitäten und unseren Aktivitäten. Die Denkfalle der Etikettierung schreibt die Ursache eines Problems fälschlicherweise dem gesamten Charakter oder Wesen einer Person zu und nicht ihrem Denken oder Verhalten.

Noch einmal: Mit einem solchen Denkfehler gibt man sich auf, wenn es darum geht, eine Situation zu verbessern. Wenn Sie denken, dass Sie von Natur aus schlecht sind (*ich* bin *ein Versager*) und nicht ein normaler Mensch, der Fehler macht oder schlechte Entscheidungen trifft (*ich versage gelegentlich*), haben Sie im Grunde aufgegeben, bevor Sie es überhaupt versucht haben. Das Gleiche passiert, wenn Sie andere Menschen abstempeln. »Sieht man andere als total schlecht an,«, schreibt Burns, »führt das dazu, dass man sich feindselig gibt und hoffnungslos fühlt, wenn es darum geht, etwas zu verbessern, und lässt wenig Raum für konstruktive Kommunikation«.[5] Die Etikettierung erschwert die Schaffung einer Arbeitsplatzkultur mit konstruktiver Kommunikation und Teams, die sich für die Verbesserung der Leistung einsetzen.

Eine der besten Methoden zur Bekämpfung von Denkfallen besteht darin, die Beweise für und gegen Ihren Denkfehler zu prüfen. Ich denke, das funktioniert besonders gut bei der Etikettierung. Kehren wir zu dem Beispiel mit Ihrem Chef zurück. Er trifft eine schlechte Entscheidung, und Ihr automatischer Gedanke ist: *Was für ein Idiot!* Was sind zunächst die Beweise dafür, dass er ein Idiot ist? In diesem Fall ist Ihr Beweis, dass er heute eine schlechte Entscheidung getroffen hat. Gibt es sonst noch etwas? Schreiben Sie das alles auf. Prüfen Sie nun Ihre Beweise auf ihren Wahrheitsgehalt. Ist eine einzige schlechte Entscheidung wirklich ein Beweis dafür, dass Ihr Chef ein Idiot ist? Nein, natürlich nicht. Es hilft auch, die Beweise für die gegenteilige Ansicht aufzuschreiben. Welche Beweise haben Sie, dass Ihr Chef *kein* Idiot ist? Ich wette, da gibt es viele! Sie können das Gleiche für sich selbst tun, und ich wette, Sie werden wieder feststellen, dass ein einzelner Vorfall Sie dazu veranlasst hat, sich selbst ein negatives (und unwahres) Etikett anzuheften – und Sie werden viele Dinge finden, die Ihre Kompetenz und Ihr Können belegen.

Vielleicht fühlen Sie sich albern oder schämen sich für Ihre Gedankenfallen, wenn Sie diese bei Tageslicht betrachten. Und das ist in Ordnung! Es ist so leicht, sich in irrationalen Gedanken zu verfangen, wenn wir unter Druck stehen oder deprimiert sind. Oft reicht es schon aus, diese Gedanken aus unserem Kopf zu verbannen, um uns von ihnen zu befreien.

Voreilige Schlussfolgerungen

Es gibt zwei Formen dieser bekannten Denkfalle: Beim *Gedankenlesen* schließen Sie willkürlich, dass jemand negativ auf Sie reagiert. Beim *Wahrsagen* sagen Sie voraus, dass sich die Dinge schlecht entwickeln werden, auch wenn Sie keinen Beweis dafür haben, dass dies der Fall sein wird.

Gedankenlesen kann uns dazu bringen, zu glauben, dass andere Dinge denken, die sie in Wirklichkeit nicht denken. (»Er findet, dass ich meine Beförderung nicht verdient habe.« »Ich bin sicher, dass sie wütend auf mich ist.«) Wahrsagerei kann uns zur Untätigkeit verleiten: Wenn Sie sich selbst davon überzeugen, dass die Dinge nicht besser werden, warum sollten Sie es dann versuchen?

Zusätzlich zu den schädlichen Auswirkungen, die voreilige Schlüsse auf unser Selbstwertgefühl, unsere Produktivität und unsere Beziehungen haben können, birgt diese Denkfalle eine besondere Gefahr: Sie kann unsere Entscheidungsfindung ernsthaft beeinträchtigen. Wenn wir eine Entscheidung auf der Grundlage unzureichender Beweise treffen, ist die Wahrscheinlichkeit groß, dass wir falsch liegen. Alle Führungskräfte müssen von Zeit zu Zeit schnelle Entscheidungen treffen, aber wenn Sie unter Druck stehen – oder wenn Sie von Natur aus ängstlich sind und Ungewissheit nur schwer ertragen können – ist dies ein guter Zeitpunkt, um eine Gruppe vertrauenswürdiger Berater zusammenzustellen, die sicherstellen, dass Sie die gesamte Beweislage berücksichtigen und Ihre Gedanken mit ihnen durchgehen.

Eine weitere gute Möglichkeit, dieser verbreiteten Denkfalle entgegenzuwirken, ist, sie mit einer Dosis Wahrheit zu schlagen. Fragen Sie sich zunächst selbst: Habe ich tatsächlich Zugang zu den inneren Gedanken eines anderen Menschen? Kann ich *wirklich* genau wissen, was in der Zukunft passieren wird? Prüfen Sie dann Ihre Schlussfolgerung. Welche Beweise haben Sie, um sie zu untermauern? Schreiben Sie sie auf. Oft haben wir eine ziemlich dürftige Liste! Einmal dachte ich, eine Kollegin sei wütend auf mich, weil sie nicht lächelte, als wir uns im Flur begegneten, aber es stellte sich heraus, dass ihr besorgter, unglücklicher Gesichtsausdruck überhaupt nichts mit mir zu tun hatte. Ihre beiden Kinder waren krank, und sie war auf dem Weg, sie von der Schule abzuholen. Sie können sich auch daran erinnern, wie oft Sie in der Vergangenheit voreilig falsche Schlüsse gezogen haben. Könnte es sein, dass das auch dieses Mal der Fall ist?

Katastrophisieren

Eine der häufigsten Denkfallen, das Katastrophisieren, ist das Ziehen der schlimmsten Schlussfolgerungen auf der Grundlage von wenigen oder gar keinen Beweisen. Dieser kleine Hautfleck muss ein Melanom sein; ein Streit mit dem Partner bedeutet das Ende der Beziehung; die nicht ganz perfekte Leistungsbeurteilung bedeutet, dass man gefeuert wird. Ein Katastrophist geht immer vom schlimmsten Fall aus, ganz gleich, um welches Problem es sich handelt.

Katastrophisieren hat nicht nur mit irrationalen Ängsten zu tun. Wenn wir uns einreden, dass eine Aufgabe so groß oder so schrecklich ist, dass wir sie einfach nicht bewältigen können, kann das unsere Leistung schnell untergraben. Nehmen Sie als Beispiel die Durchführung einer Cashflow-Analyse für Ihr Unternehmen. Wenn Sie die Buchhaltungssoftware öffnen, kann es sein, dass Ihre Gedanken an einen dunklen Ort wandern und sich plötzlich die Zahlen eines Monats in die Überzeugung verwandeln, dass das Geschäft zusammenbricht und Sie Ihr Haus verlieren werden. Selbst wenn Sie sich völlig im Klaren darüber sind, dass das, was Sie sich einreden, nicht wahr ist, und Sie jede Menge Beweise für das Gegenteil haben – wenn Ihre Angst groß genug ist und Sie sich in dieser speziellen Gedankenfalle befinden, erscheinen selbst die abwegigsten »Was wäre wenn«-Szenarien plausibel.

Die preisgekrönte Autorin Ashley C. Ford hat die Scheinlogik, die dieser Erfahrung innewohnt, treffend auf den Punkt gebracht: Angst und Depression sind unzuverlässige Erzähler. Man kann ihnen zuhören, aber man muss nicht mit dem einverstanden sein, was sie einem erzählen. Sie sind Lügner. »Das ist es, was sie tun«, sagt sie. »Ihre Aufgabe ist es, dich zu belügen und dir zu sagen, dass immer alles schief gehen wird und dass du immer einen schlechten Eindruck machen wirst.« Aber Ford hat gelernt zu unterscheiden, wann ein Gefühl von ihrem wahren Ich kommt und wann es von den Lügen genährt wird, die ihre Angst und Depression ihr erzählen. »Man muss einfach innehalten und sagen: ›So fühle ich mich … aber das ist nicht die Realität. Das ist ein Gefühl, und Gefühle sind keine Fakten.‹«

Im März 2020, als der Aktienmarkt einbrach und die Ängste der Menschen vor Covid-19 zunahmen, kündigte einer meiner größten Kunden die Zusammenarbeit mit meinem kleinen Unternehmen. Schnell war ich überzeugt, dass unser Unternehmen dem Untergang geweiht war. *Wir werden das nicht überleben*, sagte ich mir immer wieder. Doch dann beriet ich mich mit meiner Geschäftspartnerin (eine verlässlichere Erzählerin als ich), und sie schlug vor, unsere Prognose anhand der Zahlen anzupassen – mit anderen Worten, anhand der Fakten und nicht anhand meiner Gefühle. Die Fakten zeigten, dass wir die Hälfte unserer Einnahmen in diesem Jahr verlieren würden. Das war zwar ärgerlich, aber es war ein ganz anderes Szenario, als wenn wir das Geschäft komplett aufgeben müssten. Mit den Fakten gewappnet, konnten wir uns darauf einstellen, den Verlust auszugleichen.

Katastrophisieren ist nicht rational, also kann man sich auch nicht mit Vernunft aus der Falle befreien. Der weitaus effektivere Weg, sich aus dieser Gedankenfalle zu befreien, besteht darin, eine kleine, sinnvolle Maßnahme zu ergreifen, um die Gedankenspirale zu stoppen. Manchmal reicht es schon, einen zuverlässigeren Erzähler zu konsultieren. Manchmal geht es darum, die Nadel nur ein winziges Stück vorwärts zu bewegen. Das mag unbedeutend erscheinen, aber selbst ein kleiner Fortschritt wird Ihre Angst lindern und Ihrem Gehirn den nötigen Anstoß geben, sich neu zu konzentrieren und wieder produktiv zu arbeiten. Außerdem lenkt es Ihre Aufmerksamkeit von den beunruhigenden Szenarien, die Sie sich ausmalen, hin zu etwas Produktivem.

Generell sollten Sie sich auf die nahe Zukunft konzentrieren, wann immer Sie können. Sie können Ihren Mitarbeitern vielleicht nicht sagen, was nächstes Jahr oder in drei Monaten passieren wird. Sie können nicht versprechen, dass alles in Ordnung sein wird. Aber Sie können Ihren Mitarbeitern und sich selbst helfen, sich in dieser Woche sicher zu fühlen. Konzentrieren Sie sich darauf und befassen Sie sich mit den großen Fragen, wenn Sie sich ruhiger fühlen oder wenn Sie sich von vertrauenswürdigen Kollegen beraten lassen können. Manchmal muss man die Zukunft für eine Weile ausblenden, um die Gegenwart zu bewältigen.

Filtern

Burns beschreibt das mentale Filtern anhand seiner negativen Folgen: »Man wählt ein einziges negatives Detail aus und beschäftigt sich ausschließlich damit, so dass sich die Sicht auf die gesamte Realität verdunkelt, wie ein Tintentropfen, der einen Becher Wasser verfärbt. Beispiel: Sie erhalten viele positive Kommentare zu Ihrer Präsentation vor einer Gruppe von Mitarbeitern bei der Arbeit, aber einer von denen sagt etwas leicht Kritisches. Sie grübeln tagelang über seine Reaktion nach und ignorieren das ganze positive Feedback.« Aber es funktioniert in beide Richtungen: Sie können sich auf ein einziges positives Detail fixieren und dabei kritischere oder negative Informationen außer Acht lassen.

So oder so, Sie sehen, wie der Denkfehler Ihre Wahrnehmung der Realität trübt. Wir fixieren uns auf einen sehr schmalen Ausschnitt der Erfahrung und ignorieren den Rest, wodurch wir unsere Chance verpassen, von der überwiegenden Zahl der gegenteiligen Beweise zu profitieren. Wenn wir uns auf das Negative konzentrieren, verpassen wir, aus all den Dingen, die wir gut machen, Kapital zu schlagen, und werden leicht entmutigt oder fühlen uns hoffnungslos. Wenn wir uns auf das Positive konzentrieren, ohne konstruktives Feedback zu erhalten, verpassen wir die Chance, unsere Fähigkeiten zu verbessern und unsere Leistung zu optimieren.

Ein praktischer Weg, um dieser Gedankenfalle zu entgehen – und auch der nächsten, dem Ignorieren des Positiven – besteht darin, Ihre Leistungen aufzuzeichnen. Führen Sie eine fortlaufende Sammlung von E-Mails, Tweets, Nachrichten, Komplimenten oder anderen Formen des positiven Feedbacks – all die objektiven Beweise dafür, dass Sie gute Arbeit leisten – und lesen Sie diese, wenn Sie sich überfordert fühlen oder an Ihren Leistungen zweifeln. (Bonusvorteil: Ein Leistungsprotokoll macht Selbsteinschätzungen und Leistungsbewertungen zu einem Kinderspiel).

Ignorieren des Positiven

Diese Gedankenfalle ist dem Filtern sehr ähnlich, aber ich möchte sie speziell erwähnen, weil sie so häufig bei ängstlichen Leistungsträgern auftritt. Der Trugschluss dabei ist, positive Erfahrungen abzulehnen, indem man darauf besteht, dass sie nicht zählen. Ich habe so viele Führungskräfte gehört, die ihre Erfolge auf diese Weise abwerten, und habe mich selbst schon dessen schuldig gemacht. Sie führen einen Erfolg auf Glück oder gutes Timing zurück und bezeichnen ihn als Glücksfall. Oder man tut eine gut gemachte Arbeit ab, indem man sagt, sie sei nichts Besonderes, jeder hätte sie machen können. Auf den ersten Blick scheint die Vernachlässigung des Positiven nicht so schädlich zu sein wie einige der anderen Denkfallen, aber bedenken Sie, was passiert, wenn Sie dadurch daran gehindert werden, einen Erfolg zu wiederholen oder etwas Neues zu versuchen. Eine ehemalige Kollegin von mir hat eine Phobie vor öffentlichen Auftritten. Sie hat zwar schon gut aufgenommene Präsentationen gehalten, glaubt aber, dass jede einzelne ein Zufall war, der sich nicht wiederholen kann, und lässt daher wünschenswerte Gelegenheiten aus, die eine öffentlichere Rolle erfordern würden.

»Sollte«-Aussagen

»Ich sollte in meiner Karriere schon weiter sein.« »Meine Chefin sollte nicht so stur und starrsinnig sein.« »Es sollte nicht so schwer sein, in diesem Unternehmen voranzukommen.« »Ich sollte es besser wissen.« Es gibt unzählige Beispiele für diese sehr häufige Denkfalle. Achten Sie darauf, wenn Wörter wie *»sollte«* oder *»müsste«* und ihre negativen Formen auftauchen.

»Sollte«-Aussagen sind eine Gedankenfalle, weil Sie sich selbst sagen, dass die Dinge so sein sollten, wie Sie sie erhofft oder erwartet haben. Sollte-Aussagen spiegeln nicht die Realität wider, wie sie ist. Wie unsere Beispiele oben zeigen, können sie sich gegen Sie selbst, andere oder die Welt im Allgemeinen richten. Der Versuch, sich mit »Sollte«-Aussagen zu motivieren, geht in der Regel nach hinten los, sagt Burns, weil man sich selbst wie einen Delinquenten behandelt, der bestraft werden muss, bevor man etwas tun kann, und man fühlt sich rebellisch und neigt dazu, genau das Gegenteil zu tun.

»Sollte«-Aussagen können auch bei der Arbeit schädlich sein. Sollte-Aussagen, die sich gegen einen selbst richten, können der Stimmung und der Motivation schaden (»Ich hätte den Vorschlag nie als Entwurf einreichen dürfen. Jetzt denkt mein Chef, ich könne nicht buchstabieren oder schreiben!«). »Sollte«-Aussagen, die sich an Kollegen richten, können sich für diese strafend und beschämend anfühlen. Wie oft haben Sie schon gedacht: »*Er sollte es besser wissen, als unserem Chef in der Öffentlichkeit zu widersprechen. Was ist nur los mit ihm?!* An die Welt oder an Systeme gerichtete Aussagen können eher zu Wut und Frustration führen als zu echten Veränderungen.

Dann gibt es noch die Gedankenfalle des vergleichenden Sollens. Einige Forscher betrachten den sozialen Vergleich als eine eigene kognitive Verzerrung, insbesondere wenn der Vergleich zu einer negativen Selbsteinschätzung führt (»Er wird immer mehr Umsatz machen als ich« oder »Sie wird immer mehr Geld verdienen«). Die Soziologieprofessorin Jessica Calarco weist auf eine spezielle Variante des vergleichenden Sollens hin, die am Arbeitsplatz schädlich sein kann. »Wenn Sie das Gefühl haben, dass alle anderen an Ihrem Arbeitsplatz siebzig Stunden pro Woche arbeiten und Sie nur fünfunddreißig, weil das alles ist, was Sie schaffen können, oder sogar noch weniger, dann fühlen Sie sich fehl am Platz, unbeholfen und wie ein Versager«, sagt sie. »Man hat das Gefühl, dass man dem Standard, der für alle anderen gilt, nicht gerecht wird.« Diese Art von wettbewerbsorientierter, ungesunder Arbeitskultur ist weit verbreitet und erzeugt sowohl individuelle als auch kollektive Ängste.

Wenn Sie sich dabei ertappen, dass Sie eine »Sollte«-Aussage machen, versuchen Sie, sie aufzuschreiben und sie dann auf eine sanftere, weniger anspruchsvolle Weise umzuformulieren. Versuchen Sie zum Beispiel, statt »Ich sollte in meiner Karriere schon weiter sein«, den Satz in »Ich möchte in meiner Karriere weiter sein« umzuformulieren. Gibt es nun Maßnahmen, die Sie ergreifen können, um dies zu erreichen? Manchmal lautet die Antwort ja. Und manchmal werden Sie feststellen, dass die Überzeugung, die hinter Ihrer »Sollte«-Aussage steht, unrealistisch ist. Zum Beispiel: »Ich sollte immer in der Lage sein, die Bedürfnisse meines Chefs vorauszusehen« ist nicht realistisch. Sie können sich von diesem unmöglichen Anspruch lösen.

Personalisierung und Schuldzuweisungen

Personalisierung und Schuldzuweisung sind entgegengesetzte Ausdrücke desselben Denkfehlers. Personalisierung liegt vor, wenn Sie sich selbst für äußere Umstände und Handlungen verantwortlich machen, die nicht unter Ihrer Kontrolle stehen. Selbst wenn die Handlung von jemand anderem begangen wurde, nehmen Sie die Schuld dafür auf sich. Schuldzuweisung ist das Gegenteil davon.

Hier ein Beispiel. Einer Ihrer direkten Mitarbeiter hat mit seiner Arbeitsbelastung zu kämpfen, und Sie nehmen dies als Beweis dafür, dass Sie ein schlechter Manager sind. So funktioniert die Personalisierung: Es ist *Ihre* Schuld, dass andere Probleme haben. Bei der Schuldzuweisung hingegen schieben Sie die ganze Verantwortung auf Ihren direkten Mitarbeiter: Es ist *seine* Schuld, dass er seine Arbeit nicht bewältigen kann. Die gesündere Reaktion in beiden Fällen – sowohl für Sie als auch für Ihren direkten Mitarbeiter – besteht darin, sich mit der betreffenden Person zu treffen und sie zu fragen, was das Problem verursacht, und dann eine Strategie für Lösungen zu entwickeln. Beachten Sie, dass diese Reaktion Sie aus Ihrer Denkfalle holt und von Ihnen verlangt, der anderen Person zuzuhören. Das verlagert Ihre Aufmerksamkeit aus dem privaten Bereich des verzerrten Denkens nach außen, wo Sie die Realität hören können.

Selbstbeschuldigung ist übrigens ein großes Problem für ängstliche Leistungsträger. Wir gehen davon aus, dass wir Dinge verschulden, selbst wenn sie systembedingt sind oder sich unserer Kontrolle entziehen. Warum sind wir so erpicht darauf, die Schuld für Dinge auf uns zu nehmen, die, logisch betrachtet, unmöglich unsere Schuld sein können?

Psychologen nennen drei allgemeine Gründe, die alle mit dem Selbstschutz zu tun haben. Erstens kann die Selbstbeschuldigung eine Illusion von Kontrolle vermitteln – und wir wissen, wie angstauslösend es ist, sich unsicher oder außer Kontrolle zu fühlen. Wenn wir die Verantwortung für ein negatives Ereignis übernehmen, bedeutet dies, dass dieses Ergebnis möglicherweise kontrollierbar oder vermeidbar gewesen wäre, was bedeutet, dass wir uns selbst davon überzeugen, dass wir eine gewisse Form der Kontrolle behalten. Zweitens kann die Selbstbeschuldigung eine Möglichkeit sein, Konflikte zu vermeiden. Wenn wir selbst die Schuld auf uns nehmen, müssen wir uns nicht mehr mit anderen auseinandersetzen oder gar Vergeltung üben, was die Gefahr eines Gegenangriffs birgt. In jedem Fall vermeiden wir den Stress und die Angst vor einer direkten Konfrontation. Drittens kann die Selbstbeschuldigung eine erlernte Reaktion auf alte Kindheitswunden oder vergangene Traumata sein. Als Kind, das relativ machtlos war, war es vielleicht sicherer, sich selbst die Schuld zu geben, wenn zu Hause etwas schieflief, und sich unterwürfig zu verhalten, als die Eltern zu konfrontieren und deren Wut zu riskieren. Wenn man dies früh gelernt hat, kann es zu einer lebenslangen Gewohnheit werden.

Bei dieser Gedankenfalle kann die Anwendung von Techniken der Selbstempathie sehr wirkungsvoll sein. Weitere Informationen finden Sie in der Übung »Bei der Arbeit ein innerer Verbündeter für sich selbst sein« in Kapitel 5.

Grübeln und Überdenken

Grübeln ist eine Art von zwanghaftem Denken, bei dem sich Gedanken oder Themen wiederholen. Ich nenne es »auf etwas herumkauen«. Oft drehen sich diese Gedanken um negative Ereignisse, die in der Vergangenheit passiert sind, aber es ist genauso leicht, sich auf Probleme in der Gegenwart oder in der Zukunft zu fixieren. Was auch immer der Gegenstand unserer Grübeleien ist, diese Gedankenfalle ist ein riesiger Angstverstärker und kann die Stimmung, die Leistung und die Produktivität beeinträchtigen.

Grübeln ist eine so weit verbreitete Gedankenfalle, dass wir alle eine ganze Reihe von persönlichen Beispielen anführen können. Wer hat nicht schon einmal über eine unbedachte Bemerkung nachgedacht, über eine Kränkung oder Beleidigung oder über die peinliche Situation in der sechsten Klasse? Oder wer hat sich nicht schon einmal so sehr auf ein Problem bei der Arbeit oder in einer Beziehung fixiert, dass wir es ständig in unserem Kopf herumdrehen und in einer Schleife abspielen?

Ich habe die Angstexpertin Alice Boyes gefragt, warum wir das tun, denn Grübeln macht uns noch viel mehr Angst.

»Ängstliche Menschen wollen Ungewissheit so schnell wie möglich beseitigen und stürzen sich oft in Situationen, die nicht überstürzt werden müssen«, erklärte sie mir. »Die Menschen nehmen schlechtere Ergebnisse in Kauf, anstatt potenziell bessere zu erzielen, weil sie die Unsicherheit nicht ertragen wollen. Und das Grübeln? Es stellt sich heraus, dass Ihr Gehirn auf seine eigene seltsame Weise versucht, ein Problem für Sie zu lösen. »Erkennen Sie, dass Sie einen emotionalen Schmerz haben, und Ihr Gehirn versucht, Ihnen zu helfen, ihn zu lösen, aber es tut das nicht auf eine Weise, die wirklich hilfreich ist«, so Boyes. Der Grund dafür ist – wie wir bereits gelernt haben –, die Art, wie unser Gehirn versucht, uns vor vermeintlichen Bedrohungen zu schützen.

Grübeln verstärkt die Ängste. Psychologen sagen uns, dass sich das Grübeln von einer hilfreichen Verarbeitung dadurch unterscheidet, dass das Grübeln keine neuen Denkweisen, neue Verhaltensweisen oder neue Lösungen hervorbringt. Stattdessen wird immer und immer wieder dasselbe Thema durchgespielt, so dass wir in einer negativen Denkweise gefangen bleiben, ohne dass sich eine Lösung abzeichnet.[6]

Auf eine perverse Art und Weise können sich übermäßiges Nachdenken und Grübeln sogar gut für uns anfühlen: Es fühlt sich besser an, in einer angstauslösenden Situation etwas zu tun als gar nichts. »Die Menschen glauben oft, dass Sorgen eine Art Schutzfunktion haben und ihnen helfen, gute Entscheidungen zu treffen«, so Boyes. »Unser Verstand sagt: ›Wenn ich mir keine Sorgen mache, werde ich Dinge durch die Maschen schlüpfen lassen. Ich werde nicht vorhersehen, was schief gehen könnte.‹ Die Menschen glauben schließlich, dass sie alles im Voraus durchdenken müssen.« Doch das Gegenteil ist der Fall: Wir fühlen uns verwirrt, stecken fest und verharren schließlich in einem Muster der Untätigkeit.

Ich gebe zu, dass mir das sehr schwerfällt, und ich arbeite noch daran. Aber ich habe eine Möglichkeit gefunden, das Grübeln zumindest für eine Weile zu unterbrechen, indem ich meine Gedanken aufschreibe. Das ist eine weitere Möglichkeit, meine Gedanken »ans Licht zu bringen«, sodass ich besser erkennen kann, wenn sie irrational oder unlogisch sind. Wenn ich sie als das erkenne, was sie sind, motiviert mich das, weiterzumachen.

Emotionale Argumentation

Emotionales Denken lässt sich zusammenfassen als »Ich fühle es, also muss es wahr sein.« Zum Beispiel: »Ich habe Angst vor dem Fliegen. Es muss sehr gefährlich sein, zu fliegen.« Oder: »Ich fühle mich schuldig. Ich muss ein schlechter Mensch sein.«[7] Laut der kognitiven Verhaltenstherapie ist das emotionale Denken verkehrt: Gefühle sind ein *Produkt* von Gedanken und Überzeugungen, und wenn unsere Gedanken verzerrt sind, spiegeln die Gefühle, die wir aufgrund dieser Gedanken erleben, nicht die Realität wider.[8]

Ein Beispiel für emotionales Denken, das sich häufig auf die Leistung auswirkt, ist, wenn Sie sich von Ihrer Arbeitsbelastung überfordert fühlen: »Ich fühle mich wirklich überfordert, also bin ich meiner Aufgabe nicht gewachsen.« Da Gefühle und Gedanken das Verhalten beeinflussen, stellt sich die Frage, was passiert, wenn Sie auf ungesunde Weise reagieren. Wenn Sie zum Beispiel auf Ihr Gefühl der Überforderung mit Vermeiden oder Aufschieben reagieren – zwei klassische ungesunde Reaktionen, die wir in Kapitel 7 untersuchen werden –, verstärken Sie nicht nur Ihre Angst, sondern auch Ihre bereits überwältigende Arbeitsbelastung.

Was ist eine gesunde Reaktion? Wie bei vielen Gedankenfallen sollten Sie tun, was Sie können, um aus Ihrem Kopf herauszukommen. Sprechen Sie mit einem Therapeuten oder einem anderen vertrauenswürdigen Berater und machen Sie einen Wahrheitstest für diese Fälle von emotionalem Denken. Ihr Gefühl der Inkompetenz zum Beispiel ist vorübergehend und sehr wahrscheinlich übertrieben oder sogar falsch.

Denkfallen und Ihr Führungsstil

Natürlich ist es für Sie stressig und schmerzhaft, in Ihren Gedankenfallen zu leben. Aber stellen Sie sich nun vor, wie sich Ihre Mitarbeiter und direkten Untergebenen fühlen. Das Verhalten von Führungskräften – von ihrem allgemeinen Auftreten über ihren Tonfall bis hin zu ihrer Stimmung und ihrem Verhalten unter Druck – hat eine unverhältnismäßig große Wirkung auf die Mitarbeiter. Wenn Ihre Angst spürbar ist, wirkt sie sich mit Sicherheit auch auf andere aus, und wenn Sie sich auf Gedankenfallen verlassen, um die Angst zu unterdrücken, fühlen sich wahrscheinlich alle weniger sicher und können daher nicht ihr Bestes geben. Niemand kann klar denken oder Höchstleistungen erbringen, wenn er wie auf rohen Eiern läuft oder ständig unter Stress steht.

Wir scherzen über Depri Dennis und Nerven Nina, aber in Wahrheit ist es sehr herausfordernd, für jemanden zu arbeiten, der sich für das Schlimmste hält oder glaubt, an allem, was schief geht, schuld zu sein. Einer, der Fehler und Unzulänglichkeiten ausschließlich als epische Misserfolge erlebt.

Im Gegensatz dazu sind psychisch stabile Teams in der Lage, Fehler offen zu machen und anschließend darüber zu sprechen. Wir alle sehnen uns nach psychologischer Sicherheit bei der Arbeit, aber obwohl sie für gute Arbeit so wichtig wäre, ist sie schwer zu bekommen. Die meisten fürchten sich davor, Fehler zu machen, weil wir fürchten, dumm, unqualifiziert oder inkompetent zu wirken. Wir fürchten uns vor Scham. Psychologische Sicherheit ist schwer zu erreichen, wenn man das Gefühl hat, dass der Job davon abhängt, Recht zu haben.

Vor ein paar Jahren hatte ich einen »Aha!«-Moment, als mein jüngstes Kind mir erzählte, dass es an diesem Tag in der Schule eine wichtige Lektion gelernt hatte. Stolz erzählte er: »Wenn ich einen Fehler mache, wächst mein Gehirn! Es ist also eine gute Sache, Fehler zu machen«. Das kam mir wie ein radikales Konzept vor. Und ich fragte mich: Fühlt sich mein Team in meiner Nähe auch so? Haben sie Angst davor, Fehler zu machen? Nun, habe ich Angst davor, Fehler zu machen? (Ja.) Bemühe ich mich wie viele ängstliche Erwachsene, die sich davor schämen, vor anderen dumm dazustehen, so zu tun, als wüsste ich immer eine Antwort? (Ja.)

Deshalb habe ich die Harvard Business School-Professorin Amy Edmondson, die das Konzept der psychologischen Sicherheit ins öffentliche Bewusstsein gebracht hat, gebeten, mit einigen Mythen rund um die psychologische Sicherheit aufzuräumen.

Zunächst einmal, so Edmondson, bedeutet psychologische Sicherheit »nicht, nett zu sein. Es ist kein ›sicherer Raum‹. Es ist keine Auslöser freie Umgebung. Es ist keine Garantie dafür, dass alles, was man tut, mit Beifall bedacht wird«. Was ist es also? »Es *ist* ein Gefühl der Erlaubnis zur Offenheit. Es ist der Glaube, dass man man selbst sein kann. Man kann etwas sagen, um Hilfe bitten, einer Idee nicht zustimmen, einen Fehler zugeben – und wird nicht zurückgewiesen oder bestraft.«

Ein psychologisch sicheres Umfeld sei eines, »in dem man sich auf die Aufgabe oder auf andere Menschen konzentriert. Nicht auf sich selbst, nicht auf ›Wie sehe ich aus? Wie komme ich rüber? Bin ich in Ordnung? Werde ich abgelehnt werden?‹«. Kurz gesagt, es ist ein Umfeld, das frei von der Angst ist, beschämt zu werden.

Ich habe Edmondson gefragt, ob die Arbeit in einem psychologisch sicheren Umfeld das Gegenteil davon ist, mit sozialen Ängsten herumzulaufen. Sie bejahte dies: »Es ist das Gegenteil von sozialer Angst, und es ist wirklich wichtig für Teamarbeit und wissensbezogene Arbeit jeglicher Art, die uns zwingt, Risiken einzugehen und auf dem Weg zu Entdeckungen und Fortschritten einige Dinge falsch zu machen. Wir wollen einen Beitrag leisten, wir wollen unter Menschen sein, die wir mögen und respektieren, und wir wollen nicht die Angst haben, dass wir abgelehnt werden könnten.«

Chris Yates, Chief Talent Officer bei der Ford Motor Company und Gast in meinem *Anxious Achiever* Podcast, hat einmal mit einem seiner Teams eine Misserfolgsparty veranstaltet, inklusive DJ. Ja, sie feierten einen massiven organisatorischen Misserfolg mit schicker Kleidung, Kuchen und Cocktails. »Wir haben das Scheitern ausgiebig gefeiert, weil es ein großartiger Lernmoment war«, sagte er und fügte hinzu, dass er dem Team sagte: »Wir werden aus dieser Katastrophe alles lernen, was wir können, damit so etwas nie wieder passiert.« Und das taten sie. Nichts Vergleichbares ist je wieder passiert. »Die herausragenden Leistungen dieses Teams sind direkt auf die Erfahrung dieses Moments zurückzuführen«, so Yates. Es war eine entscheidende Erfahrung, die das Team zusammenschweißte.

Wenn Ihnen eine Misserfolgsparty zu viel ist, können Sie Folgendes tun, wenn Sie sich nach einer psychologisch sicheren Teamumgebung sehnen, aber Schwierigkeiten haben, diese zu erreichen: Geben Sie zu, dass Sie etwas nicht wissen, und lachen Sie darüber. Gestehen Sie einen Fehler ein, und schütteln Sie ihn ab. Wenn ein Team oder eine Organisation einen Misserfolg erlebt, stellen Sie eine Reihe von guten, nicht wertenden Fragen darüber, was jeder denkt, was passiert ist.

Unsere Helden haben keine Angst davor, sich zu schämen, und ich denke, wenn wir unsere Teams in einen psychologisch gesünderen Zustand bringen wollen, müssen wir auch für die Angst offen sein. Ihr Gehirn wird wachsen, wenn Sie einen Fehler machen!

Wie man sich aus der Umklammerung von Gedankenfallen befreit

OK, sagen wir, Sie haben einige Denkmuster in unserer Liste der Denkfallen erkannt. Herzlich willkommen! Sie befinden sich in guter Gesellschaft. Aber was können Sie jetzt tun? Ich werde immer betonen, wie wertvoll die Zusammenarbeit mit einem guten Therapeuten ist, aber es gibt auch kleine, wirksame Maßnahmen, die Sie sofort ergreifen können, um den Griff Ihrer Gedankenfallen zu lockern. Hier sind einige Praktiken, die funktionieren.

Arbeiten Sie an Ihrer Denkweise

Die richtige Einstellung ist entscheidend. Bevor Sie also versuchen, eine Gedankenfalle anzugehen, sollten Sie in Selbstempathie baden. Ich weiß, dass sich das für viele von Ihnen nicht natürlich anfühlen wird – glauben Sie mir, ich verstehe das. Aber Sie werden nicht weiterkommen, wenn Sie sich selbst fertig machen, und *Sie können sich nicht aus einer Gedankenfalle herausdenken*. Denken Sie einfach daran: Wir alle erleben Gedankenfallen, und wenn Sie sich selbst mit ein wenig Leichtigkeit und Humor betrachten können, werden Sie sich viel schneller besser fühlen – und Sie werden auch viel schneller produktiver und effektiver sein.

Sehen Sie es mit Humor

Wenn Ihr Tank der Selbstempathie gefüllt ist und Sie in der Lage sind, den Unsinn in Ihren Gedankenfallen zu erkennen, lachen Sie ruhig über sich selbst. Einige unserer Gedankenfallen sind so absurd! Und sie können wirklich lustig sein, wenn wir sie bis zu ihren logischen Schlussfolgerungen verfolgen: Bedeuten Ihre Tippfehler tatsächlich, dass Sie gefeuert werden? Könnte es allein Ihre Schuld sein, dass Ihr Unternehmen seine Verkaufsziele nicht erreicht hat? Nein, natürlich nicht! Verzerrtes Denken kann uns dazu verleiten, abwegige Dinge zu glauben. Wenn wir diese Absurdität erkennen und sie mit einer Portion Amüsement behandeln, lösen wir uns sofort aus der Gedankenfalle.

Bewegen Sie sich

Ihr Verstand ist die Quelle der Gedankenfalle – also verschwinden Sie dort! Tun Sie etwas Körperliches, um sich aus dem Griff der Gedankenfalle zu befreien. Machen Sie einen Spaziergang. Trinken Sie einen Kaffee mit einem Kollegen. Wenden Sie sich an einen vertrauenswürdigen Berater. Stehen Sie auf und strecken Sie sich. Hören Sie etwas Musik. Stehen Sie auf und tanzen Sie. Auch wenn Sie sich selbst Fragen zur Realitätsprüfung stellen (»Bedeutet dieser eine Fehler wirklich, dass meine gesamte Karriere im Eimer ist?«), denken Sie nicht nur darüber nach, sondern schreiben Sie die Antworten auch auf.

Versuchen Sie geführte Meditation

Versuchen Sie es mit geführter statt stiller Meditation. Ich habe die Erfahrung gemacht, dass sich meine Meditationspraxis, wenn ich sehr ängstlich bin oder sich eine Gedankenfalle verfestigt hat, schnell in eine Grübelsitzung verwandelt (oder des Katastrophisierens, des Filterns oder was auch immer die Gedankenfalle *du jour* ist). Es ist aus vielerlei Gründen hilfreich, seine Meditations- oder Achtsamkeitspraxis aufrechtzuerhalten, also versuchen Sie, eine Zeit lang eine geführte Meditation zu machen. Die Konzentration auf die Worte einer anderen Person lenkt den Fokus von Ihnen und von Ihren nicht hilfreichen Gedanken ab.

Finden Sie die Grautöne

Wenn Sie merken, dass Sie in Schwarz-Weiß-Denken (Alles-oder-Nichts-Denken) verfallen, suchen Sie nach Grautönen. Schreiben Sie die beiden Extreme Ihres Denkens auf – zum Beispiel Perfektion oder Versagen – und listen Sie dann Beschreibungen auf, die Ihre Leistung genauer wiedergeben. (Ihr Leistungsprotokoll wird Ihnen hier sehr nützlich sein. Und wenn Sie die Grautöne noch nicht sehen können, machen Sie diese Übung mit einem vertrauenswürdigen Berater.) Sie werden feststellen, dass Ihre Liste Erfolge *und* Fehler, Siege *und* Rückschläge enthält. Schauen Sie sich nun diese beiden Extreme noch einmal an. Sind sie realistisch? Ist jemand vollkommen perfekt? Ein völliger Versager? Nein, nicht einmal Sie.

Versuchen Sie, Fakten von Meinungen zu unterscheiden

Einer der wichtigsten Grundsätze der kognitiven Verhaltenstherapie ist, dass Meinungen keine Fakten sind. Das mag offensichtlich erscheinen, aber wenn man ängstlich, deprimiert oder getriggert ist, vergisst man leicht, dass die eigene Meinung über etwas nicht unbedingt den Tatsachen entspricht. Schreiben Sie also Ihre Gedanken auf und prüfen Sie, ob es sich dabei um Tatsachen oder nur um Meinungen handelt, die sich je nach Ihrem geistigen Zustand ändern. Dann können Sie sich selbst eine Alternative zu Ihrer Gedankenfalle anbieten, einen *ausgewogenen Gedanken*. Wenn Ihre Gedankenfalle zum Beispiel lautet: »Weil ich die Zahlen auf der Folie falsch berechnet habe, wird mein Team den Respekt vor mir verlieren«, könnte ein ausgewogenerer Gedanke lauten: »Ja, ich habe mich bei den Hochrechnungen geirrt. Das war peinlich. Aber es ist das erste Mal in drei Jahren, dass mir so etwas passiert ist. Auf lange Sicht ist es keine große Sache, und es war nur eine interne Teampräsentation. Im Großen und Ganzen vertrauen mir meine Mitarbeiter wirklich, und das weiß ich, weil ich meine jüngste 360-Grad-Bewertung gesehen habe.«

Manchmal stellen Sie fest, dass Ihre ängstlichen Gedanken in der Realität begründet *sind*. Wenn Sie mutig sind, kann Ihnen die Fehlerbetrachtung helfen, Ihre Ängste besser zu verstehen. Versagen Sie zum Beispiel immer in Situationen, in denen Sie unter Druck stehen, oder nur manchmal? Oder haben Sie vielleicht eine Präsentation vermasselt – aber bedeutet das wirklich, dass Sie gefeuert werden? Wenn Sie Tatsachen von Meinungen unterscheiden können, können Sie sich selbst aus der Reserve locken und eine Menge Ängste abbauen. Und Sie können erkennen, worauf Sie achten müssen und was Sie tatsächlich verbessern können.

Einfach nein sagen

Diese Maßnahme ist täuschend einfach, aber manchmal ist sie genau das, was nötig ist. Wenn Sie merken, dass Sie in eine Gedankenfalle geraten sind, sagen Sie laut »Nein« oder »Stopp«. Verwenden Sie die prägnante Antwort, die zu Ihrer Persönlichkeit und Stimmung passt: »Nö!« »Nein, danke.« »Heute nicht!« Es geht darum, die Gedankenfalle buchstäblich zu unterbrechen. Je öfter Sie sich diese gesunde Gewohnheit angewöhnen, desto stärker wird sie. Ihr Gehirn wird dieses Signal lernen, um sich aus einer Gedankenfalle zu befreien, bevor sie außer Kontrolle gerät.

Was ist, wenn das Schlimmste eintrifft?

Ich will ehrlich zu Ihnen sein. Meine ursprüngliche Schlussfolgerung für dieses Kapitel war eher traditionell: eine Zusammenfassung der wichtigsten Ideen, zusammen mit einigen aufrichtigen Ermutigungen, die Ihnen helfen sollen, Gedankenfallen loszulassen, damit Sie nicht daran gehindert werden, Ihre Führungsqualitäten voll auszuschöpfen.

Aber ich möchte Ihnen von einer Zeit erzählen, in der meine Gedankenfallen tatsächlich richtig waren.

Es begann, als ich einen anspruchsvollen Job fand, der schnell zu einer Quelle ständiger Konflikte und so angespannter Gespräche wurde, dass ich weinte. Mein Chef und ich waren uns bald einig, dass ich nach Ablauf meines Vertrags gehen musste. Ich wäre arbeitslos und würde von vorne anfangen – was definitiv nicht mein Plan war!

Monatelang wurde mein Leben von Gedankenfallen beherrscht. Katastrophisieren: *Ich werde alles verlieren und pleite sein.* Sollen: *Du hättest das Unternehmen genauer unter die Lupe nehmen sollen, bevor du dich in diese neue Rolle stürzt.*

Und so viel Grübeln. Ich grübelte über Details, über Kommentare, über E-Mails. Ich konnte weder essen noch schlafen, weil ich nur grübelte, versuchte Gedanken zu lesen (*ich bin sicher, dass mich alle in der neuen Firma für dumm oder betrügerisch halten*) und sagte die Zukunft voraus (immer mit einem Weltuntergangsszenario). Ich war ein Aushängeschild für alle kognitiven Verzerrungen, die es gibt, und ich lebte meine Angst aus.

Ich war die Königin des Alles-oder-Nichts-Denkens. Es war schwer, neu anzufangen, wenn ich so große Träume hatte. Aber das Komische war, dass alle erfahrenen Geschäftsleute, denen ich meine Geschichte erzählte, das Ganze mit einem Achselzucken abtaten. Als wäre dies ein normaler Teil des Lebens und nicht die Katastrophe, die es sich anfühlte.

Eines Tages sagte mir mein einundneunzigjähriger Stiefvater, der eine sehr lange Karriere in der Wirtschaft hinter sich hatte: »Willkommen im Club«. Der Club der Leute, die gefeuert wurden, die schlechte Entscheidungen getroffen haben, die es vermasselt haben, die eine Menge Geld verloren haben und deren Pläne sich geändert haben. Ja, wenn man lange genug im Geschäft ist, macht man all diese Dinge. Mein Stiefvater sagte mir, ähnlich wie Burns, dass ich, wie jeder andere auch, das Recht habe, Risiken einzugehen und keinen Erfolg zu haben. In gewisser Weise musste ich mein aufgeblasenes Selbstbild überwinden und meine Schwäche akzeptieren. Und dann wurde mir klar, dass ich immer noch führen musste. Die Menschen brauchten mich, um über sich selbst hinauszuwachsen.

Mein Team, meine Kunden und mein Ruf verlangten von mir, dass ich diese schwierige Veränderung akzeptierte und den Weg nach vorne wagte. Ich musste meine Ängste beiseiteschieben und mich darauf konzentrieren, was meine Kollegen von mir brauchten, wenn ich das Unternehmen verließ. Ich verstand, dass auch sie ängstlich waren, denn ich hatte sie eingestellt, und nun würde ich nicht mehr da sein. Als mein Vertragsende nahte, musste ich mir überlegen, wie ich meinen Abschied so kommunizierte, dass es auch ohne mich weitergehen konnte.

Und wissen Sie was? Es geht allen gut ohne mich!

Ängstliche Leistungsträger müssen, vielleicht noch mehr als die meisten Menschen, ihrem Ego in die Augen sehen und erkennen: Wir müssen nicht perfekt sein oder immer besser sein als andere. Wir haben das Recht, zu scheitern und trotzdem weiterzumachen. »Wenn man nicht mehr besonders sein muss, wird das Leben besonders«, bemerkt Burns' Kollege Taylor Chesney.[9] Es liegt eine große Freiheit darin, den Zwang, perfekt oder besonders oder besser als andere sein zu müssen, loszulassen (oder, in meinem Fall, mir abgerungen zu haben).

Später, als die Wut etwas abgeklungen war und ich die Situation klarer sehen konnte, erkannte ich, dass meine Gedankenfallen doch nicht die ganze Wahrheit sagten. Ich war immer noch der erfahrene Fachmann, der den Job überhaupt erst bekommen hatte. Das Schlimmste *war nicht* eingetreten. Mein ursprünglicher Plan war zwar gescheitert, aber ich stand nicht mit leeren Händen da. Meine Mitarbeiter hatten sich eingearbeitet. Das Unternehmen florierte auch ohne mich. Ich war nicht mittellos, meine Familie und meine Freunde liebten mich nicht weniger, und ich nahm eine Fülle von hart erkämpften Lektionen mit, die meine Führungsqualitäten zum Besseren veränderten. Ich empfinde sogar Respekt und Bewunderung für meinen ehemaligen Chef.

Es hat lange gedauert, bis ich mit meinen Gefühlen zurechtkam, aber die Erfahrung einer solch einschneidenden Veränderung hat viele meiner üblichen Denkfallen aus dem Weg geräumt. Indem ich akzeptiere, dass ich nicht schlauer oder besser bin als jeder andere, der eine schlechte Entscheidung trifft und die Konsequenzen tragen muss, bin ich nicht nur eine bessere Führungskraft, sondern auch ein besserer Mensch in meinem Umfeld.

Und sollte ich mich jemals dazu entschließen, meine eigene Misserfolgsparty zu schmeißen, werden Sie die Ersten sein, die es erfahren.

7

Nicht hilfreiche Reaktionen und schlechte Gewohnheiten

Jason Kander, ein Veteran des Afghanistan-Krieges, wurde zu einem aufsteigenden Stern in der Demokratischen Partei. Mit Mitte zwanzig war er Senator des Bundesstaates Missouri und mit einunddreißig Staatssekretär. Später kandidierte er für den US-Senat, startete eine Kampagne für das Amt des Bürgermeisters von Kansas City und gab seine Ambitionen, eines Tages Präsident zu werden, offen zu erkennen. Aufgrund seines Charismas, seiner Beziehungen und seiner Medienwirksamkeit wurde er von Politikern immer wieder gebeten, Spendensammlungen zu veranstalten und Vorträge zu halten. Er sagte zu jeder Anfrage ja und flog durch das ganze Land, um Vorträge zu halten und Spenden zu sammeln, obwohl er hinter den Kulissen unter quälenden Albträumen, schrecklichen Schuld- und Schamgefühlen sowie panischen Ängsten litt.

Erst als er begann, Selbstmordgedanken zu hegen, suchte Kander Hilfe und begann eine wöchentliche Therapie in der örtlichen Einrichtung für Veteranenangelegenheiten.

Kander erfuhr, dass er an einer nicht diagnostizierten und nicht behandelten PTBS litt und darauf reagierte, indem er versuchte, für andere ein Held zu sein, der immer zur Stelle war und sich selbst unermüdlich antrieb. Heute ist ihm klar, dass sein Ehrgeiz zum Teil durch einige unserer gesellschaftlich akzeptierten und belohnten ungesunden Bewältigungsstrategien unterstützt wurde: Überarbeitung oder das sogenannte »People Pleasing«, also die Tendenz, es allen recht zu machen.

Viele ängstliche Führungskräfte verlassen sich auf ungesunde Reaktionen, die kurzfristig vielleicht beruhigend wirken, aber letztlich zu Gewohnheiten werden, die sie noch mehr stressen, ihre Energie aufbrauchen und ihre Führungsqualitäten untergraben. Das Problem ist, dass nach dem Abklingen der vorübergehenden Erleichterung das, was sie ängstlich gemacht hat, immer noch da ist – und oft hat es sich verschlimmert, während sie das Angst auslösende Verhalten vermieden haben.

Ironischerweise können nicht hilfreiche Reaktionen den Menschen helfen, in ihrer Karriere voranzukommen. Überarbeitung zum Beispiel wird häufig gelobt. Kanders Tatkraft führte zu einem Leben voller Auszeichnungen, von denen viele von uns nur träumen, und zu einer steilen Karriere im öffentlichen Dienst.

Aber irgendwann werden unsere schlechten Gewohnheiten einen zu hohen Tribut fordern. Arbeit kann für viele von uns zu einer Sucht werden – um Problemen aus dem Weg zu gehen, Menschen zu meiden, denen wir nicht begegnen wollen, oder inneren Dämonen auszuweichen. Wenn Sie Ihre Ängste wirklich langfristig in den Griff bekommen wollen, müssen Sie die Ursachen für Ihren Drang, zu viel zu arbeiten, verstehen und prüfen, ob die Lorbeeren den Preis wirklich wert sind.

Warum bilden wir Gewohnheiten?

Unser Gehirn ist ständig auf der Suche nach dem effizientesten Weg, eine Aufgabe zu erledigen, und wird fast jeden Routinevorgang oder jede Aufgabe in eine Gewohnheit umwandeln, denn Gewohnheiten sparen Zeit und Energie. Gewohnheiten ermöglichen es dem Gehirn, auf Autopilot zu arbeiten und ersparen uns, Routineaufgaben Schritt für Schritt durchzudenken. Gewohnheiten sind Verhaltensweisen, die wir uns aneignen, um unseren Ängsten etwas zu tun zu geben. Wenn wir einen Martini trinken, anstatt uns vor dem bevorstehenden Abgabetermin zu fürchten, hält unser Gehirn das für einen Gewinn.

Die Forschung hat gezeigt, dass wir, wie alle Tiere, unter Stress eher auf tief verwurzelte Muster oder Verhaltensweisen zurückgreifen.[1] Wenn eine Unterbrechung der Arbeit Sie aus Ihrer gewohnten Routine wirft, können Sie enorme Angst und mangelnde Kontrolle empfinden. Ein leitender Angestellter, der während der Covid-19-Pandemie plötzlich von zu Hause aus arbeitete, erzählte mir, dass er seinen morgendlichen Arbeitsweg nachahmte, indem er jeden Morgen zu Starbucks fuhr, um zu versuchen, die Dinge normaler erscheinen zu lassen, obwohl er seinen Arbeitsweg seit Jahren hasste. Diese Angewohnheit frustrierte ihn und vergeudete Zeit, aber er behielt sie bei, weil sie ein tief verwurzeltes Muster war und ihm kurzfristig Erleichterung verschaffte. Achten Sie darauf, ob Sie auf vertraute Muster zurückgreifen, die Ihnen schaden oder helfen, wenn Sie einen Angstauslöser verspüren. Zweifellos geht es auch Ihren Mitarbeitern so.

Doch woran merken wir, dass eine Gewohnheit uns nicht mehr nützt, auch wenn sie immer wieder eine Belohnung bringt? Wir erleben irgendeine negative Konsequenz, die die Belohnung überwiegt. Wenn Sie Ihrer Arbeit aus dem Weg gehen, führt das zu verpassten Terminen und schlechten Leistungsbewertungen. Oder vielleicht trainieren Sie so viel, dass Sie sich eine Stressfraktur zuziehen. Vielleicht stellen Sie fest, dass Ihre Angewohnheit, sich jedes Mal automatisch Sorgen zu machen, wenn Sie eine neue Aufgabe erhalten, Ihnen nicht dabei hilft, hervorragende Arbeit zu leisten.

Was auch immer Sie an diesen Punkt gebracht hat, Sie sind sich bewusst, dass Sie etwas ändern wollen. Und darauf konzentrieren wir uns in diesem Kapitel: auf die ungesunden Reaktionen, die zu Gewohnheiten werden, die unsere Führungsqualitäten bedrohen und mit der Zeit die Angst verschlimmern.

Häufige nicht hilfreiche Reaktionen

Werfen wir einen Blick auf einige der häufigsten negativen Reaktionen auf Angst am Arbeitsplatz. Einige davon spielen sich in uns selbst ab; wo wir als Einzige den inneren Kampf wahrnehmen. Andere spielen sich in unseren Interaktionen mit anderen ab.

Mikromanagement

Mikromanagement und die Überwachung von Mitarbeitern sind häufige Angstreaktionen (Erinnern Sie sich an den Überfunktionär in Kapitel 4?). Jetzt, wo so viele von uns aus der Ferne arbeiten und Teammitglieder nicht mehr herbeigerufen, kontrolliert oder um Feedback gebeten werden können, sind Sie in den Posteingängen und Teams-Kanälen Ihrer Mitarbeiter vielleicht noch präsenter. Manchmal sind wir uns bewusst, dass wir Mikromanagement betreiben, und ein anderes Mal leben wir unsere Ängste gewohnheitsmäßig aus.

Poppy Jaman, die die City Mental Health Alliance im Vereinigten Königreich leitet und CEO und Gründerin von Mental Health First Aid England war, sagt, dass, wenn sie sich dabei ertappe, wie sie Mikromanagement betreibt, das ein sicheres Zeichen dafür sei, dass ihre periodische Depression aufflammt. Es sei sehr wichtig, dies zu bemerken, sagt sie, nicht nur, weil es ein Signal ist, sich um ihre psychische Gesundheit zu kümmern, sondern auch, weil sie nicht wolle, dass sich ihre Mitarbeiter unter Druck gesetzt fühlten. Jaman, eine ausgebildete Botschafterin für psychische Gesundheit am Arbeitsplatz, ist sich ihrer Angstzustände und Depressionen sehr bewusst. Aber was ist mit dem Rest von uns? Wie können wir erkennen, wann wir uns zu oft einmischen und mit unseren häufigen Kontrollversuchen tatsächlich den Fortschritt behindern?

Hier sind weitere verräterische Anzeichen dafür, dass Sie Mikromanagement betreiben: Sie bestehen darauf, dass Sie bei allem mit einbezogen werden; Sie sagen den Teammitgliedern, dass sie alles mit Ihnen besprechen sollen; Sie beauftragen sich selbst mit Projekten, bei denen Sie keinen Beitrag leisten müssen; Sie weigern sich, Aufgaben zu delegieren; Sie verbringen viel Zeit damit, die Arbeit Ihrer Mitarbeiter zu korrigieren; oder Sie sind davon überzeugt, dass Sie die Dinge am besten auf Ihre Weise erledigen können. Es gibt noch viele weitere Beispiele, aber allen gemeinsam ist das Bedürfnis, die Dinge zu kontrollieren. Und das entsteht natürlich aus Angst.

Der beste Weg, Mikromanagement-Tendenzen zu zähmen, besteht darin, sich mit seinen Ängsten auseinanderzusetzen – so wie Jaman sich um sich selbst kümmerte, bevor die Depression zu sehr Fuß fasste. Es gibt jedoch auch Führungstechniken, die Sie anwenden können, um Ihr Mikromanagement zurückzuschrauben und Ihre Mitarbeiter sich entfalten zu lassen. Eine davon ist die Anwendung der bewährten 80/20-Regel. In diesem Fall bedeutet das, dass Sie Ihren Mitarbeitern in 80 Prozent der Fälle gestatten, eine Aufgabe auf ihre eigene Weise zu erledigen. In den verbleibenden 20 Prozent sollten Sie Ihren Mitarbeiter *anleiten* – aber auch dann sollten Sie daran denken, dass Ihre Aufgabe darin besteht, ihn zu motivieren, und nicht, sich häufig einzumischen oder die Aufgabe für ihn zu erledigen. Eine weitere Technik besteht darin, sich auf den Anfang und das Ende zu konzentrieren, nicht auf die Mitte. Das heißt, Sie geben klare Ziele, Erwartungen und Fristen vor und stehen dann in der Mitte der Arbeit als Ratgeber zur Verfügung – widerstehen ansonsten aber der Versuchung, sich einzumischen. Am Ende, wenn der Mitarbeiter sein Ziel erreicht hat, können Sie das Ergebnis bewerten.

Prokrastinieren

Seth Gillihan, Psychologe und Moderator des Podcasts *Think Act Be*, sagt, dass zwei Formen von Selbstgesprächen die Prokrastination vorantreiben: (1) »Das wird mühsam« und (2) »Ich werde vielleicht keine gute Arbeit leisten«.[2] Ist es da ein Wunder, dass wir eine Aufgabe, die wir als unangenehm empfinden oder von der wir befürchten, dass wir sie nicht gut erledigen werden, vor uns herschieben, wenn eine (oder beide) dieser Erzählungen immer wieder in unseren Köpfen ablaufen? Für den ängstlichen Leistungsträger ist das der ideale Angstauslöser und Aufschieben eine verständliche Reaktion.

Die schlechte Angewohnheit des Aufschiebens ist ein hervorragendes Beispiel für das, was Psychologen als *negative Verstärkung* bezeichnen: negativ in dem Sinne, dass wir eine Belohnung erfahren, wenn wir eine unangenehme Erfahrung *nicht* machen, und Verstärkung, weil sie das Verhalten in der Zukunft wahrscheinlicher macht.[3] Es fühlt sich in dem Moment gut an, den gefürchteten Anruf *nicht* zu tätigen oder den Stapel von Leistungsbewertungen *nicht* abzuarbeiten: Das ist die Belohnung.

Aber es liegt auf der Hand, dass das Aufschieben ernste Folgen haben kann. Eines der ärgerlichsten Probleme ist, dass sich Aufschieben zwar (sehr) kurzfristig belohnend anfühlt, aber zu immer größerer Unruhe führt. Wer kennt nicht das zunehmende Grauen und den Stress, wenn man etwas aufschiebt, das erledigt werden muss? Wenn man die Aufgabe einfach erledigt, entfallen alle Ängste und Befürchtungen, die mit dem Aufschieben verbunden sind – und wenn man nicht aufschiebt, entstehen die Ängste und Sorgen erst gar nicht. (Ganz zu schweigen von dem Stress, dem verlorenen Schlaf und der Angst vor dem Pauken in letzter Minute oder dem nächtlichen Aufbleiben, um etwas fertigzubringen.)

Prokrastination ist jedoch so weit verbreitet, dass es eine Fülle von wirksamen Techniken gibt, um diese schlechte Angewohnheit zu verhindern und zu durchbrechen. Eine der Hilfreichsten ist es, eine Aufgabe in kleine, überschaubare Teile aufzuteilen und sich dann jedes Mal zu belohnen, wenn man eines der Miniziele erreicht hat. (Achten Sie nur darauf, dass Ihre Belohnungen gesund sind!) Ich beginne jeden Tag damit, meinen gesamten Arbeitstag in Halbstundenschritten zu planen. Wenn ich sehe, dass die Arbeit in mundgerechten Stücken ansteht, wird die Angst vor der Ungewissheit beseitigt, da ich einen klaren Plan für den Tag habe. Auch entstehen viele kleine Ziele, für deren Erreichen ich mich belohnen kann. Unterschätzen Sie nicht, wie gut es sich anfühlt, Fortschritte zu machen und eine weitere Sache zu erledigen. Wenn Sie zu den Menschen gehören, die sich dadurch motivieren lassen, dass sie Aufgaben von einer Liste abhaken oder sich selbst belohnen, wenn sie ein Ziel erreichen – völlig legitime Formen der extrinsischen Motivation –, dann funktioniert diese Technik wie ein Zauber.

Vermeidung

Vermeidungsverhalten ist jede Handlung, mit der wir versuchen, stressigen Situationen oder schwierigen Gedanken und Gefühlen zu entkommen. Vermeidung ist eine unangemessene Bewältigungsstrategie. Klassische Beispiele sind das Ignorieren von Rechnungen, die Absage von Telefonaten oder Treffen oder die Weigerung, sich zu Wort zu melden oder Präsentationen zu halten. Es kommt vor, dass Menschen Beförderungen ablehnen oder sogar ihren Arbeitsplatz wechseln oder kündigen, um stressige Situationen zu vermeiden. Die Schriftstellerin Ashley C. Ford, die wir in Kapitel 6 kennengelernt haben, sagt, dass die Angst ihr Leben jahrelang beherrschte und dass das Aufschieben, die Selbstsabotage und die negativen Selbstgespräche, die ihre Angst hervorrief, sie daran hinderten, ihre Träume zu verwirklichen. Doch durch eine Therapie, unterstützende Beziehungen und den Willen, sich zu bessern, lernte sie, ihre Ängste in den Griff zu bekommen und sich nicht länger zu drücken. Ihre Selbstgespräche änderten sich von »Ich bin ängstlich, also kann ich nicht« zu »Du bist ängstlich und *hast das Gefühl*, dass du nicht kannst. Aber versuche es doch. Versuch es einfach und sieh, was passiert.« Diese Veränderung, so sagt sie, hat bei ihr Wunder bewirkt.[4]

Eine interessante Untergruppe der Vermeidung ist das sogenannte Sicherheitsverhalten. Sicherheitsverhalten (oder Sicherheiten, wie ich sie nenne) ist alles, was Sie tun, um *zu* verhindern, dass Sie von Angst oder Panik überwältigt werden. Manche Sicherheitsvorkehrungen ermöglichen es uns, trotz der Angst weiterzumachen (zum Beispiel ein Beruhigungsmittel in der Brieftasche zu haben, wenn Sie Flugangst haben), andere wiederum rauben uns die Chance zu lernen, dass die angstbesetzte Situation nicht die Bedrohung für unsere Sicherheit und unser Überleben darstellt, für die wir sie halten. Wenn jemand beispielsweise Angst davor hat, von einem Hund gebissen zu werden, und daraufhin Hunden gänzlich aus dem Weg geht, hat er nie die Möglichkeit zu lernen, dass die meisten Hunde freundlich sind – oder den Unterschied zwischen freundlichen und unfreundlichen Hunden zu erkennen.

Nehmen Sie sich eine Minute Zeit, um darüber nachzudenken, wo Sie Sicherheitsverhaltensweisen anwenden. Ein gängiges Sicherheitsverhalten für Menschen mit sozialen Ängsten ist zum Beispiel, zu spät zu Treffen zu kommen und früh zu gehen. Das habe ich definitiv getan! Führt dieses Verhalten dazu, dass ich wertvolle Gelegenheiten verpasse? Ja, manchmal. Ich könnte mich selbst herausfordern, pünktlich zu erscheinen und bis zum Ende zu bleiben, nur um zu sehen, wie es sich anfühlt.

Überlegen Sie, ob Ihre Sicherheiten Ihnen bei der Bewältigung von Herausforderungen helfen oder ob sie es wert sind, dass Sie sie abbauen. Bei vielen Behandlungsmethoden von Angstzuständen werden die Menschen dazu angehalten, ihre ängstlichen Situationen von der geringsten bis zur größten Schwierigkeit einzustufen und sich dann mit Unterstützung ihres Therapeuten schrittweise den Situationen auszusetzen, während sie das Sicherheitsverhalten ablegen. Mit der Zeit lernen Sie, dass die Situationen, die Sie für unsicher hielten, nicht so bedrohlich sind, wie Sie befürchtet haben, und dass Sie sie auch ohne das Sicherheitsverhalten erfolgreich bewältigen können.

Impulsive Entscheidungen treffen

Während manche Führungskräfte auf Angst reagieren, indem sie sich mit einer Entscheidung quälen und sie aufschieben, tun andere genau das Gegenteil und treffen übereilte Entscheidungen. Es kann eine enorme Erleichterung sein, ein Projekt voranzubringen, etwas loszuwerden oder es an jemand anderen zu delegieren. Aber natürlich ist die Definition einer impulsiven Handlung eine, die sofort ausgeführt wird, ohne Vorbedacht und ohne Rücksicht auf die Konsequenzen. Es ist leicht vorstellbar, welchen Schaden impulsive Entscheidungen am Arbeitsplatz anrichten können, vor allem, wenn sie häufig vorkommen. Und je höher die Befehlskette, desto größer sind die Auswirkungen. Ich möchte jedoch klarstellen, dass ich nicht von *schnellen* Entscheidungen spreche – die Fähigkeit, spontan Entscheidungen zu treffen oder mitten im Getümmel schnelle Richtungswechsel einzuleiten, ist eine hoch geschätzte Führungsfähigkeit. Ich beziehe mich hier speziell auf impulsive Entscheidungen, die durch Angst ausgelöst werden und zu negativen Konsequenzen führen.

Zum Beispiel kann Geldangst oft impulsive Entscheidungen auslösen. Wenn wir getriggert werden, will unser ängstlicher Verstand die Dinge in Ordnung bringen. Aber wie wir wissen, kann die Angst ein unzuverlässiger Erzähler sein. Ich werde nie vergessen, wie die Finanzexpertin Buffie Purselle in meinem Podcast die Geschichte von zwei Kunden erzählte, die einen Brief von der Steuerbehörde erhielten, in dem stand, dass sie 50.000 Dollar schuldeten. Purselle erzählte: »Sie gerieten in Panik und haben mich nicht angerufen. Sie haben mir nicht gemailt. Stattdessen lösten sie ihre private Altersvorsorge auf, um diese Schulden zu bezahlen. Es war dieser reaktionäre Impuls: ›Ich will mich einfach nicht damit befassen. Ich will, dass diese beängstigende Sache verschwindet. Ich werde nicht darüber nachdenken. Ich werde es einfach verschwinden lassen.‹«

Als Purselle das Paar das nächste Mal sah, gaben sie ihr den Brief. Es stellte sich heraus, dass sie der Steuerbehörde nichts schuldeten. Der Brief war lediglich ein Bescheid, in dem sie gefragt wurden, ob sie das Geld schulden. Ich könnte mir vorstellen, etwas Ähnliches zu tun, denn schlechte Finanznachrichten oder Steuerbriefe machen mich oft so nervös, dass ich fast alles tue, um die Angst (wenn auch nur vorübergehend) loszuwerden.

Impulsivität kann mit dem Bedürfnis eines ängstlichen Leistungsträgers, zu planen und sich vorzubereiten, koexistieren. Sie kann auch mit Sorgen und Grübeln einhergehen. Für den Moment kann Angst unsere Fähigkeit beeinträchtigen, kluge Entscheidungen zu treffen, weil sie exekutive Funktionen wie Aufmerksamkeit, Konzentration und das Arbeitsgedächtnis unterbricht.[5] Sie kann dazu führen, dass wir uns auf die falschen Dinge konzentrieren, die Fakten verdrehen oder voreilige Schlüsse ziehen. Im Idealfall könnten wir kritische Entscheidungen aufschieben, bis wir in einer besseren Verfassung sind, aber wir alle wissen, dass das nicht immer möglich ist.

Deshalb ist es wichtig, dass Sie sich bewusst darauf vorbereiten, gute Entscheidungen zu treffen – vor allem in Zeiten der Angst. Machen Sie sich zunächst bewusst, dass Ihre Emotionen Ihnen die falschen Geschichten erzählen könnten und dass Sie wahrscheinlich zu negativen Gedanken neigen werden. Vielleicht bereiten Sie sich gerade auf eine Rede vor, und das letzte Mal, als Sie eine Rede hielten, hatten Sie das Gefühl, dass Sie versagt haben. Vielleicht sind Sie sogar seit langem der Meinung, dass Sie ein schlechter Redner sind, weil Sie in der Mittelschule einen Vortrag gehalten haben, für den Sie ausgelacht wurden. Fragen Sie sich selbst: Bin ich objektiv genug? Wenn Sie sich nicht sicher sind, überprüfen Sie, ob Ihre Erinnerung richtig ist, indem Sie vielleicht einen Kollegen um ein Feedback bitten.

Letztlich sollte jede Führungskraft ein Team von Gleichgesinnten aufbauen, Menschen, die man zu Rate ziehen kann und die einem ihre ungeschminkte Meinung sagen. Eine einseitige, impulsive Entscheidung, die in unruhigen Zeiten getroffen wird, hat fast garantiert negative Folgen, aber wenn Sie bereits über ein vertrauenswürdiges Team verfügen, können Sie sich mit diesem beraten und trotzdem schnelle, aber durchdachte und fundierte Entscheidungen treffen. Sie können diese Rolle auch für andere übernehmen. Einer der faszinierendsten Aspekte der Angst ist, dass man anderen oft Klarheit und Einsicht verschaffen kann, selbst wenn man ein unzuverlässiger Erzähler seiner eigenen Erfahrungen ist.

Wenn beängstigende Finanznachrichten Sie dazu verleiten, impulsiv zu handeln, schlägt Purselle vor, »finanzielle Achtsamkeit« zu üben. Dies läuft oft auf etwas täuschend Einfaches hinaus: Abwarten, um zu handeln. Wenn Sie von

Geldsorgen geplagt werden, nehmen Sie diese wahr, versuchen Sie, den Stressfaktor zu benennen, und sagen Sie sich: »Es ist in Ordnung. Ich werde jetzt nicht reagieren. Ich werde mir den Fehler verzeihen, denn ich bin ein Mensch. Und das ist gut so.« Bleiben Sie in diesem Moment und akzeptieren Sie: »Damit muss ich fertig werden, und das ist in Ordnung. Ich werde es herausfinden.« Warten Sie. Geben Sie sich ein oder zwei Tage Zeit. Nichts zu tun, wenn man getriggert wird, ist wirklich schwer. Aber Sie müssen sich die Zeit und den Raum geben, um die Angst zu akzeptieren, einen Schritt zurückzutreten und kluge Ratschläge einzuholen.

Geld ausgeben, das man nicht hat

In meinen Zwanzigern und Dreißigern hatte ich die schlechte Angewohnheit, Geld für Dinge auszugeben, die ich wollte, aber nicht brauchte. Wenn ich etwas kaufte, fühlte ich mich im Moment immer besser, aber meine Schulden stiegen stetig an – und damit auch meine Angst. Zusammen mit meiner langjährigen Angst, pleite zu gehen, reagierte ich darauf, indem ich den Umgang mit Geld völlig vermied.

Erst nach meinem Gespräch mit der Finanztherapeutin Amanda Clayman während der Recherche für mein erstes Buch wurde mir klar, dass ich aus einer Geldeinstellung heraus- und in eine andere hineinwachsen musste. Ich begann zu untersuchen, woher meine Einstellung zu Geld und meine Ausgabengewohnheiten stammten, und es war nicht überraschend, dass die Wurzeln in meiner Kindheit lagen. Wie viele Menschen wuchs ich als Scheidungskind auf, und meine Eltern setzten Geld als Waffe gegeneinander ein. Da ich zwischen ihnen gefangen war, lernte auch ich, Geld als Waffe einzusetzen – als Teenager habe ich die Kreditkarte meines Vaters überzogen, um mich zu rächen. Später, als ich meine eigenen Kreditkarten hatte, wiederholte ich dasselbe Ausgabemuster, um eine emotionale Verletzung zu lindern.

Als ich jedoch erkannte, dass diese schlechte Angewohnheit und meine fast ständige Sorge, pleite zu gehen, eher auf alte Wunden als auf meine aktuelle finanzielle Situation zurückzuführen waren, war ich endlich in der Lage, mein eigenes Unternehmen proaktiv auf Wachstum auszurichten. Jahrelang hatte ich das auch aus Angst vor geschäftlichen Schulden vermieden, während sich in meinem Privatleben die Kreditkartenrechnungen häuften. Ich durchbrach ein schädliches Muster und ersetzte es durch ein gesundes Muster des proaktiven Geldmanagements.

Substanzkonsum

Der Konsum von Drogen ist eine weitere häufige Reaktion auf Angst und kann eine der verheerendsten sein, vor allem, wenn er zu Missbrauch und Abhängigkeit führt. Der zertifizierte Suchtpsychiater Zev Schuman-Olivier half mir, den Zusammenhang zwischen Drogenkonsum, Sucht und Angst zu verstehen.

Eine Möglichkeit, Sucht zu verstehen, ist seiner Meinung nach die verzweifelte Suche nach Kontrolle, wenn sich die Dinge unkontrollierbar anfühlen. Der Auslöser (Schulman-Olivier schlug mir in unserem Gespräch vor, das Wort »Auslöser« durch »Aktivator« zu ersetzen) kann alles sein, was einem das Gefühl gibt, die Kontrolle zu verlieren – die Wirtschaft, der Arbeitsplatz, das soziale Leben, die Gefühle, die körperlichen Empfindungen oder Prozesse, eine Verlusterfahrung, eine globale Pandemie, ein persönlicher oder beruflicher Rückschlag –, und die Reaktion besteht darin, nach etwas Zuverlässigem zu suchen, damit man sich besser fühlt. »Und nichts ist zuverlässiger, zumindest kurzfristig, als Substanzen, die einem helfen, sich gut zu fühlen«, sagt Schuman-Olivier.

Er erläuterte die grundlegende Tragödie unseres Drangs nach kurzfristiger Erleichterung: »Wann immer wir versuchen, die Kontrolle über unkontrollierbare Umstände zu bekommen, wann immer wir versuchen, Gewissheit zu erlangen, wenn in Wirklichkeit Ungewissheit herrscht, wann immer wir versuchen, die Dinge davon abzuhalten, sich zu verändern, wenn sich in Wirklichkeit alles verändert, bereiten wir uns regelmäßig nur auf einen noch größeren Sturz vor – auf noch mehr Ungewissheit, noch mehr Veränderung und letztlich auf weniger Kontrolle.«

Schuman-Oliviers Herangehensweise an die Sucht beinhaltet Achtsamkeitsmeditation, Bewusstseinstechniken und reichlich Selbstempathie. Ein Teil der Achtsamkeit, so erklärt er, besteht darin, die Allgegenwart von Ungewissheit und die Allgegenwart unseres Mangels an Kontrolle über Dinge, die sich verändern, zu erkennen. »In dem Maße, in dem wir uns dem *zuwenden* können, in dem wir Ungewissheit und Veränderung willkommen heißen oder anders damit umgehen können, mit weniger Angst und mehr Akzeptanz und Wärme … desto weniger Angst haben wir und desto weniger geraten wir in diesen Momenten in Panik.«

Gestörte Kommunikation

Dies ist eine Art Sammelkategorie, die unhöfliches und unprofessionelles Verhalten am Arbeitsplatz wie das Unterbrechen anderer, das Dominieren von Meetings, Tratsch und Übertreibungen umfasst. Auch wenn diese Verhaltensweisen nicht immer auf Angst zurückzuführen sind, so ist doch ein Großteil dieses schlechten Verhaltens im Büro ein Angstauslöser.

Der Führungsexperte Steve Cuss sagt, dass Führungsangst oft in Form von Unterbrechungen und dem Versuch, das letzte Wort zu haben, auftreten kann. Er nennt sogar ausdrücklich das »Mansplaining« – ein altes Phänomen mit einem modernen Namen – als eine Angstreaktion. »Man meint, man müsse den Leuten sagen, was sie tun sollen, und denkt eigentlich, man sei hilfreich«, sagt er. »Aber [mansplaining] stillt eigentlich nur ein Bedürfnis, denn die Frau, die man gerade unterbrochen hat und der man etwas erklärt… brauchte das eigentlich nicht und die [anderen] Leute im Raum auch nicht.«

Cuss zufolge entspringt Mansplaining dem Bedürfnis, eine Antwort zu haben. Und *das* hat seine Wurzeln in einer Erfahrung, die vielen ängstlichen Leistungsträgern vertraut sein dürfte und die nicht auf das Geschlecht beschränkt ist: das Bedürfnis, wie die klügste Person im Raum auszusehen.

Es erfordert ein wenig Detektivarbeit, um herauszufinden, welche besondere Angst dieser gestörten Kommunikation zugrunde liegt. Wird durch das Unterbrechen ein Bedürfnis nach Anerkennung gestillt, eine Angst, nicht gesehen oder gehört zu werden? Versuchen Sie, eine Besprechung zu dominieren, um eine Situation zu kontrollieren, die Ihnen außer Kontrolle geraten ist? Wird Klatsch und Tratsch im Büro von der Angst vor Ausgrenzung getrieben? Ist das Übertreiben auf die Angewohnheit zurückzuführen, vorschnell zu reagieren, wenn man nervös ist, oder auf das ängstliche Bedürfnis, sich anzupassen?

Wie immer können Achtsamkeit und ehrliche Selbsterkenntnis dabei helfen, herauszufinden, was hinter diesen häufigen Formen unproduktiven Verhaltens am Arbeitsplatz steckt.

Überarbeitung

Das ist deshalb so schwierig, weil unsere Kultur trotz der überwältigenden Beweise dafür, dass Überarbeitung schlecht für unsere Gesundheit und letztlich auch schlecht für den Gewinn ist, sie sehr schätzt und belohnt. Als ich in einem Unternehmen tätig war, wurden Arbeitnehmer, die übermäßig viele Stunden arbeiteten, für ihr »großes Engagement« und ihre Gewohnheit, »mehr zu tun als nötig«, gelobt. Heutzutage gibt es einen zusätzlichen Druck, rund um die Uhr erreichbar zu sein. Selbst wenn jemand nicht aktiv an der Arbeit beteiligt ist, muss er den *Anschein erwecken*, dass er arbeitet und jederzeit verfügbar ist.

Aber ich glaube, es gibt eine besondere Beziehung zwischen einem ängstlichen Leistungsträger und der Überarbeitung. Seien wir ehrlich, das ist unser Ding. In einem Venn-Diagramm von Strebsamkeit und Überarbeitung gäbe es eine fast vollständige Überschneidung.

Viele erfolgreiche Führungskräfte reagieren auf Stress, indem sie härter arbeiten, sich selbst und andere an einem unmöglich hohen Standard messen oder versuchen, Dinge zu kontrollieren, die nicht in ihrer Macht liegen. Für sie ist es schwer vorstellbar, sich nicht zu stressen und sich nicht um jedes Projektdetail zu kümmern, nicht die Verantwortung für alles zu übernehmen oder nicht immer alles zu geben. »Menschen reagieren auf Angst, indem sie versuchen, noch perfekter zu sein und noch mehr Kontrolle zu haben«, erklärte mir die klinische Psychologin Alice Boyes. »Sie haben nicht nur einen Plan B, sondern auch Pläne C, D und E.« In den Vereinigten Staaten halten wir Überarbeitung für eine »gute Arbeitsmoral«, aber sie und Perfektionismus sind oft Angstmacher, die nur weitere Ängste verursachen – bei einem selbst oder bei anderen.

Überarbeitung kann sogar süchtig machen, wie es bei Jason Kander der Fall war. Leistungsängstliche Menschen neigen dazu, ihre Ängste und Depressionen in Überarbeitung umzuwandeln, und es gibt wohl keine gesellschaftlich akzeptablere Form, seinen Gefühlen aus dem Weg zu gehen. Überarbeitung beruhigt nicht nur unsere Ängste, sondern wir werden auch noch dafür belohnt, und zwar in Form von positivem Feedback, Beförderungen, Gehaltserhöhungen und neuen Aufgaben.

Doch chronische Überarbeitung wird mit allem in Verbindung gebracht, von höheren Raten an Herzkrankheiten, Fettleibigkeit und Diabetes bis hin zu Schlaflosigkeit, Depressionen, starkem Alkoholkonsum und sogar Selbstmord. Und eine schreckliche Ironie ist, dass die Forschung zeigt, dass Überarbeitung nicht zu höherer Produktivität oder besserer Leistung führt. Überlastete Mitarbeiter sind in der Regel kränker, unglücklicher und weniger produktiv, und sie melden mehr Fehlzeiten. Langfristig können sie die Unternehmen sogar teurer zu stehen kommen.[6]

Sich von zerstörerischen Gewohnheiten befreien

Wenn wir also unsere Auslöser, Reaktionen und ungesunden Verhaltensmuster kennen und vielleicht sogar ein wenig Einsicht in die Themen haben, die unsere Ängste auslösen, was soll der ängstliche Mensch dann tun? Wie können wir uns von unseren destruktiven Gewohnheiten befreien und sie durch Gewohnheiten ersetzen, die uns helfen, erfolgreich zu sein? Kurz gesagt, wie können wir besser werden?

Ein Ansatz, der sich besonders gut für vielbeschäftigte Führungskräfte eignet, besteht darin, Angst als eine Gewohnheit zu betrachten, die ersetzt werden kann.

Judson Brewer ist Neurowissenschaftler und Experte für die Wissenschaft der Sucht, der Gewohnheitsänderung und der Achtsamkeit. Dr. Jud, wie er genannt wird, erklärte mir, wie wir die eingebaute Feedbackschleife der Gewohnheitsbildung nutzen können, um uns von einer ungesunden Gewohnheit zu befreien.

Gewohnheiten, ob gut oder schlecht, entstehen in einem dreistufigen Prozess, erklärt Dr. Jud: Auslöser, Verhalten, Belohnung. Oft ist der Auslöser ein unangenehmer Gedanke oder ein unangenehmes Gefühl, das uns zu einer bestimmten Verhaltensweise veranlasst, um die Belohnung zu erhalten, die uns von dem Auslöser ablenkt. »Wenn etwas unangenehm ist, sagt unser Gehirn: ›Oh, das ist unangenehm. Lass uns das so schnell wie möglich aus der Welt schaffen«. Nehmen wir das Beispiel der Unsicherheit. »Wenn Ungewissheit herrscht, werden wir ängstlich und fangen an, an dem Juckreiz zu kratzen, der uns sagt: ›*Tu* etwas‹«, schreibt er.[7] Dieses Etwas könnte eine beliebige Anzahl von Verhaltensweisen sein – Stressessen, Scrollen in den sozialen Medien, Sport, Trinken, Netflix schauen, Überarbeitung – und die Belohnung ist, dass wir die Ungewissheit nicht spüren, während wir das Verhalten ausführen. Der Prozess sieht folgendermaßen aus:

Auslöser: Ungewissheit

Verhalten: Einen Keks essen

Belohnung: Vermeidung von/Ablenkung von Unsicherheit

Das Gehirn hat nun die Ablenkung von der Ungewissheit (die Belohnung) mit dem Essen (dem Verhalten) verknüpft, und je mehr Sie sich auf das Verhalten einlassen, um die Belohnung zu erhalten, desto mehr verstärken Sie diese neuronale Verbindung.

Besonders wichtig ist, dass nicht der *Auslöser* für die Entstehung der Gewohnheit verantwortlich ist, sondern die *Belohnung*, die dies bewirkt. »Deshalb nennt man es auch belohnungsbasiertes Lernen«, so Dr. Jud. »Wenn etwas belohnend ist, werden wir es wiederholen. Wenn es sich nicht lohnt, werden wir es nicht mehr tun.«

Das Problem ist, dass die Wirkung der Belohnung nicht anhält und man das Verhalten wiederholen muss, um sie erneut zu erleben. Das Ergebnis ist, dass das

Gehirn in einer – wie Dr. Jud es nennt – Angstgewohnheitsschleife stecken bleibt, die sich selbst verstärkt. Und wenn die Belohnung nachteilige Folgen nach sich zieht und wir trotzdem weitermachen, ist aus der einstigen schlechten Gewohnheit eine Sucht geworden.

Es ist leicht, diese Dynamik in den gewohnheitsmäßigen mentalen Reaktionen auf die Angst zu erkennen, wie beispielsweise Sorgen oder Grübeln: die endlose Schleife von »was wäre wenn« und »wenn nur« oder unsere ewigen To-Do-Listen. Nun fragen Sie sich vielleicht, wie Sorgen oder Grübeln zu einer Belohnung führen. Die Antwort geht auf unseren tief verwurzelten Wunsch zurück, negative und unangenehme Erfahrungen zu vermeiden, die das Gehirn als Bedrohung interpretiert. Falls wir also ängstlich werden und das Gehirn sagt: »Tu etwas!«, ist das resultierende Verhalten die Sorge. Die Sorge lenkt uns von dem ursprünglichen Angstauslöser ab und fühlt sich viel besser an, als nichts zu tun. Das ist die Belohnung, nach der das Gehirn sucht. Sorgen und Grübeln geben uns das Gefühl, dass wir eine Situation unter Kontrolle haben oder dass wir Probleme lösen, indem wir planen.

In Wirklichkeit, so Dr. Jud, verengt sich unser Blickfeld, wenn wir uns Sorgen machen, unsere Kreativität nimmt ab, und die Planungsfunktion unseres Gehirns ist beeinträchtigt. Wenn wir in diesem Zustand dennoch eine Lösung für ein Problem finden, verwechselt unser Gehirn die Korrelation mit der Ursache. Mit anderen Worten: Es nimmt an, dass die Sorge die Lösung hervorgebracht hat, obwohl es sich in Wirklichkeit nur um einen Zufall handelt.

Warum leben wir unsere Ängste auf gewohnheitsmäßige Art und Weise aus, die schlecht für uns ist? Einem anderen Gewohnheitsexperten, Charles Duhigg, zufolge »hasst unser Gehirn Spannung«. Angst macht uns angespannt, ebenso wie Sorgen, und so sucht unser Gehirn nach *jeder* Art von Spannungsabbau. Am Arbeitsplatz leben wir unsere Angst oft aus, indem wir zu viel arbeiten, Mikromanagement betreiben oder endlose Stunden damit verbringen, einen Vorschlag oder einen Bericht zu perfektionieren … alles, um die Spannung der Angst zu vermeiden.

Denken Sie aber daran, dass es sehr wertvoll ist, sich auf das einzulassen, was Ihnen Ihre Angst sagen will. Ängste sind Daten.

Wenn auch nur der Gedanke daran, etwas gegen Ihre Angst zu unternehmen, Sie ängstlich macht, hat Dr. Jud eine beruhigende Nachricht für Sie. Wir alle haben eine angeborene Fähigkeit – er nennt sie eine Superkraft –, um schlechte Gewohnheiten zu durchbrechen und Ängste zu überwinden. Diese Fähigkeit ist die Neugier.

»Neugier kann uns in vielerlei Hinsicht helfen und lässt uns sogar erkennen, wenn wir zum Beispiel in Perfektionismus verfallen oder uns Sorgen machen«, so Dr. Jud. »Wir können uns in diesem Moment fragen: Was fühlt sich besser an: sich Sorgen zu machen oder neugierig zu sein und diese Gewohnheitsschleife zu durchbrechen?« Für die meisten von uns fühlt es sich viel besser an, offen und neugierig zu sein als ängstlich und besorgt. Wollen wir also die Gewohnheitsschleife der Angst aufrechterhalten, oder wollen wir innehalten, wenn diese ängstlichen Gefühle aufkommen, und neugierig auf unsere eigenen Erfahrungen werden?

Wenn Sie sich ängstlich fühlen, werden Sie neugierig und machen Sie sich ein Bild von Ihrer Angstschleife:

Auslöser: Ängste

Verhalten: Besorgnis

Belohnung: Vermeidung/Ablenkung von Ängsten

Der nächste Schritt, so Dr. Jud, besteht darin, sich zu fragen, was das Verhalten bei Ihnen bewirkt. Bleiben Sie nicht bei einer intellektuellen Antwort stehen, sondern tauchen Sie in Ihr direktes Erleben ein und beschreiben Sie genau, wie es sich anfühlt, körperlich und geistig von Sorgen geplagt zu sein. Für die meisten Menschen ist die Sorge eine sehr unangenehme Erfahrung. Aber sie ist eine so tief verwurzelte Gewohnheit, dass wir sie so oft für einen Zustand halten, der der Angst vorzuziehen ist, dass wir die Wahrheit unserer Erfahrung vielleicht gar nicht erkennen, wenn wir nicht innehalten und neugierig werden.

»Der einzige Weg, eine Gewohnheit zu ändern, besteht darin, sehr deutlich zu sehen, wie lohnend sie tatsächlich ist oder nicht«, sagte Dr. Jud. »Unser Gehirn mag denken: ›Oh, Sorgen werden mir helfen, Dinge zu erledigen oder Probleme zu lösen‹. Aber wenn wir genauer hinsehen und uns fragen: ›Ist das wahr?‹, erkennen wir, dass es uns nicht dabei hilft, Probleme zu lösen. Was wir wissen, ist, dass Sorgen uns ausbrennen. Dadurch fühlen wir uns noch ängstlicher. Und das führt zu noch mehr Ängsten.« Wenn wir aber unsere Sorgen mit Neugier betrachten, so Dr. Jud weiter, können wir erkennen, ob wir wirklich eine Belohnung für unsere Gewohnheit des Sorgens erhalten oder ob wir uns selbst einen schlechten Dienst erweisen und unsere Angst negativ verstärken.

Das Besondere und Hilfreiche an Dr. Juds Ansatz ist, dass die Angstauslöser eigentlich »der unwichtigste Teil der Gleichung« sind. Anstatt also unsere Zeit mit dem vergeblichen Versuch zu verschwenden, unsere Auslöser zu vermeiden oder zu kontrollieren, sollten wir unsere Bemühungen besser darauf verwenden, den

Belohnungsanteil der Gewohnheitsschleife der Angst zu untersuchen. Wenn es an der Zeit ist, eine negative Gewohnheit durch eine positive zu ersetzen, sollten Sie sicherstellen, dass die neue, gesunde Gewohnheit mit einer Belohnung einhergeht, die einen ähnlichen Nutzen bietet.

Wenn ich zum Beispiel die schlechte Angewohnheit, schwierigen Arbeitsaufgaben auszuweichen, abstellen möchte, kann ich sie in der Feedbackschleife zur Gewohnheitsbildung identifizieren und dann gesunde, produktive Gegenmaßnahmen finden:

Ungesunde Gewohnheit

> **Auslöser:** Diese Aufgabe ist so komplex, dass ich sie nie zu Ende bringen werde.
>
> **Antwort:** Ich kann noch nicht einmal darüber nachdenken. (Ausweichmanöver)
>
> **Belohnung:** Ich spüre den Stress nicht, der mit der bevorstehenden Abgabe verbunden ist.

Gesunde Gewohnheit

> **Auslöser:** Diese Aufgabe ist so komplex, dass ich sie nie zu Ende bringen werde.
>
> **Antwort:** Ich werde die Aufgabe in Mikroziele aufteilen und *eines* davon erfüllen. (Aktion)
>
> **Belohnung:** Ich gönne mir zehn Minuten auf dem Massagestuhl.
>
> Wiederholen Sie das.

Haben Sie Spaß daran, sich selbst zu belohnen. Die Belohnung kann alles sein, was Sie sinnvoll und befriedigend finden – solange es positiv ist und einen ähnlichen Nutzen hat wie die schlechte Angewohnheit. Und vergessen Sie nicht, dass Sie diesen Prozess unbedingt wiederholen müssen! So etablieren Sie eine neue gesunde Gewohnheit. Wenn Sie wissen möchten, wie Sie dies in Ihrem Beruf umsetzen können, lesen Sie die nachfolgende Übung.

Durchbrechen Sie eine schlechte Angewohnheit und machen Sie Fortschritte bei der Arbeit

Diese Übung basiert auf der Methode von Dr. Jud zur Identifizierung und »Auflösung« von Angstgewohnheitsschleifen, aber wir werden noch einen Schritt weiter gehen und sehen, wie die Unterbrechung einer Angstgewohnheitsschleife unsere Leistung bei der Arbeit verbessern kann. Ich gebe Ihnen ein Beispiel für den Anfang, und Sie können im Folgenden Ihre eigene Angstgewohnheitsschleife identifizieren.

Schritt 1: Identifizieren Sie eine Angstgewohnheitsschleife, die Ihre Leistung beeinträchtigt.
Auslöser: Ihr Chef bittet um einen detaillierten Statusbericht über das Projekt Ihres Teams.
Verhalten: Die Arbeit hinauszögern.
Belohnen Sie sich: Die Angst wird verdrängt.

Schritt 2: Untersuchen Sie das Verhalten mit Neugier
Sie prokrastinieren aus einem bestimmten Grund – welcher ist es? Fragen Sie sich: Was ist die Belohnung, die ich durch das Aufschieben erhalte? Ist es das, was ich wirklich tun möchte? Wenn ich weiter aufschiebe, was ist das Ergebnis? Wie fühle ich mich dann in meinem Körper? In meinem Geist?

Schritt 3: Schaffen Sie eine neue Verhaltensweise, die den Kreislauf der Angstgewohnheiten unterbricht und den Auslöser direkt angeht
Wenn Sie neugierig werden und erkennen, dass Ihre Prokrastination eine ängstliche Reaktion auf den Stress ist, den Sie empfinden, wenn Ihr Chef Sie um ein Update bittet, können Sie Ihre gewohnheitsmäßige Reaktion auffrischen, indem Sie eine kleine, sinnvolle Handlung finden, um den Stress zu verringern, der durch den Auslöser entstanden ist.
Auslöser: Ihr Chef bittet um einen detaillierten Statusbericht über das Projekt Ihres Teams.

Neues Verhalten: Schreiben Sie einen ersten Satz im Bericht. (Kleine, sinnvolle Aktion)
Neue Belohnung: Sie haben weniger Angst *und* machen Fortschritte im Bericht.

Wenn Sie weiterhin mit diesem Verhalten auf den Auslöser reagieren, schaffen Sie eine neue produktive Gewohnheit *und* der Bericht wird erledigt.

Jetzt sind Sie an der Reihe.

Schritt 1: Identifizieren Sie eine Gewohnheitsschleife der Angst, die Ihre Leistung bei der Arbeit beeinträchtigt.
Auslöser: ________________________
Verhalten: ________________________
Belohnung: ________________________

Schritt 2: Betrachten Sie das Verhalten mit Neugier
Fragen Sie sich: Was ist die Belohnung, die ich durch dieses Verhalten erhalte? Ist es das, was ich wirklich will? Wenn ich dieses Verhalten fortsetze, was ist das Ergebnis? Wie fühle ich mich dann in meinem Körper? In meinem Geist?

Schritt 3: Schaffen Sie eine neue Verhaltensweise, die den Kreislauf der Angstgewohnheiten unterbricht und den Auslöser direkt angeht
Was ist eine kleine, sinnvolle Handlung, die den Stress, der durch den Auslöser entstanden ist, verringert und Ihnen hilft, Ihre Arbeit zu erledigen?
Auslöser: ____
Neues Verhalten: ________________ (Kleine, sinnvolle Handlung)
Neue Belohnung: Weniger Angst empfinden *und* ____________

Achtsamkeit ist der Schlüssel

Sie müssen in der Lage sein, in aller Ruhe und Klarheit Ihre Auslöser sowie die ungesunden Reaktionen zu erkennen, die Sie ändern wollen. Hier kommt die Achtsamkeit ins Spiel.

Achtsamkeit ist die Praxis, die Aufmerksamkeit auf den gegenwärtigen Moment zu richten, was auch immer es sein mag, ohne zu urteilen oder zu interpretieren. Es geht darum, sich in dem zu verankern, was gerade geschieht, indem man sich seiner Körperempfindungen, Gedanken und Gefühle ruhig bewusst wird. Die meisten von uns stellen fest, dass in dem Moment, in dem wir uns erlauben, still und ruhig zu werden, sich unser Geist mit tausend zufälligen Gedanken zu füllen scheint.

Im Buddhismus nennt man das den Affengeist, der ständig von einem Gedanken zum nächsten springt. Vor allem ängstliche Menschen neigen dazu, in ihren Erinnerungen über vergangene Fehler oder Bedauern nachzugrübeln, während die Gedanken, die nach vorne gerichtet sind, aus dem Sorgen über all die Dinge bestehen, die schiefgehen könnten.

Achtsamkeit zeigt uns einen Weg durch den mentalen Strudel. Sie hilft uns innezuhalten, bevor wir auf eine schlechte Gewohnheit oder ein Sicherheitsverhalten reagieren. Sie müssen nicht in einem Zustand verharren, in dem Ihre Angst aufgewühlt, Ihre Gedanken zerstreut und Ihr Fokus fragmentiert ist. Und die gute Nachricht ist, dass Sie nicht stundenlang am Tag meditieren müssen, um dieses Ziel zu erreichen, und dass Sie auch kein ausgeklügeltes Meditationsritual erlernen müssen. »Achtsamkeit ist nicht schwer«, sagte die Meditationsexpertin Sharon Salzberg. »Wir müssen uns nur daran erinnern, es zu tun.«[8]

Achtsamkeit kann eine akute Angsterfahrung lindern, indem sie die Kampf-, Flucht- oder Erstarrungsreaktion beruhigt, aber sie wird wirklich lebensverändernd, wenn man sie zu einer gesunden Gewohnheit macht und täglich praktiziert. Eine regelmäßige Achtsamkeitspraxis verringert nachweislich Stress, Angst und Depressionen, verbessert die Fähigkeit, Emotionen zu regulieren, fördert eine schnellere Genesung von Krankheiten und eine bessere Gesundheit insgesamt, verbessert die Konzentration und verlängert die Aufmerksamkeitsspanne, verbessert den Schlaf, verbessert die akademische und berufliche Leistung und verringert sogar die Burnout- und Fluktuationsrate am Arbeitsplatz.[9] Achtsamkeit ist ein unverzichtbares Element im Werkzeugkasten des ängstlichen Menschen.

Hier ist eine meiner Lieblingsübungen zur Einführung in die Achtsamkeit. Sie brauchen nicht mehr als ein paar Minuten, um sie auszuprobieren.

1. **Suchen Sie sich einen bequemen, ruhigen Sitz.** Stellen Sie Ihren Timer auf drei Minuten ein oder fünf, wenn Sie sich ehrgeizig fühlen. Dann machen Sie es sich bequem und schließen Sie die Augen.

2. **Atmen Sie dreimal tief langsam ein und aus, um sich zu beruhigen.** Ich atme gerne durch die Nase ein und dann durch die zusammengepressten Lippen aus, als ob ich durch einen Strohhalm trinken würde. Dadurch verlangsamt sich automatisch die Atmung und das parasympathische Nervensystem wird aktiviert, das dem Gehirn signalisiert, dass alles in Ordnung ist.

3. **Machen Sie sich Ihre Körperempfindungen bewusst.** Lehnen Sie sich mit dem Rücken und dem Gesäß an den Stuhl und stellen Sie die Füße auf den Boden, während Ihr Atem durch die Nasenlöcher strömt und Brust und Bauch dehnt. Wenn es Spannungen oder Unbehagen gibt, versuchen Sie, diesen Bereich zu entspannen.

4. **Beginnen Sie, Ihre Gedanken wahrzunehmen.** Gehen Sie an diesen Schritt mit der Haltung eines neugierigen, freundlichen Beobachters heran: Oh, da ist ein Gedanke über x; da ist ein Gedanke über y. Betrachten Sie alle Ihre Gedanken ohne Wertung – es sind nur Gedanken. Lassen Sie sie vorbeiziehen, ohne sie zu untersuchen.

5. **Kehren Sie in die Mitte zurück.** Wenn Sie merken, dass Sie sich in einem dieser Gedanken verlieren, bringen Sie Ihr Bewusstsein sanft zurück zu einer Körperempfindung, die Sie gerade spüren. Atmen Sie tief ein und bringen Sie Ihr Bewusstsein sanft zu Ihren Gedanken zurück.

6. **Wiederholen Sie diesen Vorgang, bis die Zeit abgelaufen ist.** Schließen Sie mit einem Moment der Dankbarkeit für sich selbst – Sie haben sich an einem anstrengenden Tag Zeit genommen und dies getan!

7. **Üben, üben, üben.** Legen Sie eine Zeit fest, zu der Sie wieder üben wollen, und ziehen Sie es durch.

Nachdem Sie nun die Grundlagen kennen, können Sie die folgenden beiden Achtsamkeitstechniken ausprobieren. Die erste Technik hilft Ihnen, in jeder ängstlichen Situation ein mentales Gleichgewicht zu erlangen und aufrechtzuerhalten. Viele Menschen haben sie aber auch eingesetzt, um die schwierigen Momente beim Unterbrechen schlechter Gewohnheiten zu überstehen. Die zweite Technik hilft Ihnen, die destruktiven Gewohnheiten zu durchbrechen, mit denen Sie versuchen, mit der Angst am Arbeitsplatz fertig zu werden, und sie durch positivere Gewohnheiten zu ersetzen.

Anker fallen lassen

Für wirklich schwierige Momente der Angst, in denen Sie schnell Erleichterung brauchen, gibt es eine großartige Erdungsübung, die ich verwende und die von Russ Harris entwickelt wurde.[10] Der Name kommt von dem Bild des Abwerfens eines Ankers inmitten eines emotionalen Sturms. Der Sturm ist die schwierige, überwältigende Erfahrung, die Sie gerade durchmachen. Wenn Sie den Anker fallen lassen, erkennen Sie an, dass Sie emotional und körperlich überflutet sind, sich aber tief in Ihrer gegenwärtigen körperlichen Erfahrung verankern. Der Anker ist alles, was Ihnen im gegenwärtigen Moment helfen kann, geerdet zu bleiben.

Die Verankerung in der Empfindung Ihrer Füße auf dem Boden zum Beispiel sagt Ihrem Nervensystem, dass Sie körperlich sicher sind, und beruhigt die Amygdala, den eingebauten Bedrohungsdetektor des Gehirns. Die Verankerung hilft Ihnen zu erkennen, dass Ihre Gefühle von Ihren inneren Emotionen herrühren und nicht von einer äußeren physischen Bedrohung. Das kann zum Beispiel so aussehen:

1. **Beginnen Sie damit, sich einzugestehen, dass Sie einen schwierigen Moment erleben.** Sagen Sie sich im Stillen: »Ich bin gerade sehr, sehr aufgeregt, und das ist schwer.« Begegnen Sie sich selbst mit Freundlichkeit und ohne zu urteilen. Sie beobachten und erkennen wahrheitsgemäß an, dass es Ihnen in diesem Moment schlecht geht. Sie brauchen nicht zu bewerten, warum Sie sich in dieser Situation befinden, sondern erkennen einfach an, dass Sie sich in dieser Situation befinden und dass es wirklich schwierig ist.

2. **Als Nächstes sollten Sie sich im Hier und Jetzt verankern.** Körperliche Empfindungen funktionieren besonders gut, also stellen Sie Ihre Füße auf den Boden, drücken Sie Ihren Rücken gegen Ihren Stuhl, pressen Sie Ihre Fingerspitzen zusammen, strecken Sie Ihre Arme hoch oder wackeln Sie mit den Zehen – was auch immer Sie tun können.

3. **Beachten Sie, dass es in diesem Moment viele Schwierigkeiten gibt.** Aber es gibt auch einen Körper um diesen emotionalen Schmerz herum, einen Körper, den Sie bewegen und kontrollieren können – einen Körper, der *sicher* ist. Schauen Sie sich nun im Raum um und identifizieren Sie fünf Dinge, die Sie sehen. Werden Sie still und nehmen Sie fünf Geräusche wahr. Achten Sie auf fünf Dinge, die Sie gerade tun (zum Beispiel atmen, wahrnehmen, zuhören, sitzen und mit den Zehen in den Schuhen wackeln).

4. **Nehmen Sie wahr, dass es neben den Anblicken, Geräuschen und Handlungen auch schmerzhafte Gefühle gibt.** Kehren Sie dann wieder zur Wahrnehmung Ihrer körperlichen Empfindungen zurück.

5. **Wiederholen Sie den Vorgang.** Erkennen Sie die schmerzhaften Gefühle an und nehmen Sie dann die körperlichen Empfindungen wahr, bis Sie sich geerdet fühlen, weniger von dem emotionalen Sturm mitgerissen werden und mehr in der Gegenwart verweilen.

Das Ziel des Ankerwerfens ist nicht, Sie von schmerzhaften Gefühlen abzulenken, sondern Ihnen zu helfen, präsent zu sein und die Kontrolle zurückzugewinnen. Die Übung lässt den Sturm nicht verschwinden – sie hält Sie fest, bis der Sturm vorbei ist. Wenn Sie die Übung ausreichend oft praktizieren, wird sie Ihnen zeigen, dass Sie nicht jedem emotionalen Sturm ausgeliefert sind. Sie können auch in schwierigen Momenten widerstandsfähig sein.

Verbinden von Gewohnheiten

Diese vom Gewohnheitsexperten B. J. Fogg entwickelte und vom Gewohnheitsforscher James Clear als »Habit-Stacking« bezeichnete Übung ist eine der effektivsten Methoden zum Aufbau einer neuen positiven Gewohnheit. Sie funktioniert, indem man die gewünschte Gewohnheit mit einer bereits vorhandenen Gewohnheit kombiniert. Die Grundformel ist sehr einfach:

Nach (oder vor) der aktuellen Gewohnheit werde ich die neue Gewohnheit ausüben.

Beispiele

- Nachdem ich mir abends die Zähne geputzt habe, schalte ich mein Telefon aus.
- Bevor ich auf eine kryptische E-Mail antworte, werde ich sechzig Sekunden lang Bauchatmung machen.

Sobald Sie die Grundtechnik beherrschen, können Sie komplexere Verhaltensweisen einbauen oder neue Gewohnheiten übernehmen, die Sie als schwieriger empfinden, wobei Sie je nach Bedarf die Sprache »wenn« verwenden:

- Nachdem ich meinen Morgenkaffee getrunken habe, verbringe ich zehn Minuten damit, meine tägliche To-Do-Liste zu schreiben.
- Vor jeder Teambesprechung werde ich zwei Minuten meditieren.
- Wenn ich den Drang verspüre, aus Stress zu essen, trinke ich ein Glas Wasser.
- Wenn ich den Drang verspüre, das Gespräch zu unterbrechen, lege ich die Hände in den Schoß und zähle leise bis dreißig.

Das Verbinden von Gewohnheiten funktioniert am besten, wenn der Hinweis sehr spezifisch ist und wenn Sie Ihre Reaktion sofort umsetzen können. Anstatt also zu versuchen, vage neue Gewohnheiten zu entwickeln, wie zum Beispiel »sich weniger ablenken zu lassen« oder »mehr Achtsamkeit zu entwickeln«, sollten Sie sich einen konkreten Hinweis und eine Aktion überlegen, die Sie sofort umsetzen können: »Wenn die Besprechung mit allen Mitarbeitern beginnt, werde ich die Telefonbenachrichtigungen deaktivieren.« »Wenn ich mich nach getaner Arbeit abmelde, werde ich meinen Arbeitsplatz aufräumen.«

Aus der Patsche helfen

Einen ehrlichen Blick auf unsere wenig hilfreichen Reaktionen auf unsere Angst zu werfen, ist harte Arbeit. Es ist beängstigend. Es erfordert, dass wir uns Dinge eingestehen, die wir an uns selbst nicht mögen und lieber ignorieren würden.

Und wenn wir uns bessern wollen, müssen wir uns unseren Angstauslösern und unseren unproduktiven Bewältigungsstrategien stellen und lernen, die schlechten Gewohnheiten, auf die wir uns stützen, loszulassen und durch gesunde Reaktionen zu ersetzen. Dies kann sich sehr verletzlich, ja sogar bedrohlich anfühlen: Es ist schwierig, die Dinge aufzugeben, an die wir uns gewöhnt haben.

Aber seid tapfer, ängstliche Leistungsträger. Wenn Sie Ihre schlechten Gewohnheiten aufgeben, schaffen Sie Platz für gesunde Gewohnheiten, die Sie voranbringen und Sie auf Ihre Werte und Ziele zusteuern lassen, anstatt dort stecken zu bleiben, wo Sie sind. Und die Tatsache, dass wir lernen *können*, unsere ängstlichen Reaktionen zu kontrollieren, ist enorm befreiend, ja sogar aufregend. Es gibt uns etwas von der Kontrolle zurück, die wir verlieren, wenn unsere Gewohnheiten überhandnehmen und unkontrollierbar werden. Es gibt uns unsere Macht zurück. Es ermöglicht uns, uns selbst als die einzigartigen Führungspersönlichkeiten zu begreifen, die wir sind, und auf höchstem Niveau und mit größter Freude zu arbeiten.

8

Perfektionismus

Im Jahr 2018 hatte ich eine Panikattacke, als ich in meiner örtlichen Stadtbücherei einen Buchvortrag begann. Ich stand am Rednerpult und bekam keine Luft mehr. Mir war übel und ich hatte das Gefühl, gleich in Ohnmacht zu fallen. Als mir klar wurde, dass ich nicht mehr sprechen konnte, rief jemand aus dem Publikum: »Ich glaube, wir sollten die 112 anrufen – sie braucht einen Krankenwagen.« Ich wusste jedoch, dass es sich um eine Panikattacke handelte. Ich war nicht körperlich krank. Mein Perfektionismus hatte mich erstarren lassen und das arme Publikum erschreckt.

Als ich die Gelegenheit hatte, darüber nachzudenken, wurde mir klar, dass der Druck, in meiner Heimatstadt aufzutreten, zu groß war. Es waren Leute, die ich vielleicht sogar kenne, und sie hatten einen Abend ihrer Zeit geopfert, um mich zu sehen, der sie sicherlich enttäuschen würde. Es war der erste Solo-Vortrag, den ich für mein Buch gehalten hatte, und ich hatte das Gefühl, dass mein vorbereitetes Material nicht gut genug war. Etwas später, als ich zu ergründen begann, warum ich mich so gezwungen fühlte, ein ganz besonderes Erlebnis zu liefern (schließlich war es eine kostenlose Veranstaltung in einer öffentlichen Kleinstadtbibliothek an einem Montagabend und nicht die Halbzeitshow des Super Bowls), dachte ich an viele ähnliche Ereignisse in meiner Vergangenheit. Meine verpfuschte Kandidatur als Schulsprecher in meinem letzten Schuljahr. Der Kurs an der Graduiertenschule, in dem mich der Professor vor dreihundert Studenten ausschimpfte. Der andere Kurs an der Graduiertenschule, in dem ich vor zweihundert Studenten etwas Unbedachtes gesagt hatte. Der Job, bei dem ich von einem grausamen Chef vor meinen Kollegen blamiert und beschuldigt wurde, eine wichtige Aufgabe »halbherzig« erledigt zu haben, und dann bei der Beförderung übergangen wurde.

Aber vor allem dachte ich an meine Kindheit. Als ich in den 1980er Jahren aufwuchs, wurden meine Schwester und ich zu vielen Abendessen mit Erwachsenen mitgenommen, und wir wurden schon früh darauf trainiert, Erwachsene zu unterhalten, wobei wir uns ihnen immer unterordneten. Im Alter von acht Jahren konnte ich am Tisch brillieren, über Bücher und aktuelle Ereignisse diskutieren und auch beim Abwasch helfen. »Ist sie nicht toll«, sagten die Erwachsenen. Und das war ich auch. Ich war etwas Besonderes, bis ich ein unbeholfener Teenager wurde, für den die chaotische Scheidung der Eltern bedeutete, dass es keine Abendessen mehr gab und der stattdessen viel Schelte dafür bekam, dass er 1,90 m groß und dick war. Mein eitler und narzisstischer Vater wollte nicht mehr, dass ich mit ihm beim Essen saß. Ich hatte das Gefühl, dass ich meinen Eltern nicht viel wert war, aber das hielt mich nicht davon ab, zu versuchen, es ihnen dennoch recht zu machen.

Viele ängstliche Leistungsträger nutzen Perfektionismus als Mittel, um unangenehme Gefühle von Scham und Kritik zu vermeiden und treiben sich selbst bis zur Überforderung an, um die unmöglichen Standards der Perfektion zu erreichen. Wenn das auf Sie zutrifft, fragen Sie sich selbst: Ist es möglich, dass Ihr Engagement für Ihre Arbeit weniger mit Ihrem Können als mit Ihrer Angst zu tun hat?

Perfektionisten sind nie zufrieden. Aus Angst, dass das Endprodukt fehlerhaft sein könnte, überarbeiten sie sich. Oder sie vermeiden eine Aufgabe ganz, weil ihnen der Einsatz zu hoch erscheint. Auch können sie nach Abschluss einer Aufgabe zurückblicken und nichts Positives an ihrer Leistung finden. Menschen mit Perfektionismus verfolgen in einem oder mehreren Bereichen ihres Lebens selbst auferlegte hohe Standards. Das Wichtigste dabei ist, dass sie ihr Selbstwertgefühl davon abhängig machen, ob sie diese hohen Anforderungen erfüllen können.

Perfektionismus ist kompliziert, denn es kann sehr verführerisch sein, sich selbst als Perfektionist zu sehen. In unserer Kultur scheint das für wahre Meisterschaft erforderlich zu sein. Die Besten auf ihrem Gebiet werden so oft für ihre »makellosen« Leistungen und »außergewöhnlichen« Ergebnisse gelobt, oder wir bewundern ihre Entschlossenheit, nicht weniger als das Beste zu akzeptieren. Und mal ehrlich, wer würde sich das nicht wünschen? Also schwärmen wir von Schöpfern, die eine obsessive Liebe zum Detail an den Tag legen oder sich in ihrem unerbittlichen Streben nach Perfektion bis zur geistigen und körperlichen Erschöpfung treiben. Wie so viele Tricks der Ängstlichen ist auch der Perfektionismus gesellschaftlich anerkannt und kann zu Lob und Beförderungen führen. Doch Perfektionismus ist nicht das Streben nach Spitzenleistungen, sondern Angst. Es ist wichtig zu verstehen, was Ihr ständiges Streben nach Höchstleistung Sie kostet.

Und machen wir uns nichts vor: Es hat immer seinen Preis. Eine Meta-Analyse, die Daten von mehr als siebenundfünfzigtausend Menschen untersuchte, ergab, dass ein hohes Maß an Perfektionismus mit Depressionen, Angstzuständen, Essstörungen, Selbstverletzungen und Zwangsstörungen korreliert.[I] Einige Wochen nach meinem Fiasko in der Stadtbücherei wurde ich eingeladen, bei der renommierten Vortragsreihe *Talks at Google* zu präsentieren. Unsicher und voller Zweifel bestand ich darauf, dass ein Google-Mitarbeiter mich stattdessen interviewt. Vier Jahre lang konnte ich keine Keynote-Reden halten und habe es nicht einmal versucht. Ich konnte mir einfach nicht vorstellen, dass ich irgendjemandem etwas für sein Geld bieten könnte, wenn es nur mich und die Bühne (oder den Bildschirm) gibt. Das nenne ich Vermeiden! Mein Widerwille, Reden zu halten, kostete mich Honorare und unschätzbare Networking-Möglichkeiten, bis ich herausfand, wie ich meine Angst überwinden konnte.

Wenn ich mich dann doch zu einer Rede entschließe, macht mein Perfektionismus die Vorbereitung sowie die Nachbereitung zur Qual. Die Rede nimmt mein Leben in Beschlag, und ich bin besessen davon, alles richtig zu machen. Nach der Rede mache ich mir Sorgen, dass ich die Zeit der Leute verschwendet habe und dass sie es bereuen, mich eingeladen zu haben. Lieber verschwinde ich ganz, als dass ich ein nicht ganz perfektes Produkt herausbringe. Das gilt für das Kochen des Erntedankfestessens genauso wie für das Schreiben, so dass der Weg zur Schöpfung anstrengend und steinig ist. Und manchmal kommt es einfach nicht dazu. Ich verpasse Gelegenheiten, etwas mit anderen zu teilen, Menschen zu erreichen und Geld zu verdienen, weil ich Angst habe, dass ich kein perfektes Erlebnis liefern kann.

Natürlich ist es äußerst wichtig, die Irrtümer des Perfektionismus zu entlarven. Thomas Greenspon, ein Experte auf diesem Gebiet und selbst ein genesener Perfektionist, sagte mir, dass die meisten Perfektionisten zwar gewissenhaft, fleißig und talentiert sind, aber »wenn man den Perfektionismus vollständig beseitigen könnte, würde sich keine dieser persönlichen Eigenschaften ändern, und eine große Last würde von ihnen genommen.« Mit anderen Worten: Wenn Ihr Perfektionismus irgendwie verschwinden würde, wären Sie immer noch ein gewissenhafter, fleißiger und talentierter Leistungsträger, *aber ohne die damit einhergehende Angst.* »Wie ein Flugzeugflügel hat der Perfektionismus eine Vorder- und eine Hinterseite«, so Greenspon. »Die Vorderseite ist der Wunsch, gut zu sein, die Ausdauer, die gewissenhafte Anstrengung und die anderen Eigenschaften derjenigen, für die großer Erfolg ein Ziel ist. Die Kehrseite ist die intensive Angst und alle damit verbundenen Verhaltensweisen, die aus der Angst vor dem Versagen resultieren. Wenn Sie die Angst vor der Perfektion loslassen, werden Sie nicht weniger geschickt oder erfolgreich sein. Sie verlieren nur die negativen Folgen der Angst.

Halten Sie inne und stellen Sie sich diese Möglichkeit vor. Können Sie sich ein Leben vorstellen, in dem Sie dasselbe hohe Niveau erreichen wie jetzt, aber ohne all die Ängste, den Stress und die Sorgen, die mit Perfektionismus einhergehen? Wie wäre es mit der Möglichkeit, noch mehr zu erreichen und ein freudigeres, erfüllteres Leben zu führen? Ohne all die Ängste und negativen Folgen, die entstehen, wenn Sie sich an einen Standard halten, der buchstäblich unmöglich zu erreichen ist, könnten Sie Ihre Kreativität freisetzen und Ihren Antrieb – und Ihre Freude – auf eine völlig neue Art und Weise entfalten.

Die Wurzeln des Perfektionismus

»Perfektionismus ist ein Symptom für etwas«, sagte mir Greenspon. »Es ist nicht die Krankheit.« Im Kern geht es beim Perfektionismus um Angst: Man hat Angst zu versagen oder Angst, dass ein Fehler bedeutet, dass mit einem etwas nicht stimmt. »Perfektionismus ist mehr als nur der Zwang, sein Bestes zu geben, um ein Ziel zu erreichen; er ist Ausdruck eines von Ängsten geprägten inneren Selbst.«[2]

Greenspon zufolge sind die erfolgreichsten Menschen in Wirklichkeit *weniger* perfektionistisch, denn Perfektionismus kann dazu führen, dass man von Zweifeln und Unentschlossenheit überwältigt wird und es schwierig wird, eine Aufgabe zu Ende zu bringen. In einigen Fällen führt Perfektionismus zu einem tief entmutigenden Zustand des Rückzugs und der Leistungsschwäche. In anderen Fällen kann die Unfähigkeit, unrealistische Standards zu erfüllen, den Perfektionisten zur Überforderung und in den Burnout treiben, während er versucht, das Selbstwertgefühl zu erreichen, das ihm fehlt, oder die zugrunde liegende Angst zu lindern, dass er so, wie er ist, nicht akzeptabel ist. Sowohl Leistungsschwache als auch Zuvielleistende haben im Kern ihres Perfektionismus Angst und einen Mangel an Selbstwertgefühl.

Laut den renommierten Perfektionismus-Forschern Paul Hewitt, Gordon Flett und Samuel Mikail »liegt das Hauptaugenmerk der meisten Perfektionisten auf dem Bedürfnis, sich selbst zu vervollkommnen und Aspekte von sich selbst zu korrigieren oder zu verbergen, die sie als unvollkommen ansehen.«[3] Ich würde »unvollkommen« durch »mangelhaft« oder »gescheitert« ersetzen. Was treibt Ihren Perfektionismus an? Geht es darum, Ihren Wert für andere zu beweisen? Geht es darum, Gefühle von Scham oder Verurteilung zu vermeiden? Während Sie vielleicht versuchen, einen Chef zu beeindrucken, der Sie zu beurteilen scheint, beweisen wir uns oft unseren Eltern, die vielleicht noch in unserem Leben präsent sind, oder einem verinnerlichten Kritiker, dem wir erlerntermaßen vor allen anderen zuhören.

Perfektionismus ist spröde und unflexibel. Es geht nicht darum, zu wachsen oder besser zu werden. Es geht darum, sich um jeden Preis abzusichern und auf etwas zu stürzen, das schlechte Gefühle vermeiden hilft. Er hat viel mit defensivem Pessimismus gemeinsam. Defensiver Pessimismus ist ein Denkmuster, bei dem man sich schlechte Ereignisse wegwünscht: *Wenn ich mich nur genug anstrenge, werde ich nicht gefeuert werden.* Perfektionismus ist eine ähnliche Denkweise: *Wenn ich nur hart genug arbeite, werden keine schlechten Dinge passieren.* Wir arbeiten hart genug, um perfekt zu sein (was immer »perfekt« für uns bedeutet) und um zu beweisen, dass wir würdig, gut, ausreichend oder Herr der Lage sind.

Die Unternehmerin und Mitbegründerin eines Start-ups, Sehreen Noor Ali, hatte ein Aha-Erlebnis, als sie feststellte, dass ihre ältere Tochter genau wie sie eine Perfektionistin wurde. Die Erkenntnis kam, als ihre Tochter ein Glas Wasser verschüttete und in Panik geriet, weil sie eine Reaktion erwartete. »Sie saß wie versteinert vor mir«, beklagt Noor Ali. »Ich sah, wie sie das Bedürfnis hatte, für alle perfekt zu sein, so wie ich das Bedürfnis habe, für alle perfekt zu sein.« Doch gemeinsam und mit Hilfe eines Therapeuten korrigierte die Familie ihren Kurs. »Wir haben so große, große Fortschritte gemacht, und um ehrlich zu sein, bin ich verdammt stolz«, sagt Noor Ali. »Wir haben eine Kultur des Fehlermachens in der Familie verankert, und jetzt sagt mein Vierjähriger: ›Wir machen alle Fehler! Wir alle machen Fehler!‹ Ich bin auch dabei, viele Dinge radikaler zu akzeptieren, und habe die [negativen] Selbstgespräche drastisch reduziert. Die haben mir nämlich nicht geholfen und sogar zur Selbstsabotage geführt.«

Es müssen nicht Ihre Eltern gewesen sein, die Ihnen das Bedürfnis nach Perfektion eingeimpft haben. Es könnte ein Trainer, ein Lehrer, ein Mentor oder ein Vorgesetzter gewesen sein. Wenn Sie sich als perfektionistisch erleben, können sich diese früheren Personen zeigen, die Ihnen die wenig hilfreichen Botschaften übermitteln.

Mit der Gewohnheit des Perfektionismus brechen

Wie viele andere Ängste kann auch der Perfektionismus zu einer bequemen Gewohnheit werden. Weil wir uns seit unserer Kindheit daran gewöhnt haben, fühlen sich die Selbstgespräche, die unseren Perfektionismus antreiben, wie ein Aberglaube oder ein unverzichtbares Ritual an. Wie Noor Ali sagt: »Unsere Selbstgespräche werden wie ein alter Freund, den man vielleicht schon vor einer Weile hätte loswerden sollen.«

Angst ist eine Gewohnheit und in gewisser Weise eine Zuflucht – und damit unser ständiger Begleiter. Wenn Sie zum Beispiel Angst vor dem Fliegen haben, sind Sie irgendwie davon überzeugt, dass Ihre Angst das Flugzeug in der Luft hält. Also werden Sie das nicht aufgeben. Bei Perfektionisten sagt das Selbstgespräch: »Wenn du nur hart genug arbeitest, kannst du nicht versagen«.

Wie kann man beginnen, diesen alten Freund loszulassen? Es beginnt damit, dass man seine negativen Selbstgespräche isoliert und anhört. Der Teil von uns, von dem immer erwartet wurde, dass er der Beste ist, dass er etwas Besonderes ist, kann den Teil, der vielleicht nicht so hervorragend ist, entrüstet zurückweisen. »Wie kannst du *es wagen,* nicht perfekt zu sein?«, sagt das Selbst zu sich selbst. »Wenn wir uns selbst beurteilen und angreifen, übernehmen wir die Rolle des Kritikers und des Kritisierten«, sagt Kristin Neff, Expertin für Selbstempathie.[4]

Sobald Sie sich jedoch bewusst sind, wie Ihr perfektionistisches Ich mit Ihrem wirklichen Ich spricht, verliert der Drang zum Perfektionismus allmählich seinen Glanz. Sie können anfangen, ein gesundes Streben nach Spitzenleistungen von einem endlosen Streben nach unrealistischen Erwartungen zu unterscheiden.

Perfektionismus ist eine über Jahrzehnte erlernte Gewohnheit. »Es steht emotional sehr viel auf dem Spiel, und Perfektionismus ist ein Schutzmechanismus«, so Greenspon. »Die Überwindung des Perfektionismus ist ein Genesungsprozess.« Ihr Perfektionismus, Ihr alter Freund, wird nicht über Nacht verschwinden, und Übungen allein werden ihn nicht lindern. Mein Ziel ist es also, Sie auf den Weg der Besserung zu bringen, indem ich Ihnen drei neue Denkweisen vorschlage.

Die Motivation finden

Wie bei jeder ungesunden Angewohnheit ist es hilfreich, sich erst einmal richtig motiviert zu fühlen, bevor man seinen Perfektionismus in Angriff nimmt. Ich finde diese Frage sehr hilfreich: Was lassen Sie sich entgehen, weil Sie Angst haben, nicht perfekt zu sein?

Bevor Sie noch mehr negative Selbstgespräche führen (»Wenn ich nicht so ein Perfektionist wäre, wäre ich netter und mehr Leute würden mich mögen und ich wäre kein einsamer Verlierer«), versuchen Sie, die Möglichkeiten einzugrenzen.

Zum Beispiel hielt mich meine Angst, mich für öffentliche Reden zu schämen, davon ab, mich für einen TED-Vortrag zu bewerben. Jahrelang habe ich mich bei jedem, der es hören wollte, über TED lustig gemacht. Ich habe sogar einen Artikel darüber geschrieben, wie überbewertet TED-Talks sind. Aber in Wahrheit wollte ich unbedingt einen halten, weil ich wusste, dass sie Rednern und Autoren Glaubwürdigkeit verleihen und einem helfen, die nächste Stufe in der Rednerkarriere zu erreichen. Voilà, da war meine Motivation. Mir wurde auch klar, dass ich dieses Niveau nie erreichen würde, wenn ich ein Perfektionist wäre, also bewarb ich mich für sieben verschiedene TED- und TEDx-Reden. Ich erhielt von allen eine Absage. Das tat weh, aber ehrlich gesagt, schämte ich mich nicht. Es fühlte sich wie ein Ehrenzeichen an; es wurde zu einer Pointe für mich.

Und dann bekam ich eines Tages eine E-Mail vom TED-Team, das mich bat, einen Vortrag zu halten. Es stellte sich heraus, dass sie meine Beiträge gesehen hatten und sie ihnen gefielen, auch wenn sie sie damals abgelehnt hatten. Wenn ich nicht die Motivation gefunden hätte, »diesen alten Freund loszuwerden«, wie Noor Ali es ausdrückte, hätte ich meine Chance auf einen begehrten TED-Spot verpasst, der mir viele Türen öffnete. Was ist also *Ihre* Motivation? Was verpassen Sie, weil Sie Angst haben, nicht perfekt zu sein? Identifizieren und benennen Sie diese Erfahrung, und Sie haben Ihre Motivation gefunden.

Isolieren Sie Ihren inneren Kritiker

Sie wären kein Perfektionist ohne die Gedankenfallen, die Sie dort festhalten. Viele Perfektionisten haben Widerhaken, die wir uns selbst gerne ins eigene Fleisch schlagen. Unsere inneren Kritiker wissen genau, welche Knöpfe sie drücken müssen. Hier sind einige Beispiele für perfektionistische Selbstgespräche, die ich immer wieder höre:

- **Gedankenlesen**: Wenn ich nicht 110 Prozent gebe, wird mein Chef jemanden finden, der es tut. Sie werden mich einfach feuern.
- **Gedankenlesen**: Meine Eltern haben viel aufgegeben, um mich auf hervorragende Schulen zu schicken und mich auf eine erfolgreiche Karriere vorzubereiten. Ich kann sie nicht im Stich lassen.

- **Etikettierung:** Der Tippfehler in meinem Artikel war kein Flüchtigkeitsfehler. Er ist passiert, weil ich faul bin und mir nicht genug Zeit für das Korrekturlesen genommen habe.

- **Etikettierung:** Ich kann nicht mittelmäßig sein. Das ist nicht das, was ich bin.

- **Vermeidung:** Ich werde nie in der Lage sein, ein gutes Buch zu schreiben, also werde ich es nicht einmal versuchen.

- **Etikettierung:** Laura ist beliebt und perfekt und wurde vor mir befördert. Wenn ich mehr Follower auf LinkedIn hätte und mich besser kleiden würde, wäre ich auch Direktorin.

- **Katastrophisieren:** Ich verdiene nicht, was ich habe. Ich muss mich mehr anstrengen, wenn ich es behalten will.

- **Sollte-Aussagen:** Wenn ich heute Mittag nicht laufe, gerate ich aus der Form … also sollte ich gehen, auch wenn mein Knie schmerzt.

Welche Stimme spricht diese Zeilen in Ihrem Kopf? Ist es eine bestimmte Person? Sind es Sie selbst? Können Sie sich einen Moment Zeit nehmen, um das nächste Mal darauf zu achten, wenn Sie sich automatisch mit einer Rechtfertigung für Ihr Handeln einmischen?

Achten Sie auf die Worte, die Sie immer wieder verwenden – über sich selbst und über andere. Manche Perfektionisten haben den Ruf, strenge Zuchtmeister zu sein. Das kommt von ihrem inneren Kritiker, der sagt: »Wenn ich perfekt sein muss und du unter meiner Aufsicht stehst, solltest du besser auch perfekt sein.«

Wie fühlen Sie sich, wenn Ihr innerer Kritiker die Oberhand gewinnt? Welche Gefühle gehen ihm voraus? Sie könnten zum Beispiel feststellen, dass Sie dazu neigen, sich ängstlich zu fühlen, kurz bevor Ihr innerer Kritiker Ihnen sagt, dass Sie die ganze Nacht an einer Präsentation arbeiten sollten. Was macht Sie ängstlich? Was könnte helfen, die Angst in diesem Moment zu lindern?

Eine weitere häufige Denkfalle für Perfektionisten ist das Bestreben, es jedem recht zu machen. Haben Sie sich je dabei ertappt, wie Sie sich verrenken, um jemandem zu helfen, der die Hilfe eigentlich gar nicht nötig hatte? Vielleicht verlangt Ihr innerer Kritiker, dass Sie alle auf Ihre Kosten glücklich machen. Wenn Ihr Kritiker Sie demnächst zum millionsten Male auffordert, den Konferenztisch nach einer Mittagssitzung aufzuräumen, obwohl das eigentlich gar nicht Ihre Aufgabe ist, sagen Sie ihm, er soll still sein!

Für mich beginnt die Suche nach einem anderen Blickwinkel damit, dass ich die negativen Selbstgespräche wahrnehme und dann zur Ruhe komme. Achten Sie darauf, wann Sie kritisch sind. Was sind Ihre Standardsätze für Selbstgespräche? Was löst sie aus?

Sobald Sie die Themen und Gemeinsamkeiten in Ihrer Selbstkritik erkennen, können Sie sie vielleicht direkt ansprechen. Ein einfacher Anfang: Sprechen Sie sich selbst in der dritten Person an, und zwar laut. Hier kommt die Übung der Selbstempathie ins Spiel, und es ist eine wunderbare Fähigkeit, die man lernen kann.

Selbstempathie bedeutet, auf bewusste Weise freundlich zu sich selbst zu sein, anstatt sich auf Selbstkritik zu verlassen. Manchmal nenne ich das die »Herzchen-Methode«. Meine frühere Therapeutin Wilma sagte mir, es würde helfen, wenn ich mich selbst »Liebling« nenne, wenn ich mich an meinen inneren Kritiker wende. Also sage ich mir jetzt manchmal laut: »Schatz, du bist nicht faul, weil du beschlossen hast, diesen Blogbeitrag nicht zu schreiben. Du gehst strategisch vor. Deine Zeit ist wertvoll, und du musst nicht umsonst arbeiten, wenn du mit bezahlter Arbeit beschäftigt bist.« Ehrlich gesagt, das hilft.

Wenn es im Moment einfach zu schwierig ist, nett zu sich selbst zu sein, verstehe ich das. Es gibt einen anderen Weg, Ihre negativen Selbstgespräche zu beruhigen. Und Sie werden sie lieben, denn sie beinhaltet ein wenig Selbstkritik.

Ich sage das mit Liebe, aber es ist sehr egozentrisch, wenn wir in unserem Kopf feststecken und ständig über unsere Fehler nachdenken und uns darauf konzentrieren. Diese Methode zur Beruhigung der negativen Selbstgespräche spricht direkt den inhärenten Narzissmus an. Wieder einmal muss ich Wilma danken. Eines Tages, als ich ängstlich und aufgeregt war, weil ich etwas besonders gut machen wollte, sagte Wilma: »Warum musst du in allem so besonders sein? Wer hat dir das gesagt?« Ich sah sie an und sagte: »Ich war schon immer etwas Besonderes, seit ich drei Jahre alt war.« Daraufhin antwortete Wilma: »Na, wer sagt's denn?«

Wer sagt das denn? Woher habe ich die Überzeugung, dass ich etwas Besonderes sein muss und in *allem* überragend? Alice Boyes, Expertin für Angstzustände, stellt fest, dass dieser Narzissmus dem Selbstschutz dient. »Am Ende glaubt man: ›Ich habe nur dann Erfolg im Leben oder werde nur dann akzeptiert und geliebt, wenn ich hervorragend bin, wenn ich alles übertreibe‹«, erklärt sie. Aber das ist eine weitere Gedankenfalle des Perfektionismus. Die Wahrheit ist, dass »nicht in allem der Beste zu sein, keine Bedrohung für Sie ist. Es ist kein Hindernis, das zu bekommen, was Sie sich vom Leben wünschen«. Außerdem, fährt sie fort,

> *Ein Leben, in dem man in allem, was man tut, der Beste ist, macht keinen Spaß. … Es ist nicht nur nicht möglich, immer der Star zu sein, es ist auch nicht wünschenswert. Man sollte sich mit Menschen umgeben, die in anderen Dingen besser sind als man selbst. Sie sollten nicht versuchen, in allem gut zu sein, denn Sie wollen in den Dingen gut sein, die für Sie wirklich wichtig und bedeutsam sind.*

Manchmal, wenn ich mich über einen drohenden Misserfolg aufrege, sage ich mir einfach: »Was macht dich so besonders? Warum kannst du nicht ab und zu eine Zwei oder Drei schaffen?« Oder sogar: »Warum kannst du keine schlechte Arbeit machen oder einen schlechten Tag haben wie alle anderen auch?« Mich selbst daran zu erinnern, dass ich nicht besonderer bin als andere, ist nicht selbstverachtend, und es ist auch kein Weg, mir zu erlauben, nicht mein Bestes zu geben. Es ist ein Akt der Selbstempathie und ein Weg, die zugrundeliegenden narzisstischen Tendenzen, die den Perfektionismus antreiben, sanft, aber effektiv aufzudecken und anzusprechen.

Es gibt noch einen weiteren Vorteil, der leicht übersehen wird: Gewöhnlich zu sein bedeutet, dass man nicht allein ist. Wie Boyes sagte, können wir nicht 100 Prozent der Zeit der Star sein – und wer will das schon? Das kann ein einsamer und anstrengender Ort sein. Die Wahrheit ist, dass wir alle unsere Stärken und unsere Schwierigkeiten haben; wir sind alle sehr, sehr gut in einigen Dingen und auf dem Weg, uns in anderen Dingen zu verbessern. Der Trick besteht darin, unsere Grenzen mit Mitgefühl zu betrachten und unsere Fähigkeiten mit Anmut zu teilen.

Finden Sie externe Perspektiven

Und was all diese unrealistischen Standards angeht: Woher kommen die eigentlich? Es kann sein, dass Sie im Laufe der Jahre das, was Ihnen von Ihren Eltern oder einer einflussreichen Person aus Ihrer Kindheit oder Ihrem jungen Erwachsenenalter eingetrichtert wurde, in Ihr eigenes Selbst übernommen haben. Als ich mich mit meiner Mutter zusammensetzte und sie über ihre hohen Erwartungen an mich als Kind befragte, war sie schockiert. Sie glaubt, ich sei einfach so geboren worden. Wer auch immer Recht hat, es ist nicht wirklich wichtig.

Wenn es jemanden gibt, der Ihnen nahesteht und Ihre perfektionistischen Neigungen kennt, fragen Sie ihn, was er von Ihren Ansprüchen hält. Fragen Sie, wie er sich fühlen würde, wenn Sie etwas wirklich vermasseln würden. Greenspon nennt dies einen »Akt der Intimität«. Vielleicht stellen Sie fest, dass es für den anderen keine große Sache ist und dass er nie erwartet hätte, dass Sie jeden Abend bis 22 Uhr arbeiten. Wenn Sie sich die Sichtweise von Menschen, denen Sie vertrauen, zu eigen machen und Ihren inneren Kritiker beruhigen können, können Sie beginnen, sich auf eine authentischere Sichtweise der Wahrnehmungen und Erwartungen anderer einzustellen und ein neues, freundlicheres Selbstverständnis zu entwickeln.

Sie können sich auch an externe Berater wenden, die Ihnen bei bestimmten Problemen helfen, die Ihr Perfektionismus verursacht oder verschlimmert. Als ich besser verstand, wie meine Ängste meine Karriere als Rednerin behinderten, und die Motivation fand, besser in öffentlichen Reden zu werden, engagierte ich einen Coach, der mir helfen sollte. Da ich wusste, dass meine perfektionistischen Neigungen mein Urteilsvermögen trüben würden und ich nie das Gefühl haben würde, mit einer Rede wirklich fertig zu sein, habe ich diese Aufgabe im Wesentlichen an eine vertrauenswürdige Person ausgelagert, die eine objektivere, externe Perspektive bieten konnte. Wenn sie die Rede für gut hielt, musste sie ja Recht haben! Schließlich konnte ich mich selbst als Keynote-Speaker anbieten, weil ich mich nicht mehr von meinen unmöglichen Ansprüchen blockieren ließ.

Wenn Sie keinen vertrauenswürdigen Berater zur Verfügung haben, können Sie versuchen, Ihre Selbstgespräche zu externalisieren. Dies ist eine wirkungsvolle Technik, die nur Sekunden dauert. Wenn Sie sich in negativen Selbstgesprächen ertappen, formulieren Sie sie einfach so um, als ob Sie mit einer anderen Person sprechen würden. Das funktioniert am besten, wenn diese Person ein geliebter Mensch ist oder jemand, den Sie sehr schätzen. Können Sie sich überhaupt vorstellen, dass Sie Ihrem Kind, Ihrem Partner oder Ihrem Mentor gegenüber einige der Dinge sagen, die Sie sich selbst gegenüber äußern? Nein, natürlich nicht. Diese Übung macht schnell deutlich, wie schädlich unsere negativen Selbstgespräche sein können.

Wenn man ein Perfektionist ist, ist es sehr hilfreich, Einblicke in die Sichtweise anderer zu erhalten. Das könnte Ihnen helfen, Ihre perfektionistischen Gewohnheiten abzubauen. Nehmen wir an, Sie wissen, dass Sie zu lange an Ihrem ersten Entwurf für eine Präsentation arbeiten. Haben Sie schon einmal daran gedacht, einem vertrauenswürdigen Kollegen zu sagen: »So bin ich nun einmal. Ich habe die Tendenz, mich zu lange vorzubereiten, und nachdem ich zwölf Stunden damit verbracht habe, brauche ich dich, um zu sagen: »Weißt du was, ich übernehme jetzt.«

Gibt es Möglichkeiten, so in Ihrem beruflichen Umfeld zu kommunizieren, dass Ihre Mitarbeiter Sie besser verstehen? »Sie kennen mich, ich bin jemand, der sich voll ins Zeug legt und bis Mitternacht an dieser Arbeit sitzt. So bin ich nun mal, und ich möchte, dass ihr das wisst.« Wenn Sie in der Lage sind, das zu einem Mitarbeiter zu sagen, dann haben Sie bereits den ersten Schritt getan, um über sich selbst hinauszuwachsen und zu sagen: »Hey, muss ich wirklich so sein? Und übrigens, woher habe ich die Idee, dass ich so sein muss? Wie ist das zustande gekommen?« Wenn Sie diese Annahmen in Frage stellen, lockert sich ihr Griff um Sie und Sie gelangen zu einer tieferen Selbsterkenntnis.

Es kann auch einen Moment der Abrechnung geben, in dem Sie anerkennen, dass Ihr Weg nicht der beste ist und dass andere Ihre Arbeit besser machen könnten. Greenspon erinnert sich, dass er einen Teil seines eigenen Perfektionismus aufgegeben hat:

> *Als meine Verlegerin mich bat, mein erstes Buch zu schreiben, schrieb ich ein wirklich akademisches erstes Kapitel. Sie gab es mir zurück mit all diesen Kommentare in roter Tinte… und ich sagte: ›Ja, aber, und ja, aber, und ja, aber… Ich konnte sie nicht verstehen. Schließlich sagte sie zu mir etwas in der Art: ›Okay, so sieht's aus. Du hast wunderbare Ideen, die wir hoffentlich veröffentlichen können, aber wenn du jemals hoffen willst, dass diese Ideen das Licht der Welt erblicken, musst du dich an den Gedanken des Redaktionsprozesses gewöhnen.‹ Das war ein wichtiger Startpunkt in meinem eigenen Genesungsprozess.*

Überwindung des Alles-oder-Nichts-Denkens

Für die meisten Perfektionisten ist Überarbeitung eine Triebfeder. Auf diese Weise versuchen wir, perfekt zu werden. Überarbeitung kann sich wie eine Versicherungspolice gegen Misserfolg anfühlen: »Wenn ich nur hart genug an dieser Präsentation arbeite, muss der Kunde mein Produkt kaufen«. In Wirklichkeit wird der Kunde das tun, was für ihn am besten ist, ganz gleich, wie perfekt Ihre Präsentation ist.

Das Alles-oder-Nichts-Denken ist eine verbreitete Taktik der Perfektionisten. Wir denken: *Entweder ich bin der Beste oder es ist vorbei für mich.* Glücklicherweise können Sie eine Alles-oder-Nichts-Mentalität zähmen, indem Sie einige einfache Regeln aufstellen, die sogenannten Heuristiken. In der Psychologie sind Heuristiken mentale Abkürzungen, die es Ihnen ermöglichen, Probleme zu lösen und effiziente Entscheidungen zu treffen. Sie zielen darauf ab, das Grübeln zu umgehen, die Überarbeitung einzudämmen und den Stress aus der Entscheidungsfindung zu nehmen.

Chronische Streber können ihren Perfektionismus und ihre Arbeitsüberlastung in den Griff bekommen und sich dennoch sicher sein, dass sie ihr Bestes geben, wenn sie die richtigen Richtlinien aufstellen. Wenn Sie Parameter für Projekte festlegen und »ausreichende« Ziele und Fristen setzen, können ängstliche Führungskräfte wie Sie Grenzen schaffen, die ihnen helfen, ihren Perfektionismus in den Griff zu bekommen und dennoch hervorragende Ergebnisse zu erzielen.

Der einfachste Weg, damit zu beginnen, ist die Festlegung von Zeitlimits. Stellen Sie sich vor, Sie müssen eine Präsentation mit zwanzig Folien für einen Kunden vorbereiten. Vielleicht ist es Ihr normaler Instinkt, alle zusätzlichen Termine aus Ihrem Kalender zu streichen, damit Sie die nächsten fünf Nächte und das Wochenende für die Arbeit an den Folien haben. Aber vielleicht ist das gar nicht nötig.

Aufgrund Ihrer Erfahrung wissen Sie, dass Sie eine Stunde pro Folie benötigen. Außerdem benötigen Sie zusätzliche Zeit für die Gestaltung und das Korrekturlesen der Präsentation. Das sind insgesamt fünfundzwanzig Stunden. Können Sie sich zwei Stunden pro Arbeitstag, drei Stunden an den nächsten Abenden und den Samstagmorgen frei nehmen? Geben Sie sich Freitag und Sonntag komplett frei. Sie können einen gewissen Spielraum einbauen. Die Idee ist, einen externen Parameter für die Begrenzung der Arbeitszeit einzuführen, damit Sie bei der Vorbereitung einer Präsentation, für die Sie eigentlich keine zusätzliche Zeit benötigen, nicht durchdrehen.

Angemessener Aufwand oder »ausreichende« Ziele

Wenn Sie Ihre Zeit einteilen und Heuristiken anwenden, werden Sie hoffentlich anfangen, den Schaffensprozess als solchen zu genießen, also etwas ins Leben zu rufen, anstatt sich ausschließlich auf das Ergebnis zu konzentrieren. Trauen Sie sich, lediglich »ausreichende« Ziele zu setzen und sich nur angemessen anzustrengen, anstatt alles zu tun und sich besonders zu verausgaben.

Angemessene Anstrengung ist das Gegenteil der Erwartung unserer Kultur, immer über das Ziel hinauszuschießen und immer unser Bestes zu geben. Stattdessen geht es darum, etwas gut zu machen, aber keine unangemessenen Emotionen in das Ergebnis zu investieren. Die Buddhismus-Lehrerin Sally Kempton schreibt, dass angemessene Anstrengung jede Anstrengung ist, die keinen Kampf beinhaltet. Für Kempton besteht das Geheimnis einer angemessenen Anstrengung darin, sich zu fragen: »Wenn dies die letzte Handlung meines Lebens wäre, wie würde ich sie tun wollen?«[5]

Wie können Sie angemessene Anstrengungen in Ihr Leben bringen? Üben Sie, ein Dreier-Schüler zu sein. Ich weiß, dass diese Aussage einige von Ihnen aufschrecken lässt, aber hören Sie mir einfach zu.

- **Nicht jedes Projekt erfordert Ihre beste Arbeit.** Was, wenn Sie nur 79 Prozent geben? Was ist, wenn Ihr nächster Bericht keine großartige Prosa enthält? Der Schlüssel ist, das Ergebnis anzuerkennen. Wird das, was Sie tun, gut genug für Ihren Chef sein? Wird das, was Sie erreichen, gut genug für Sie sein? Die Antwort auf beides lautet: ziemlich sicher.

- **Kompromisse sind eine gesunde Praxis.** Zoomen Sie heraus und konzentrieren Sie sich auf das große Ganze. Was ist es wert, dass Sie Ihr Bestes geben, und was ist es nicht wert? Die großen Ziele sind es alle wert. Aber auf dem Weg dorthin gibt es vieles, bei dem es sich lohnt, Kompromisse einzugehen.

- **Denken Sie an einige glückliche Zufälle.** Ist es Ihnen schon einmal passiert, dass eine Besprechung abgesagt oder eine Frist verlängert wurde und Sie auf magische Weise auf eine Idee oder eine Lösung gestoßen sind, nach der Sie schon lange gesucht haben? Wenn der Kopf frei ist, kommt die Kreativität zum Vorschein. Denken Sie daran, wenn Sie das nächste Mal dazu neigen, zu viel zu arbeiten, und stellen Sie sich vor, dass sich Ihr Gehirn buchstäblich öffnet, wenn Sie beschließen, für die Nacht eine Pause einzulegen.

- **Üben Sie an etwas außerhalb der Arbeit.** Sie könnten das Fitness-Training als Ersatz für die Reduzierung der Arbeitszeit nutzen. Die Wissenschaft zeigt, dass wir jede Woche nur eine bestimmte Menge an Ausdauer und Krafttraining benötigen, um unsere Ziele zu erreichen. Wenn Sie normalerweise eine Stunde am Tag trainieren, reduzieren Sie es auf vierzig Minuten. Beobachten Sie, was passiert. Ist der Prozess weniger anstrengend? Haben Sie weniger Angst vor dem Fitnessstudio?

Sie können lernen, weniger Leistung zu akzeptieren. Die Übung »Na und?« kann Ihnen dabei helfen. Aber ich warne Sie vor: Wenn Sie, wie die meisten von uns, darauf konditioniert wurden, etwas zu erreichen, werden Sie sich für eine kurze Zeit wie ein Versager fühlen.

Aber *nur* für eine kurze Zeit. Vielleicht stellen Sie fest, dass das, was Sie gewinnen – mehr ruhige, entspannte Arbeitstage, mehr ungehinderte Zeit und Freiraum – es wert ist, auf das, was Sie durch Ihr bisheriges, ängstliches Streben erreicht haben, zu verzichten. Und ist das überhaupt ein solcher Verlust? Nein, natürlich nicht. Seien Sie sich bewusst, dass es in Ordnung ist, einige Dinge weniger gut zu machen, um das vollständige und gesunde Leben zu haben, das Sie sich wünschen.

Die »Na und?« Übung

Die Übung »Na und?« ist in der KVT als Abwärtspfeiltechnik bekannt. Ich nenne sie »Na und?« zu Ehren der Professorin und Psychologin Angela Neal-Barnett, die mich dazu inspiriert hat, meinem inneren Kritiker mit einem liebevollen »Na und?« zu antworten. Die Idee dahinter ist, Ihrem Gehirn zu helfen, automatische negative Gedanken zu »restrukturieren«, indem Sie die Ängste identifizieren, die Ihren perfektionistischen Tendenzen zugrunde liegen. Die Technik deckt schnell die grundlegenden Überzeugungen auf, die wir über uns selbst haben. Sobald die Grundüberzeugungen aufgedeckt sind, wird es einfacher zu fragen: Ist das wahr? Ist es wahrscheinlich, dass das Schlimmste tatsächlich eintritt?

Es macht auch Katastrophisten und Sorgenfressern Spaß. Denken Sie an ein Ereignis, bei dem Sie in letzter Zeit perfektionistisch waren. Was wäre passiert, wenn Sie Ihre Ansprüche heruntergeschraubt oder einen Fehler gemacht hätten? Nehmen wir meine Angst vor öffentlichen Auftritten als Beispiel.

Anfängliche Sorge (in der Stimme Ihres inneren Kritikers):
Wenn ich zustimme, eine Grundsatzrede zu halten, werde ich das Publikum enttäuschen.

OK, nehmen wir an, das passiert. Na und? (Oder, was dann?) Sie werden es mir übelnehmen, dass ich ihre Zeit verschwendet habe.

OK, nehmen wir an, das passiert. Na und? (Oder, was dann?)

Sie werden schlechte Dinge über mich sagen oder sie in den sozialen Medien veröffentlichen.

Na und?

Ich lese eine negative Bewertung und bin sehr verärgert. Ich werde mich so schämen. Und was dann?

Keiner wird mich mehr für einen Vortrag engagieren wollen. Was dann?

Ich werde mich schämen und mich wie ein Versager bei etwas fühlen, das ich wirklich gut machen will. Schließlich sollte ich ein guter Redner sein – das gehört dazu, wenn man ein erfolgreicher Wirtschaftsautor sein will.

Sobald Sie die Kernüberzeugungen identifiziert haben, die Ihren perfektionistischen Tendenzen zugrunde liegen, beginnt die therapeutische Arbeit. Wie diese Übung zeigt, wird ein Großteil meines Perfektionismus von der Angst getrieben, sich zu schämen. Er ist auch von vielen »Sollte«-Ansprüchen geprägt. Eine erfolgreiche Wirtschaftsautorin *sollte* viele Grundsatzreden halten, auch wenn sie das ängstigt. Ich muss mich mit diesen Glaubenssätzen auseinandersetzen und verstehen, warum sie so viel Macht über mich haben.

Gleichzeitig kann ich mir eingestehen, dass die Wahrscheinlichkeit, dass mein Vortrag so schlecht ist, dass mich jemand in den sozialen Medien verunglimpft, gering ist, und dass meine Sorgen, auch wenn sie *sich* für mich real *anfühlen*, vielleicht unrealistisch sind.

Es ist nie zu spät, eine glückliche Kindheit zu haben

Wie bei so vielen angstbedingten Problemen hilft Ihnen bei Bewältigung des Perfektionismus der Glauben, dass Sie so, wie Sie sind, in Ordnung sind. Das ist die Herausforderung und das Versprechen. Ein Teil der Arbeit kann darin bestehen, Ihre perfektionistischen Tendenzen zu akzeptieren und zu schätzen. Denn wer sonst würde sich so viel Mühe geben wie Sie?

Ein Teil der Arbeit kann darin bestehen, zu akzeptieren, dass Perfektion per Definition unerreichbar ist. Hervorragende Leistungen sind es jedoch nicht. Und wissen Sie was? Exzellenz erfordert Fehler. Muskeln müssen ein wenig reißen, um stärker zu werden. Ich werde nie vergessen, wie ich die Memoiren der Tennislegende Andre Agassi gelesen habe. Wir halten ihn natürlich für einen der ganz Großen: Er hat acht Grand-Slam-Turniere gewonnen. Aber er hat viel mehr Spiele verloren als gewonnen. Er hatte ganze Jahre, in denen er die meisten seiner Matches verlor. Im Profitennis wurde er verspottet und kämpfte immer wieder mit dem Untergang. Aber wenn er verlor, trainierte er auf eine neue Art und Weise, um neue Fähigkeiten und Muskeln aufzubauen. Er überwand die Scham und akzeptierte, wer er war. Das Streben nach Spitzenleistungen erfordert, dass wir wachsen, und es garantiert, dass wir auf dem Weg dorthin Fehler machen. Dies ist eine zutiefst befreiende Wahrheit für den Perfektionisten.

Wenn Sie im Glauben an Selbstoptimierung und Selbstreflexion in sich investieren, erklären Sie sich auch damit einverstanden, dass Sie liebenswert und gut genug sind, trotz mancher Fehler. Und das geht am besten, wenn man mit jemandem zusammen ist, der ehrlich und authentisch an einen glaubt. Das kann eine ausgebildete Fachkraft sein. Aber manchmal können auch Sie selbst diese Person sein. Wenn Ihr innerer Kritiker wirklich hartnäckig ist und Sie schon so lange begleitet, wie Sie sich erinnern können, ist es nicht leicht anzunehmen, dass Sie lernen können, diese kritische Stimme zu beruhigen und Ihr eigener größter Fan zu werden. Wenn es Ihnen hilft, können Sie sich sogar auf Ihre perfektionistischen Tendenzen stützen, um Ihre Gewohnheit des Perfektionismus zu überwinden!

Ich lerne immer noch, meinen Perfektionismus loszulassen und mich selbst zu verteidigen, und das wird wohl ein lebenslanges Unterfangen sein. Thomas Greenspon erinnert uns daran: »Es gibt keine magischen Lösungen dafür, genauso wenig wie man einer Person, die süchtig ist, sagen kann: ›Nun, warum gehen Sie nicht einfach raus und hören auf zu trinken? Sie müssen die Flasche nicht öffnen – sagen Sie einfach nein!‹« Diese Arbeit erfordert Zeit und Engagement, und sie erfordert Selbstempathie und Freundlichkeit.

Aber ich kann Ihnen sagen, dass es sich auf jeden Fall lohnt. Erinnern Sie sich an den Startup-Berater Andy Johns aus Kapitel 3, der an acht Einhorn-Unternehmen beteiligt war? Johns hat in seinem frühen Leben eine Menge Traumata erlebt. Er sagt,

> *Als ich mich als Kind abmühte, traurig und deprimiert war, Panikattacken hatte und unter ständiger Angst litt, nahm ich Leistung und Erfolg als eine Art Droge: Ich bekam jede blaue Schleife oder jede Trophäe, schlug Home-Runs oder bekam glatte Einsen oder was auch immer mich gut fühlen ließ, denn ich fühlte mich nicht immer gut. Aber wenn ich diese Dinge tat, fühlte ich mich gut und ich fühlte mich liebenswert. Als Kind verinnerlichte mein Gehirn die Botschaften, die mich umgaben, in*

Verbindung mit den Botschaften, die die Gesellschaft vermittelte, dass ich liebenswert war, wenn ich etwas erreichte. Und wenn ich nichts erreichte, war ich nicht liebenswert für das, was ich war.

In meiner Geschichte als Erwachsener ging es also im Wesentlichen darum, das höchste Niveau zu erreichen, das ich mir für mich vorstellen konnte, aber dann irgendwann aufzuwachen und zu erkennen, dass ich aufhören musste, externe Bestätigung durch Leistung zu suchen, weil das ein Zeichen dafür war, dass ich mich nicht von Natur aus liebenswert fühlte, so wie ich war.

Nachdem Johns eine enorme Menge an Therapie und Arbeit an sich selbst geleistet hatte, war er in der Lage, von seinem »unerbittlichen Drang, immer mehr zu tun« Abstand zu nehmen. Johns gibt offen zu, dass er eine große Spannung zwischen Leistung und Selbstliebe verspürte. Er musste lernen, sich selbst ohne die Leistung zu lieben. Das war es wert, sagt er.

Was für ein Geschenk, dass wir das tun können, was uns gefällt und was uns Freude bereitet, und uns nicht so sehr darum kümmern müssen, ob andere Menschen es gut finden! Wenn wir erwachsen werden und verstehen, woher unsere Motivation kommt, können wir lernen, daran zu glauben, dass unser Wert eine Selbstverständlichkeit ist – und nicht von dem abhängt, was wir leisten oder von der Qualität unserer Arbeit. Und wir können uns aussuchen, was wir tun müssen, um uns in unserer Karriere zu beweisen, und was wir einfach tun können, um uns glücklich zu machen.

9

Kontrolle

Zu Beginn der Pandemie waren wir alle in Aufruhr. Es war eine der unbeständigsten und angstbesetzten Zeiten, an die ich mich erinnern kann.

Ich rief meine Freundin Sarah an, um mich zu erkundigen, wie die Geschäfte liefen. Sie erzählte mir, dass ihr Unternehmen in Aufruhr war – der CEO war so gut wie verschwunden. Die Zahlen sahen nicht gut aus, und der CEO hatte sich in seinem Büro verkrochen, um detaillierte Prognosen zu allen Aspekten des Unternehmens zu erstellen. Sein Team fühlte sich durch seine Abwesenheit verunsichert – obwohl sie wussten, dass er wirklich hart arbeitete –, und das zu einer Zeit, in der sie eine beruhigende und sichtbare Führung gebraucht hätten.

Ich kann mit diesem CEO mitfühlen. Das tiefe Eintauchen in die Worst-Case-Szenario-Planung gab ihm inmitten einer beängstigenden Situation ein Gefühl der Kontrolle, und das Knacken von Zahlen kann für einen Datenmenschen eine Quelle der Ruhe sein. Er verunsicherte sein Team, weil er gedankenlos seine Angst auslebte und versuchte, eine noch nie dagewesene Situation unter Kontrolle zu bekommen.

Warum fühlt sich Kontrolle für eine ängstliche Führungskraft – oder überhaupt für jemanden – so gut an? Ängstliche Menschen streben nach Kontrolle, um sich vor den negativen Folgen zu schützen, die wir uns vorstellen. Sie hoffen, dass das, wovor wir uns am meisten fürchten, nicht eintritt, wenn wir nur für eine Weile das Steuer in die Hand nehmen können.

Dies ähnelt der Art und Weise, wie Sorgen und Grübeln funktionieren. Wir wissen, dass unser Gehirn Ungewissheit hasst und darauf wie auf eine Bedrohung reagiert, und dass Sorgen uns das Gefühl geben, dass wir tatsächlich etwas Produktives gegen die Ungewissheit unternehmen. Die klinische Psychologin Christine Runyan weist darauf hin, dass diese Strategie manchmal zu funktionieren scheint: Wir vermeiden vorübergehend das gefürchtete mögliche Ergebnis, so dass die Sorge zu einer Taktik wird, die wir immer wieder anwenden. Wir beginnen zu glauben, dass nichts passieren wird, wenn wir uns nur genug Sorgen machen.

Das Gleiche gilt für die Kontrolle. Wenn wir uns festklammern und versuchen, jede Kleinigkeit im Griff zu haben, und dann das befürchtete Ergebnis nicht eintritt, scheinen unsere Versuche, die Zukunft zu kontrollieren, zu funktionieren. Es ist leicht zu erkennen, wie das Streben nach Kontrolle für so viele von uns zur Gewohnheit werden kann.

Aber lassen Sie mich gleich das Pflaster abreißen: Wir haben eigentlich nur sehr wenig Kontrolle über irgendetwas.

Das ist eine schwer zu akzeptierende Realität, aber da jeder Psychologe, Meditationslehrer und weise Älteste gesagt hat, dass es wahr ist, sollten wir uns zumindest mit dem Gedanken beschäftigen. Wir leben in einer unvorhersehbaren Welt, und manchmal kann selbst unsere sorgfältigste Planung oder unsere inspirierteste Katastrophenvorhersage nicht berücksichtigen, was auf uns zukommt. (Wenn das zu beängstigend klingt, denken Sie daran, dass wir alles in allem genauso gut von glücklichen Ereignissen überrascht werden können).

Und es gibt eine sehr wichtige Folgeerscheinung: Wir brauchen dennoch *ein gewisses* Gefühl der Kontrolle. Zahlreiche Forschungsergebnisse zeigen, dass eine der psychologisch schädlichsten Erfahrungen das Fehlen von Kontrolle ist. Wir müssen zumindest eine gewisse Macht über unser Leben und unser Umfeld haben und in der Lage sein, Entscheidungen zu treffen, die unsere Ergebnisse beeinflussen. Am Arbeitsplatz sind die glücklichsten und produktivsten Arbeitnehmer diejenigen, die ein Gefühl der Autonomie haben und Entscheidungen treffen können, die sich auf ihre Aufgaben, ihren Output und ihre Zeitpläne auswirken.

Wo liegt also das gesunde Gleichgewicht zwischen »die Hände in den Schoß legen« und den Ereignissen ihren Lauf lassen gegenüber dem Abrutschen in Angst und Unbeweglichkeit?

Objektiv betrachtet, so erklärt der Angstexperte David Barlow, haben wir einfach nicht so viel Kontrolle über die Ereignisse in unserem Leben, wie wir glauben – oder zumindest nicht so viel, wie wir es gerne hätten. Aber wenn wir gut funktionieren und nur mäßig ängstlich sind, so Barlow, sind wir in der Lage, »eine Illusion von Kontrolle« aufrechtzuerhalten, was »ein sehr gesunder Geisteszustand« ist. Der Unterschied zwischen Menschen mit nur mäßigen Ängsten und

Menschen mit schweren Ängsten ist der Optimismus, sagt Barlow. Die erstgenannte Gruppe ist in der Lage zu glauben, dass, obwohl alles Mögliche passieren *könnte*, die meiste Zeit über alles in Ordnung sein wird, und selbst wenn etwas schief geht, werden sie in der Lage sein, damit umzugehen.

Vergleichen Sie diesen Geisteszustand mit dem einer stark ängstlichen Person, deren System zur Bewertung von Bedrohungen ständig unter Beschuss steht und die ständig erwartet, dass alles schief geht. Oder die ängstliche Führungskraft, die auf einen Kontrollverlust in ungesunder, unproduktiver Weise reagiert. Sie übersteuern und werden noch kontrollsüchtiger, was sich bei der Arbeit in Form von Mikromanagement, in einer »Friss-oder-Stirb«-Haltung oder Alleingängen äußern kann. Andere können wie gelähmt sein und versuchen, die angstauslösende Situation zu vermeiden oder zu ignorieren, wobei sie im Grunde jedes Maß an Kontrolle aufgeben, das sie hatten.

Keine dieser Reaktionen ist nachhaltig. Es scheint, dass es, wie bei der Angst, einen Goldilocks-Punkt (die Goldlöckchen-Mitte) für die Kontrolle gibt: nicht zu viel, nicht zu wenig. Und zum Glück können wir durch Therapie und andere Übungen lernen, optimistischer zu sein.

Warum können wir nicht unaufmerksam sein?

Wenn Sie zu den Führungskräften gehören, die das Gefühl haben, nicht locker lassen zu können, befinden Sie sich in guter Gesellschaft. Vielleicht *wollen Sie das* auch gar nicht, und ich verstehe das. Jedes Detail im Auge zu behalten, kann Ihnen ein Gefühl der Kontrolle geben, wenn etwas Unerwartetes passiert, wenn Ihre Angst groß ist oder wenn Sie einfach nur mit den alltäglichen Stressfaktoren der Arbeit fertig werden müssen.

Aber es ist eine Sache, wachsam zu sein, und eine andere, das Gefühl zu haben, man müsse seine Umgebung ständig auf Bedrohungen überwachen oder mit dem Schlimmste rechnen. Wenn Sie sich mental ständig auf eine ungewisse und beängstigende Zukunft vorbereiten, nimmt die Erwartungsangst überhand. Erwartungsangst bedeutet, dass Sie »über einen längeren Zeitraum hinweg Angst vor einer imaginären zukünftigen Situation haben, die Sie als unvorhersehbare Bedrohung empfinden«.[1] In unsicheren oder Angst auslösenden Situationen haben Sie möglicherweise das Gefühl, dass das, was vor Ihnen liegt, gefährlich oder irreparabel ist. Entsprechend eilig bereitet sich Ihr Gehirn auf das schlimme Ereignis vor. Leider führt das im Gehirn regelmäßig dazu, dass es noch mehr Angst empfindet. Manchmal kommt das übermäßige Bedürfnis nach Kontrolle von der Angst selbst. Die Angst löst Erfahrungen aus der Vergangenheit aus und sagt Ihnen: »Sei immer auf der Hut« und »Es hängt alles von dir ab«. Unser Bestreben, die Dinge zu kontrollieren, ist der Versuch, unsere Angst in den Griff zu bekommen, während die Angst ironischerweise der Versuch ist, unsere Umgebung so gründlich zu kontrollieren, dass nichts Schlimmes passieren kann.

Ängstliche Menschen können auch unter Hypervigilanz leiden, einem Zustand extremer, übermäßiger Aufmerksamkeit, der die Lebensqualität beeinträchtigt. Obwohl Psychologen Hypervigilanz nicht als Störung per se betrachten, ist sie eines der charakteristischen Merkmale von PTBS und betrifft häufig diejenigen von uns, die unter klinischer Angst leiden.

Woher kommt die Hypervigilanz? Eine Ursache ist natürlich ein Trauma. Bessel van der Kolk, der sich in seiner Karriere mit der Frage beschäftigt hat, wie sich Menschen an traumatische Erlebnisse anpassen und von ihnen heilen können, erklärt, dass wir nach einem Trauma ein »angstgesteuertes Gehirn« haben. Wenn wir ein Trauma erleben, wird unser System zur Bewertung von Bedrohungen überempfindlich und führt dazu, dass wir Bedrohungen sehen, wo sie anderen verborgen bleiben. Ein Trauma beschädigt auch das Filtersystem, das uns hilft, zwischen dem zu unterscheiden, was relevant ist, und dem, was wir ignorieren können. So können wir uns an Dingen aufhängen und uns auf Dinge konzentrieren, die andere Menschen ignorieren oder nicht einmal bemerken würden.[2]

Eine weitere Quelle für Hypervigilanz ist etwas, das wir in Kapitel 4 besprochen haben: ungelöste Verletzungen in der Kindheit. Selbst wenn Sie kein Trauma haben, erleben wir alle in der Kindheit negative Ereignisse, die so prägend sind, dass sie dauerhafte Auswirkungen haben können. Ein Kind, das in einem gewalttätigen oder unberechenbaren Elternhaus aufwächst, lernt, alles zu tun, was nötig ist, um sich sicher zu fühlen – und Angst kann dabei eine sehr effektive Strategie sein. Das gleiche gilt für Überforderung, wo das ängstliche Kind vielleicht gelernt hat, Aufgaben auszuführen und zu übernehmen, um sich besser zu fühlen. Was auch immer der Grund ist, Erwartungsangst und das Verlangen nach Kontrolle sind Versuche, sich sicher zu fühlen. Sie entstehen logischerweise, wenn unsere Welt außer Kontrolle gerät.

Wenn Sie jemals mit einer ängstlichen, kontrollsüchtigen Person gearbeitet haben, wissen Sie, wie schwierig das sein kann. Und doch sind viele dieser Menschen extrem erfolgreich. Tatsächlich übernehmen viele Menschen gerade deshalb eine Führungsrolle, weil sie den Wunsch haben, die Kontrolle zu behalten, und einige Führungskräfte schreiben sogar Aspekte ihrer Angst ihrem Erfolg zu. Es geht auf das zurück, was mir der nationale Redakteur von *Atlantic,* Scott Stossel, gesagt hat: Zu jeder negativen Eigenschaft, die mit Angst verbunden ist, gehört auch eine gute Eigenschaft. Die Frage ist: Können wir lernen, unsere schmerzhaften Erfahrungen zum Guten zu nutzen?

Der Führungscoach Jerry Colonna gab mir ein solches Beispiel. Colonna und seine sechs Geschwister wuchsen in einer schwierigen Gegend auf, mit einem alkoholabhängigen Vater und einer Mutter, die an einer psychischen Krankheit litt. »Es gab Gewalt im Haushalt und Gewalt außerhalb«, berichtet er. In dieser instabilen, unberechenbaren Umgebung entwickelte Colonna eine Art von Wachsamkeit, die es ihm ermöglichte, die Stimmungen seiner Eltern anhand der kleinsten Muster vorherzusagen. Das Geräusch der Schritte seines Vaters im Flur, wenn er von der Arbeit nach Hause kam, konnte ihm zum Beispiel verraten, ob es ein guter oder ein schlechter Abend werden würde. Colonna plante stets für die ungewisse Zukunft voraus.

Als Erwachsener war er in der Lage, diese akribische Aufmerksamkeit für Details und diese Hyperwahrnehmung einzusetzen, um in Branchen zu bestehen, von denen er nichts verstand, und um Details und Trends zu erkennen, die anderen entgangen waren. So wurde er zu einem der ersten Pioniere im Bereich der Technologie-Start-ups Investments. Er wurde auch ein geschickter Reporter und Führungscoach und schreibt einen Großteil seines Erfolges in diesen Bereichen der »Hyperwahrnehmung gegenüber den Empfindungen anderer« zu, die er schon als Kind entwickelt hatte. Diese »Hyperwahrnehmung«, so Colonna, »hat mir sehr geholfen, weil ich oft Dinge hörte, die die Person, die ich interviewte, gar nicht wahrnahm. Das konnte ich dann in einer Frage wiedergeben. Das ist eine Superkraft, denn plötzlich konnte ich eine einfühlsame Haltung einnehmen. Anstatt der Interviewte zu sein und Sie der Interviewer, können wir ein emotionales, intimes Gespräch führen. Wir können gemeinsam Menschen sein, weil ich aufmerksam war.« Dies ist ein hervorragendes Beispiel dafür, wie das Aufwachsen mit einem ausgeprägten Gespür für andere Menschen später im Leben zu einer Superkraft werden kann.

Problematisch wird es dann, wenn Sie sich so sehr auf andere konzentrieren, dass Sie keinen Raum mehr für sich selbst haben. Oder wenn Sie so sehr damit beschäftigt sind, sich um andere zu kümmern und dafür zu sorgen, dass sie glücklich sind, dass Sie die Grenzen anderer überschreiten und Ihre eigenen vernachlässigen. Es ist auch leicht, Konflikten aus dem Weg zu gehen und einfach alles selbst zu machen oder sich selbst die Schuld für eine schwierige Situation zu geben, anstatt zu riskieren, den anderen zu enttäuschen.

Einer der ersten Schritte, die Colonna bei der Betreuung von Klienten unternimmt, die mit Ängsten zu kämpfen haben, besteht darin, ihnen zu helfen, diese Reaktionen als »die wunderbare Überlebensstrategie« zu erkennen, die sie waren.

Was sie in ihrer Kindheit gelernt haben, hat sie geschützt – es hat funktioniert! Der nächste Schritt besteht jedoch darin, die gegenwärtige Situation zu untersuchen. »Muss man sich wirklich Sorgen darüber machen, ob man in Sicherheit ist oder nicht?« sagt Colonna. »Ist die Bedrohung, die Sie als Kind erlebt haben, immer noch präsent? Die Wahrscheinlichkeit ist groß, dass die *Programmierung* immer noch vorhanden ist, aber die Bedrohungen sind anders. Der schnellste Weg, um zu verstehen, dass sich die Bedrohung verändert hat, ist, dass die Macht, die wir als Erwachsene haben, eine ganz andere ist als die, die wir als Kinder hatten.«

Dies ist eine Lektion, auf die ich immer wieder zurückkomme. Als Kind hatten wir weder die Macht noch die Kontrolle, eine gefährliche oder unvorhersehbare Situation zu verlassen oder zu ändern. Wir waren von den Erwachsenen in unserem Leben abhängig, auch wenn sie nicht verlässlich waren und wir das Gefühl hatten, ihre Gedanken lesen und ihre Bedürfnisse erfüllen zu müssen. Aber jetzt ist das Leben anders. Wir haben die Wahl, wir haben Einfluss, und wir haben ein größeres Maß an Kontrolle über unser Umfeld. Jetzt können wir auf klügere und produktivere Weise handeln – auch wenn wir manchmal noch Angst haben.

Ihr Bedürfnis nach Kontrolle bei der Arbeit

Ein großer Teil des »schlechten Verhaltens«, das wir bei der Arbeit beobachten – also der Drang zu dominieren, zu unterbrechen, zu kontrollieren, Mikromanagement zu betreiben, abweichende Meinungen zu ignorieren oder zu unterdrücken – wird durch Angst verursacht, die oft unterhalb unseres Bewusstseins wirkt. Schauen wir uns einige der häufigsten Arten an, wie sich unser angstgetriebenes Bedürfnis nach Kontrolle bei der Arbeit manifestiert. Im nächsten Abschnitt werden wir uns damit beschäftigen, wie wir unser Kontrollbedürfnis lockern können, indem wir uns mit der dahinterstehenden Angst auseinandersetzen.

Nur mein Weg zählt

Wahrscheinlich haben wir alle schon einmal mit einem Chef gearbeitet, der eine kontrollierende Führungspersönlichkeit war, die Anweisungen gab und von ihren Mitarbeitern erwartete, dass sie diese sofort und bis ins kleinste Detail umsetzen. Die Mitarbeiter zögern oder haben manchmal regelrecht Angst, der Führungskraft Feedback zu geben oder sie zu konfrontieren, weil sie befürchten, dass der Chef mit Abwehrhaltung, Ungeduld oder Feindseligkeit reagiert. In dieser Top-Down-Hierarchie gibt es keinen Raum für Diskussionen, neue Ideen oder abweichende Meinungen, denn der Weg der Führungskraft ist Gesetz.

So schlimm sich das auch anhört, aber der »Nur-mein-Weg-zählt«-Anführer ist keine Seltenheit. Nicht alle von ihnen verhalten sich wie Miranda Priestly, die legendäre fiese Chefin aus dem Film *Der Teufel trägt Prada*. Oft ist das Kontrollverhalten subtiler: Er macht passiv-aggressive Kommentare, bricht Diskussionen ab, ist taktlos, redet über andere oder hat unrealistische Erwartungen an die Teammitglieder. Dies ist der Chef, der die Kontrolle über Gespräche, Arbeitsabläufe, Ergebnisse und Prozesse haben muss. *Mit* dieser Art von Vorgesetzten kann man nicht arbeiten; ihr Kontrollbedürfnis sorgt dafür, dass man *für sie* arbeiten muss.

Es ist schwer, für diese Art von Führungskraft zu arbeiten – und es ist zugegebenermaßen auch schwer, irgendeine Art von Sympathie für sie zu empfinden. Aber wenn Sie hinter die Fassade schauen, werden Sie garantiert tiefsitzende Ängste finden, die deren eisernen Willen antreiben. Diese Art von Chefs fürchtet sich mehr als alles andere davor, die Kontrolle zu verlieren, und wenn ihr Gefühl der Kontrolle bedroht ist, reagieren sie fies.

Wenn Sie sich in dieser Art von Führungskraft wiedererkennen, gratuliere ich Ihnen zu Ihrer Ehrlichkeit und Selbsterkenntnis. Aber jetzt nehmen Sie sich ein Beispiel am Bowen'schen Familien-Systemdenken und überlegen Sie: Wie wirkt sich Ihr Verhalten auf das gesamte Team aus? Führungskräfte, die auf ihre Ängste reagieren, indem sie versuchen, ihr Umfeld zu kontrollieren, schaffen stressige Bedingungen, die es den Mitarbeitern nicht ermöglichen, ihre beste Arbeit zu leisten. Kontrollieren untergräbt die Autonomie der Mitarbeiter, senkt die Arbeitszufriedenheit und hemmt die Innovation. Langfristig schadet dies dem Endergebnis. Es überrascht nicht, dass die Fluktuation unter dieser Art von Führungskräften sehr hoch sein kann.

Nur ich mache es richtig

Eine übermäßig selbständige Haltung kann für eine ängstliche Führungskraft sehr verlockend sein – es ist ein weiterer Versuch, die Kontrolle zu behalten. In diesem Fall erteilen die Führungskräfte keine Befehle, sondern machen alles selbst. Sie delegieren nicht und vertrauen darauf, dass sie die wichtigsten Aufgaben selbst erledigen können. Die Dinge werden zwar erledigt, aber diese Führungskräfte verbringen ihre gesamte Zeit mit Überarbeitung, um sich sicher zu fühlen, und sind oft erschöpft. Das Risiko eines Burnouts ist hoch.

Manchmal wird die Führungskraft, die alles allein in Ordnung bringen kann, durch Arroganz motiviert. Aber raten Sie mal, was hinter vielen arroganten Verhaltensweisen steckt? Gefühle der Ungewissheit. Wir tun so, als wüssten wir alles, um unsere Angst zu verbergen. Oder wir versuchen, sie zu überkompensieren. Nach der Bowen-Theorie ist die »Nur-ich-mache-es-richtig«-Führung ein klassisches Beispiel für Überfunktionalität. Als Reaktion auf ihre eigenen Ängste greifen diese Führungskräfte zum schnellsten Mittel, um Ängste zu lindern, nämlich sich einzumischen und Probleme zu lösen, anstatt ihren Teams zu vertrauen, dass sie ihre Aufgaben erfüllen. Die Auswirkungen der »Nur-ich-mache-es-richtig«-Führung sind eine geringe Autonomie der Mitarbeiter, geringe Motivation und geringes Engagement (Warum sollte man sich die Mühe machen, wenn man weiß, dass die Aufgabe für einen erledigt wird oder man nicht einmal die Gelegenheit bekommt, es zu versuchen?), geringe Arbeitszufriedenheit und das Gefühl der Mitarbeiter, dass sie keinen Anteil am Arbeitsergebnis oder an der Aufgabe des Unternehmens haben.

Mikromanagement

Mikromanagement ist eine der häufigsten Taktiken, die Führungskräfte anwenden, um die Kontrolle zu behalten. Mikromanagement ist eine weitere Form der Überfunktion, die sich darin äußert, dass man sich zu sehr in Details einmischt, die Arbeit anderer übermäßig überwacht und zu viel mit den Mitarbeitern kommuniziert oder sie kontrolliert.

Colonna ist der Meinung, dass Mikromanagement eine Kombination aus Angst und Perfektionismus ist. »Wenn ich [als Coach] in einem Unternehmen arbeite und sehe, dass Mikromanagement ein vorherrschendes kulturelles Merkmal ist, dann ist die Wahrscheinlichkeit groß, dass es eine enorme Angst gibt«, sagt er.

All das klingt für mich wahr. Und, was wichtig ist, es lokalisiert die Quelle der Angst bei der einzelnen Führungskraft – sie kommt nicht aus dem Team. Teams sind jedoch in der Regel sehr fähig und brauchen keine Manager, die alle paar Stunden nach ihnen sehen, um gute Leistungen zu erbringen. Diese Sorge ist die eigene Angst der Führungskräfte.

Üben Sie, die Kontrolle loszulassen und Ihre Angst zu beruhigen

»Ich glaube, dass die übervorsichtigsten, mikromanagenden und perfektionistischen Menschen sich selbst ein schlechtes Gewissen machen.« Auch das hat Colonna zu mir gesagt, und ich glaube, er hat Recht.

Wäre es nicht großartig für Sie und Ihr Team, wenn Sie sich ein wenig entspannen, Ihren Griff lockern, sich zurücklehnen und Ihrem Team die Möglichkeit geben könnten, zu wachsen und zu gedeihen? Führen muss sich nicht schlecht anfühlen und auch nicht anstrengend sein. Hier sind einige Strategien, die Ihnen helfen können, Ihre Ängste zu beruhigen und zu einer Führungskraft zu werden, die zusammenarbeitet, motiviert und inspiriert.

Praxisorientierte Denkweise annehmen

Ein lebenslang geübtes Planen zur Angstvermeidung wird sich nicht über Nacht ändern. Diejenigen von uns, die sich ständig Sorgen machen, haben vielleicht den Glauben entwickelt, dass es unsere Angst ist, die uns vor schlimmen Dingen bewahrt, und dieser Glaube ist schwer loszulassen.

Aber Korrelation ist nicht gleich Kausalität. Sich zu sorgen, mag gefühlt der richtige Weg gewesen sein, um dorthin zu kommen, wo Sie heute stehen. Wer aber sagt, dass Sie mit Ihren exzellenten Fähigkeiten nicht auch ohne all die Angst, Sorge und zwanghafte Kontrolle Spitzenleistungen hervorgebracht hätten?

Die Wahrheit ist, dass sich das Loslassen langjähriger Gewohnheiten beängstigend anfühlt, deshalb müssen Sie mit einer Übungseinstellung an die Sache herangehen. »Hey, das ist neu für mich«, können Sie ebenso zu sich sagen wie: »Ich werde nicht sofort großartig darin sein – ich brauche noch viel Übung.«

Es ist in Ordnung, kleine Schritte zu machen, um Ihr Bedürfnis nach Kontrolle loszulassen. Ein Beispiel: Widerstehen Sie der Versuchung, Ihre Mitarbeiter eine Stunde lang zu kontrollieren. (Und wenn das einfach war, machen Sie zwei daraus.) Üben Sie sich darin, unangenehme Gefühle auszuhalten, anstatt sofort einzugreifen und einen Konflikt zu schlichten. Delegieren Sie Aufgaben mit geringem Risiko, anstatt automatisch alles selbst zu machen. Übertragen Sie Ihren Teammitgliedern nach und nach immer mehr Verantwortung.

Offenes Gewahrsein üben

Die renommierte Meditationslehrerin Sharon Salzberg beschreibt offenes Gewahrsein als »unsere Fähigkeit, die Bedingungen so zu beobachten, wie sie sind, ohne das Bedürfnis zu haben, sie zu ändern«. Die Folge einer solchen Lebenseinstellung, so Salzberg, ist Akzeptanz, und Akzeptanz führt zum Ende von Konflikten, das heißt zu mehr Klarheit der Ziele und Visionen und damit zu einem geschickten Handeln. Offenes Gewahrsein hilft uns, Kollegen im Zweifelsfall den Vorzug zu geben, verleiht uns Geduld und macht uns empfänglicher für Kritik und Vorschläge.

Wenn Sie zu den Menschen gehören, die sich ihr ganzes Leben lang darauf verlassen haben, dass Sie die Dinge selbst in Ordnung bringen, kann sich die Praxis des offenen Gewahrseins unmöglich schwierig anfühlen. Salzberg räumt ein, dass dies »für unsere handlungsorientierten Ohren passiv klingen mag«. Und doch, sagt sie, ist die Fähigkeit, den gegenwärtigen Moment mit all seinen Unvollkommenheiten annehmen zu können, »die Grundlage des wahren Glücks«.[3]

Eine Haltung des offenen Gewahrseins führt uns zu einer ganz anderen Art von Führung, die das Gegenteil von Kontrolle, Anmaßung und Mikromanagement ist – die der Hingabe. Und was geben wir dabei auf? Das Bedürfnis nach egozentrischer Kontrolle.

»So gesehen besteht der Zweck von Führung in jedem Bereich nicht darin, sich selbst ins Rampenlicht zu stellen, sondern andere«, schreibt Salzberg. Führungskräfte können dann »dazu beitragen, ein Umfeld zu schaffen, in dem sich die Mitarbeiter wertgeschätzt und nicht dominiert, ermutigt und nicht zurückgehalten fühlen. Die Hingabe ermöglicht es einer Führungskraft, sich selbst zurückzunehmen und sich stattdessen darauf zu konzentrieren, das Potenzial derjenigen freizusetzen, denen sie dient – nämlich der Mitarbeiter, die Führung brauchen, um zu gedeihen.« Wenn wir uns nicht mehr auf uns selbst konzentrieren, sondern das große Ganze im Auge behalten, so Salzberg, können wir als Individuen wachsen, bessere Arbeit leisten, unsere Beziehungen zu Kollegen vertiefen und offen für Veränderungen und flexibel in unseren Erwartungen bleiben.[4]

Denken Sie einfach daran, dass auch dies eine Übung ist, die wir mit der Zeit kultivieren müssen. Es gibt einen Grund, warum erfahrene Achtsamkeitspraktiker jeden Tag meditieren – sie wollen die Praxis aufrechterhalten.

Üben Sie die Meditation der liebenden Güte

Eine der besten Möglichkeiten, offenes Gewahrsein zu üben und zu entwickeln, ist eine uralte Form der Meditation, die *Metta* genannt wird, oder die Meditation der liebenden Güte. Es ist eine aktive Form der Meditation, die sich darauf konzentriert, allen, auch sich selbst, Wohlwollen zukommen zu lassen. (Sie eignet sich auch hervorragend zum Abbau akuter Ängste und zur Kultivierung von Selbstempathie.) In ihrer einfachsten Form besteht sie darin, dass Sie diese Worte laut oder gedanklich langsam und aufrichtig sagen und sie eine bestimmte Zeit lang wiederholen oder solange, bis Sie sich ruhiger und weniger eingeengt fühlen:

Möge ich frei von Schaden sein. Möge ich stark und gesund sein. Möge ich glücklich sein. Möge ich ein Leben voller Leichtigkeit führen.

Wenn Sie möchten, können Sie dann Ihr Wohlwollen auf eine Person ausdehnen, für die Sie dankbar sind, auf eine neutrale Person, auf eine Person, mit der Sie streiten, und schließlich auf alle Wesen.

»Wenn man diese Wünsche aufrichtig ausspricht, ist jedes Element der Praxis eine Erleichterung«, schreibt Salzberg. »Die Sätze kanalisieren die Energie, anstatt sie wuchern zu lassen. Wenn Sie das tun, haben Sie wieder die Kontrolle, und Sie können spüren, wie sich Ihr Körper entspannt, während sich der Raum um Ihre Angst herum öffnet und auflöst. Wenn Sie die Kontrolle loslassen, können Sie frei entscheiden, wie Sie reagieren wollen, anstatt sich durch Befürchtungen einschränken zu lassen.«[5]

Suchen Sie Klarheit und Struktur

Wenn Sie das Gefühl haben, die Dinge kontrollieren zu müssen, weil die Arbeit in der Ferne, Ihr neuer Chef oder Ihr neuer Mitarbeiter Sie verunsichert, sollten Sie sich Klarheit verschaffen. Wir werden unruhig, wenn Dinge unklar, unsicher oder zweideutig sind. Der Produktivitätsexperte Bob Pozen sagt: »Das Erste und Wichtigste ist, dass Sie Erfolgsmaßstäbe für Ihr Team festlegen.« Erfolgsmetriken sind der Schlüssel zu allem, denn sie »erzwingen die Klärung von Zielen und eine bessere Kommunikation«, und wenn sie einmal festgelegt sind, besteht kein Bedarf an Mikromanagement, weil der Mitarbeiter einen klaren Auftrag hat. Der Vorgesetzte kann den Mitarbeiter dann seine Arbeit machen lassen und in regelmäßigen Abständen nachfragen.

Das Tolle an diesem Ansatz ist, dass er die Ängste des gesamten Teams verringert. Jeder weiß, was von ihm erwartet wird und wann, und die Mitarbeiter erhalten Autonomie, während der Manager seine Führungsrolle beibehält – er ist da, um anzuleiten, Strategien zu entwickeln und die Arbeit zu erleichtern, anstatt einzugreifen und Dinge zu reparieren.

Sie können auch eine Struktur schaffen, um Ihre Ängste abzubauen und klare Pläne für die Terminplanung, Fristen und längerfristige Karriereziele zu erstellen. Ich beginne jeden Tag damit, ihn in halbstündigen Blöcken zu planen, und ich kenne viele Führungskräfte, die ein ausgeklügeltes Farbleitsystem verwenden, um ihre Zeit für Arbeit, Familie, gesellschaftliches Engagement, Sport und Freizeit einzuteilen. Vor allem, wenn Sie zu den Menschen gehören, die gerne organisieren und Listen erstellen, kann Ihnen ein detaillierter Plan dabei helfen, sich nicht von Ängsten leiten zu lassen, und Sie können Ihr Kontrollverhalten besser in den Griff bekommen.

Versuchen Sie zu notieren und zu benennen

Bevor wir in unsere Emotionen eintauchen und auf sie reagieren, sollten wir innehalten und unsere Emotionen aufschreiben und benennen. Das erfordert ein wenig Übung. Wenn Sie also das nächste Mal das Gefühl haben, etwas kontrollieren oder in Ordnung bringen zu müssen, halten Sie inne und wenden Sie sich nach innen. Welche Emotionen lösen diese automatische Reaktion aus? Benennen Sie sie sanft, ohne zu urteilen: »Oh, es ist Angst. Oh, es ist Wut.«

Die Forschung hat gezeigt, dass wir weniger wahrscheinlich eine Stressreaktion erleben, wenn wir schwierige Emotionen identifizieren und benennen. Innehalten bringt emotionale Freiheit: Anstatt uns übermäßig mit der schwierigen Emotion zu identifizieren (»Ich bin ängstlich.«), können wir erkennen, dass wir die Emotion *haben* (»Ich erlebe gerade Angst.«), was uns mehr Wahlmöglichkeiten gibt, wie wir reagieren.[6]

Salzberg sagt, dass die Praxis des Benennens, die sie als Benennen des Gedankens oder des gegenwärtigen Gefühls beschreibt, drei Vorteile hat. (1) Es schafft einen ruhigen inneren Raum, in dem wir nicht auf den Gedanken oder das Gefühl reagieren. (2) Es bietet eine Art sofortiges Feedback-System. Wenn wir feststellen, dass wir mit Groll, Selbstvorwürfen oder Selbstkritik reagieren, haben wir jetzt die Möglichkeit, in einen Zustand des offenen Gewahrseins zurückzukehren. Anstatt beispielsweise zu sagen: »Schon wieder diese Wut!«, könnten wir sagen: »Ja, genau das passiert gerade.« (3) Das Notieren erinnert uns daran, dass alle Gefühle vergänglich sind. Sie mögen in *diesem Moment* Wut oder Angst empfinden, aber Gefühle sind nicht ewig; sie gehen immer vorbei.[7]

Die Zügel aus der Hand geben

Manchmal müssen Sie Ihrem Team einfach die Zügel in die Hand geben – auch wenn Sie sich davor fürchten, zum Beispiel indem Sie aus einem Prozess aussteigen, den Sie normalerweise kontrollieren, oder ein Arbeitsprodukt delegieren, das Sie normalerweise verwalten würden. Auch dies ist eine Übung, und Sie können klein anfangen und sich bei Bedarf hocharbeiten. Möglicherweise werden Sie angenehm überrascht sein, wozu Ihr Team fähig ist, wenn Sie ihm die Möglichkeit geben, seine Flügel auszubreiten.

Amelia Burke-Garcia, eine Kommunikatorin für digitale Gesundheit und Forscherin, die landesweite Gesundheitskampagnen geleitet hat, sprach mit mir darüber, wie sie und ihr Team eine vom Bund finanzierte Multimedia-Kampagne über die Covid-19-Pandemie leiteten. Sie stellte fest, dass sich ihr Managementstil in dieser Krise von dem unterscheidet, den sie vor zehn Jahren anwendete, als sie die nationale Grippeimpfkampagne der Centers for Disease Control and Prevention leitete. In beiden Fällen handelte es sich um Situationen, in denen viel auf dem Spiel stand und hoher Druck herrschte, aber damals, als weniger erfahrene Führungskraft, gestand Burke-Garcia, dass sie »viel mehr eine Mikromanagerin war und sich ständig Sorgen machte, ob sie ihre Aufgaben erfüllen und etwas erreichen könnte«. Sie lebte ihre Ängste aus, indem sie zu häufig nach dem Rechten sah, obwohl sie keine Bedenken hinsichtlich der Fähigkeiten ihres Teams hatte. »Es war ein Spiegelbild meiner eigenen Sorgen und Bedenken«, sagt sie. Wie für jede Führungskraft bestand auch für sie die Herausforderung darin, »das Gleichgewicht zwischen Aufmerksamkeit und Unterstützung zu finden und [dem Team] zu erlauben, unabhängig zu arbeiten und darauf zu vertrauen, dass es gute Arbeit leistet.«

Seitdem hat Burke-Garcia bewusst darauf geachtet, Mikromanagement zu vermeiden. Sie sagt,

> *Ich habe erkannt, dass ich den Menschen Raum geben muss, um auf ihre Art zu handeln. Ich glaube, es gibt ein Gleichgewicht zwischen der Anleitung von Menschen, das Beste aus sich herauszuholen, und der Möglichkeit, sie ihre eigenen Persönlichkeiten sein zu lassen, mit ihrer eigenen Art zu kommunizieren, zu schreiben und Dinge zu tun. Ich bin vielleicht nicht mit jedem Teil davon einverstanden, aber das ist in Ordnung. Es ist also eine interessante Dynamik, die Vorteile all der harten Arbeit zu sehen, die schon früh in die Betreuung und Förderung der Mitarbeiter gesteckt wurde, aber auch zu wissen, wann man einen Schritt zurücktreten und die Leute auf sich selbst gestellt lassen muss.*

Grenzen setzen hilft Ihnen, zu kontrollieren, was Sie können

Eine der Möglichkeiten, das zu kontrollieren, was wir tatsächlich kontrollieren *können*, besteht darin, unsere Grenzen zu schützen und Grenzen zu setzen. Grenzen sind entscheidend. Wenn Sie Ihre Grenzen erst einmal verstanden haben, sind sie wie eine magische Zutat – eine, von der Sie gar nicht wussten, dass sie Ihnen fehlt, bis Sie sich ängstlich fühlen, das Gefühl haben, dass Ihr Arbeitsleben außer Kontrolle geraten ist und Sie auf einen Burnout zusteuern.

Bevor wir anfangen können, Grenzen zu setzen, sollten wir erst einmal lernen, was Grenzen sind (und was nicht). Da sich so viele von uns daran gewöhnt haben, ohne gesunde Grenzen zu arbeiten, habe ich einen Experten um eine Auffrischung gebeten. »Eine allgemeine Arbeitsdefinition einer Grenze wäre eine Richtlinie, die wir uns selbst setzen oder schaffen, um zu bestimmen, was sich im Leben erlaubt oder sicher anfühlt«, sagt Rebecca Harley, eine Psychologin und Assistenzprofessorin für Psychologie an der Harvard Medical School. Wenn wir uns innerhalb dieser Grenze befinden, so Harley weiter, haben wir das Gefühl, dass es uns gut geht und wir unser Bestes geben können. Wenn wir uns chronisch außerhalb der Grenze befinden, treten Probleme auf.

Deshalb ist es für Führungskräfte so wichtig, ihre Grenzen und die ihrer Teams zu kennen, vor allem in Zeiten der Angst. Wenn wir unsere Grenzen kennen, können wir auch Grenzen setzen. »Der Begriff der Grenze ist wie eine Linie, die man einhalten und nicht überschreiten möchte«, sagt Harley. »Es geht darum, was man zu tun oder zu lassen bzw. zu tolerieren bereit ist oder nicht.«

Ein Paradebeispiel ist die Arbeitszeit. Vor allem, weil es allzu leicht geworden ist, dass sich die Arbeit auf die Familie oder die Freizeit auswirkt, ist es wichtig, dass wir unsere Grenzen kennen, wie viel wir zu arbeiten bereit sind und wann wir bereit sind, diese Stunden zu leisten. Harley rät, diese Grenze zu bestimmen, sie dem Vorgesetzten und den Kollegen mitzuteilen und dann ein Limit festzulegen, um sicherzustellen, dass die Grenze eingehalten wird. Ein Beispiel aus ihrem eigenen Leben ist, dass sie ihr Telefon nach einer bestimmten Zeit unten liegen lässt. Diese Grenze schützt sie vor Überarbeitung und davor, zu viel Zeit im Internet zu verbringen. Sie besteht darin, dass sie ihr Telefon buchstäblich ein Stockwerk weiter weglegt, wo sie nicht reflexartig danach greifen kann.

Grenzen können sich auf alles beziehen, was wir brauchen, um unsere Person, unsere Zeit, unsere Energie und unseren Geist zu schützen. Manche sind eher greifbar, wie beispielsweise mein Bedürfnis nach einem bestimmten Maß an persönlichem Freiraum oder Ihr Bedürfnis, Ihren Arbeitsbereich auf eine bestimmte Weise zu organisieren. Andere sind nicht greifbar, wie beispielsweise die Grenzen, die wir setzen, um unsere Zeit, unsere Energie, unsere Gefühle oder unsere geistige Gesundheit zu schützen.

Sie können Grenzen setzen für die Menge an Schlaf, die Sie benötigen, für die Menge an Interaktion mit einem schwierigen Mitarbeiter (oder *wie* Sie mit ihm interagieren) oder für die Zeit, die Sie sich für die Überarbeitung eines Berichts nehmen. Im Grunde kann eine Grenze alles sein, was Sie brauchen, um Ihre körperliche, geistige und emotionale Gesundheit zu schützen und um Ihr Bestes zu geben.

Roxane Gay ist Bestsellerautorin und schreibt für die Kolumne »Work Friend« in der *New York Times* über die alltäglichen Probleme, die bei der Arbeit auftreten, und darüber, wie unsere Arbeitsplätze zu unserem allgemeinen Glück beitragen – oder eben nicht. Viele der Fragen, die sie von Lesern erhält, zeigen, dass ein Großteil der Konflikte, die wir bei der Arbeit erleben, darauf zurückzuführen ist, dass wir die Grenzen des anderen nicht respektieren. Ich habe Gay gefragt, wie sie Lesern, die sie um Rat fragen, erklären würde, wo ihre Grenzen liegen und woran sie erkennen können, dass ihre Grenzen überschritten werden.

»Ich würde jemandem sagen: Überlegen Sie, was Ihnen in einer bestimmten Situation angenehm ist und was Ihnen unangenehm ist«, sagt sie. »Und das ist die Grenze – der Moment, in dem man vom Komfort zum Unbehagen übergeht. Es muss nicht unbedingt mehr als Unbehagen sein. Ihre anfängliche Grenze ist: ›Das mag ich nicht‹«.

Mir gefällt die Einfachheit ihrer Antwort und dass sie unterstreicht, dass die Grenzen für jeden Menschen anders sind. Ihr extravertierter Kollege mag es genießen und Energie daraus schöpfen, zu einem Ad-hoc-Brainstorming in Ihr Büro zu kommen, aber andere könnten dies als Verletzung einer physischen und mentalen Grenze empfinden. Wo liegt Ihr Unbehagen? Was löst bei Ihnen die Reaktion aus: »Das gefällt mir nicht«? Das ist Ihre Grenze.

Gay wird häufig um Rat gefragt, wie man gesunde Grenzen durchsetzen kann. Die häufigsten Beispiele, sagt sie, betreffen Überarbeitung und Arbeit, die bis in die späten Abendstunden und an den Wochenenden andauert. »Ich spreche nicht von dem typischen ›Wir müssen alle mit anpacken, weil wir einen Abgabetermin haben‹«, ergänzt sie. »Ich spreche von ständiger Überarbeitung, von regelmäßigen Siebzig- oder Achtzig-Stunden-Wochen. Das ist einfach unzumutbar.« So viele Menschen, sagt sie, überarbeiten sich, weil sie glauben, dass ihr Job diese Art von Opfer voraussetzt. Die traurige Wahrheit ist, dass sie Recht haben. Zu viele Arbeitskulturen überschreiten routinemäßig gesunde Grenzen, wenn es um die Erwartungen an die Arbeit geht; dies geschieht inzwischen so häufig, dass viele von uns es als Norm akzeptieren.

Zum Glück haben wir Stimmen wie die von Gay. »Es ist in Ordnung, einfach zu sagen: ›Wisst ihr was? Mein Arbeitstag endet um sechs. Samstags und sonntags arbeite ich nicht. Ich checke an den Wochenenden keine E-Mails. Ich schaue nach fünf Uhr nicht mehr in meine E-Mails‹«, sagt sie. Gay merkt an, dass auch sie sich bewusst an ihre Grenzen halten muss. Das gilt selbst dann, wenn man wie Gay viele Menschen hat, die sich auf einen verlassen und sehnsüchtig darauf warten, dass man etwas liefert. »Ich weigere mich zu glauben, dass es irgendetwas gibt, das um … 19:30 oder 20 Uhr passiert und nicht bis zum nächsten Morgen warten kann«, sagt sie. »Es kann!« Außerdem haben wir das »falsche Gefühl der Dringlichkeit«, das unsere Arbeitskultur so sehr prägt, selbst geschaffen. »Und es ist falsch«, sagte sie. »Es ist nicht notwendig.«

Gay räumt ein, dass es leichter sein kann, seine Grenzen aufrechtzuerhalten, wenn man älter ist, und dass wir in einer Kultur leben, die das Fehlen von Grenzen fördert. Dennoch ist es die Mühe wert, die Grenzen zu finden und zu wahren. Und manchmal beginnt diese Arbeit damit, dass man seinen Selbstwert und seinen Wert kennt.

»Die Realität ist, dass man manchmal glauben muss, Grenzen verdient zu haben«, sagt sie und fügt hinzu, dass man ein *Recht* auf Grenzen hat – man muss nicht alles tolerieren, was die Leute einem vor die Nase setzen. »Es ist nicht ›gemein‹, für sich selbst einzustehen. Wenn eine sehr vernünftige Grenze Ihr Beschäftigungsverhältnis ins Wanken bringt, ist es wahrscheinlich an der Zeit, sich nach einem anderen Job umzusehen.«

Spielen Sie Detektiv, um Ihre Grenzen herauszufinden

Vielleicht wissen Sie bereits genau, wo Ihre Grenzen liegen. Oder vielleicht wurden Ihre Grenzen, wie bei so vielen von uns, so lange ignoriert, dass Sie nicht mehr wissen, wo Ihre Bedürfnisse beginnen und die Ansprüche anderer enden. Unsere Grenzen verschwimmen oft nach und nach, ohne dass wir es überhaupt bemerken, bis es sich völlig normal anfühlt, mit dem Smartphone zu schlafen und rund um die Uhr auf berufliche Nachrichten zu antworten oder auf familiäre Verpflichtungen zu verzichten und sich bei Zoom-Meetings blicken zu lassen, auch wenn man nichts beizutragen hat. Und besonders bei ängstlichen Leistungsträgern ist es so leicht, sich in den Perfektionismus, das People Pleasing und das Abliefern zu verstricken, dass wir vergessen, darauf zu achten, was wir eigentlich fühlen. Was auch immer der Grund sein mag, wir alle müssen uns etwas Zeit nehmen, um unsere Gefühle und Erfahrungen zu ergründen – um in Gays Worten den Moment zu erkennen, in dem wir von Komfort zu Unbehagen wechseln.

Oft ist ein Ausbruch von Angst oder ein anderer schwieriger emotionaler Zustand das verräterische Zeichen dafür, dass eine Grenze überschritten wurde. »Kleine Angstausbrüche sind Signale, auf die wir uns einstellen können«, sagte mir Rebecca Harley. Wie kann man das tun? Indem man Detektiv spielt.

»Man muss nicht unbedingt auf die Suche gehen«, sagte Harley. »Man muss nur versuchen, seine Aufmerksamkeit nach innen zu richten und sich auf das einzustimmen, was in der Gegenwart da ist.« Mit anderen Worten: Achtsamkeit. »Das ist es, worüber wir hier wirklich reden, nämlich einfach aufmerksam zu sein, idealerweise auf eine neugierige und nicht wertende Art und Weise, um einfach zu beobachten und zu beschreiben, was auch immer Ihre innere Erfahrung in diesem Moment ist«, sagte sie. Wenn Sie diese Rolle des Detektivs übernehmen – *mal sehen, was wir* hier *finden* –, gehen Sie mit weniger Angst und weniger Wertung an sich heran. Und das ist der Schlüssel. »Ich habe selten erlebt, dass Urteile etwas anderes bewirken, als uns zu blockieren. (Mehr darüber, wie Sie Ihre Grenzen herausfinden können, erfahren Sie in der Übung »Identifizieren Sie Ihre Grenzen und Begrenzungen«.)

Nehmen wir an, Ihre Chefin bittet Sie um ein Update zu dem Memo, an dem Sie gearbeitet haben, und Sie schnauzen sie an. Sie sind beide von Ihrer Reaktion überrascht – ihre Anfrage war reine Routine und wurde nicht einmal mit einer gewissen Dringlichkeit vorgebracht. Jetzt ist es Ihnen peinlich, und Sie müssen sich entschuldigen. Außerdem haben Sie es eilig, Ihre Arbeit zu Ende zu bringen, was Ihnen schwerfällt, weil Sie diesen Moment immer wieder in Ihrem Kopf durchspielen und sich dafür Vorwürfe machen.

Aber was wäre, wenn Sie sich fünf Minuten Zeit nähmen, um Detektiv zu spielen und auf eine kleine Erkundungsmission zu gehen? Vielleicht fühlen Sie in sich hinein und entdecken eine unangenehme Mischung aus Angst, Ärger und Irritation. *Toll, jetzt haben wir etwas, womit wir arbeiten können!* denkt Ihr detektivisches Ich. Was steckt hinter diesen schwierigen Gefühlen? Zufälligerweise kam heute Morgen der Mitarbeiter, mit dem Sie das Memo verfasst haben, vorbei und hat Sie bei der Arbeit gestört. Er ist ranghöher als Sie, und Sie hatten das Gefühl, dass Sie keine andere Wahl hatten, als Ihre Arbeit zu unterbrechen und zuzuhören. Er sprach immer weiter, während sich Ihre Mail-Benachrichtigungen häuften und Ihre Unruhe und Irritation eskalierten. Als die Person endlich wieder verschwand, konnten Sie zurück an Ihre Arbeit gehen, aber als eine halbe Stunde später Ihre Chefin anrief, reagierten Sie ungewollt genervt.

Erkennen Sie Ihre Grenzen und Begrenzungen

Hier ist eine weitere Übung, die Ihnen hilft, Ihre Grenzen zu erkennen. Stimmen Sie sich ein und überlegen Sie: Was muss geschützt werden? Eine gute Möglichkeit, damit zu beginnen, ist, diese beiden Sätze zu vervollständigen:

- Ich fühle mich nicht sicher, wenn ...
- Meine Arbeitsleistung wird beeinträchtigt, wenn ...

Nutzen Sie die Informationen, die Sie aus dieser Übung gewinnen, um eine Grenze und ein Limit zu ermitteln, mit denen Sie sicherzustellen, dass Ihre Grenze nicht überschritten wird. Hier sind einige Beispiele:

Ich fühle mich nicht sicher, wenn ... mein Kollege mich in persönlichen Angelegenheiten um Rat fragt.

Was muss geschützt werden: meine emotionale Energie, die Trennung zwischen meinem Berufs- und meinem Privatleben

Grenze: Ich werde mich bei der Arbeit nicht an Diskussionen über das Privatleben meines Kollegen beteiligen.

Grenze(n): Ich werde meinem Kollegen sagen, dass ich mich nicht wohl dabei fühle, Ratschläge zu erteilen, und dass ich mich auf die Arbeit konzentrieren muss, während ich im Büro bin.

Meine Arbeitsleistung wird beeinträchtigt, wenn . . . ich zu zu vielen Dingen ja sage.

Was muss geschützt werden: meine Zeit, meine körperliche und geistige Energie

Grenze: Ich werde öfter Nein sagen. Oder: Ich werde öfter Ja zu mir selbst sagen.

Grenze(n): Ich werde einer neuen Arbeitsanfrage erst dann zustimmen, wenn ich sie mit einem vertrauenswürdigen Berater besprochen habe und wir uns beide einig sind, dass sie eine gute Idee ist. Oder ich werde die Abende nach 19 Uhr meinen persönlichen Belangen widmen und alle arbeitsbezogenen Benachrichtigungen ausschalten.

Zugegeben, es ist nicht immer möglich, genau das zu bekommen, was Sie brauchen. Vielleicht haben Sie nicht den Luxus, drei neunzigminütige ununterbrochene Blöcke in Ihrem Kalender zu finden, oder Sie haben nicht die Möglichkeit, auf eingehende Anfragen zu verzichten. In solchen Fällen sollten Sie mit Ihrem Vorgesetzten sprechen und versuchen, einen kreativen Kompromiss zu finden. Man weiß nie, bevor man nicht gefragt hat.

Dies ist ein einfaches Beispiel, denn es braucht nicht viel Einfühlungsvermögen, um zu erkennen, dass die Person, die Sie im Büro beim Arbeiten stört, Ihre körperlichen und geistigen Grenzen verletzt hat. Sie waren beschäftigt und wollten nicht gestört werden, der andere aber nahm keine Rücksicht auf Ihre Zeit, Energie oder Verantwortung. Aber bedenken Sie: Wenn dies nur ein einziges Mal passiert ist, was würde passieren, wenn Ihre Grenzen chronisch missachtet würden? Der kumulative Effekt kann zu tiefer Frustration, geringerer Produktivität und schließlich zum Burnout führen.

Manchmal sind unsere Grenzen jedoch nicht so leicht zu erkennen. Was ist, wenn Sie einen Job haben, den Sie mögen, sich aber zunehmend erschöpft und weniger motiviert fühlen? Auch hier kann es helfen, Detektiv zu spielen. Wenn Sie sich zum Beispiel neugierig auf diese Gefühle einlassen, stellen Sie fest, dass die zahlreichen Verkaufsveranstaltungen, an denen Sie teilnehmen, Ihnen Energie rauben – das passt einfach nicht zu Ihrer introvertierten Natur. Ihre Grenze hat mit Zeit zu tun, und noch mehr mit Energie. Wie viele Networking-Veranstaltungen können Sie bewältigen, bevor Sie das Unbehagen spüren, das Ihnen signalisiert, dass eine gesunde Grenze überschritten wird? (Denken Sie daran: Unbehagen kann sich wie Angst, Irritation, Erschöpfung, Zynismus oder andere schwierige innere Zustände anfühlen.) Legen Sie auf der Grundlage dieser Informationen Ihr Limit fest: *Ich werde nicht mehr als zwei Networking-Veranstaltungen pro Monat besuchen.* Oder: *Ich brauche eine bestimmte Zeitspanne zwischen den Networking-Veranstaltungen, um mich zu erholen und mein Bestes zu geben.*

Und auf der Grundlage *dieser* Informationen sprechen Sie mit Ihrem Vorgesetzten. Teilen Sie ihm Ihre ehrliche Einschätzung dessen mit, was nicht funktioniert und was Sie brauchen, um Ihre beste Leistung zu erbringen. Wenn Sie Ideen haben, wie Sie das erreichen können, umso besser. Vielleicht können die Verantwortlichkeiten für die Vernetzung unter den Teammitgliedern aufgeteilt werden. Vielleicht können einige Veranstaltungen virtuell durchgeführt werden.

Eine solche strategische Absprache mit Ihrem Chef hilft nicht nur, Ihre Grenzen klar zu kommunizieren und zu wahren, sondern zeigt auch Ihre Führungsqualitäten und Ihr Engagement für die Ziele des Unternehmens.

• • •

Im Zentrum unserer Psyche stehen ein paar gemeinsame Ängste, und die Angst, die Kontrolle zu verlieren, ist eine davon. Sie treibt uns dazu, viele Dinge zu tun, um uns zu schützen, auch wenn einige davon ziemlich irrational sind – was sehr verständlich ist. Die Aussicht, die Kontrolle zu verlieren, *ist* beängstigend. Der Schlüssel liegt wie immer darin, innezuhalten und sich der Situation bewusst zu werden und nicht impulsiv zu handeln, weil wir Angst haben, die Kontrolle zu verlieren.

Gehen Sie dieses Unterfangen mit so viel Selbstempathie an, wie Sie können. Wenn wir uns tiefsitzenden Ängsten stellen wollen, müssen wir einen ehrlichen Blick auf das werfen, was uns am meisten Angst macht, und einige Praktiken und Haltungen annehmen, durch die wir uns verletzlich fühlen. Das bedeutet, dass wir eine andere Haltung einnehmen müssen: Akzeptanz statt Widerstand, Selbstempathie statt Selbstvorwürfe, Sanftmut statt Zwang. Letztlich ist die Akzeptanz des Unvermeidlichen der Weg, die Kontrolle loszulassen, und damit das Einzige, was uns von der Angst befreien kann, die unser tägliches Leben kontrolliert.

10

Feedback, Kritik und das Hochstapler-Syndrom

Feedback – und sein härterer Cousin, die Kritik – kann sehr schwer zu hören sein, selbst wenn man nicht mit Ängsten zu kämpfen hat. Aber ängstliche Menschen neigen dazu, sich besonders davor zu fürchten, beurteilt zu werden, und wenn dann noch Faktoren wie Perfektionismus, People Pleasing und Überarbeitung ins Spiel kommen, kann es tiefe Gefühle der Angst und Scham auslösen, wenn man einem Ideal nicht gerecht wird.

Und wenn das Hochstapler-Syndrom im Spiel ist, können selbst sanfte Kritik und hilfreiches Feedback wie eine öffentliche Bestätigung dessen wirken, was wir schon die ganze Zeit vermutet haben – nämlich, dass wird Schwindler sind, die unseren Erfolg nicht verdient haben.

Viele ängstliche Leistungsträger fürchten sich vor Kritik und Feedback, meist weil sie sich schämen. Es spielt keine Rolle, wie »hilfreich« das Feedback ist oder wie sanft es gegeben wird – ich fixiere mich dennoch auf das Negative und habe das Gefühl, dass alles meine Schuld ist. Ich habe zwei Reaktionen auf negatives Feedback, von denen keine reif oder konstruktiv ist. Ich könnte in die Luft gehen und anfangen, »Bomben zu werfen«, wie es ein Paartherapeut einmal ausdrückte, oder ich könnte verstummen und mich zurückziehen.

Aber Kritik und Feedback sind Teil des Arbeitslebens, und es ist keine gute Strategie, sie zu vermeiden. Zu wissen, was man verbessern muss, ist gesund und notwendig, und wenn man einen Chef, einen Coach oder einen Mentor hat, der einem hilft, diese Bereiche zu identifizieren und einem zeigt, wie man sich verbessern kann, ist das ein wahres Geschenk. Jeder wird im Laufe seiner Karriere

Feedback geben und erhalten, und man kann nicht führen, wenn man damit nicht umgehen kann.

Glücklicherweise ist die Fähigkeit, Feedback zu erhalten, etwas, das wir üben und verbessern können. Ebenso ist das *Geben* von nützlichem Feedback eine wichtige berufliche Fähigkeit, die wir erlernen können. Und da Angst unser Einfühlungsvermögen vertiefen kann, sind ängstliche Leistungsträger ironischerweise oft am besten darin, mitfühlendes, umsetzbares Feedback zu geben und ein Teammitglied, das mit Hochstapler-Gefühlen kämpft, zu erkennen und zu unterstützen. Und das, obwohl sie sich wirklich schwer damit tun, Kritik anzunehmen, oder durch das Hochstapler-Syndrom stark beeinträchtigt sind.

Effektive, ehrliche Mitarbeitergespräche

Poppy Jaman, die die City Mental Health Alliance im Vereinigten Königreich leitet und die wir in Kapitel 7 kennengelernt haben, hat eine ganz einfache Methode für Manager, um die Ängste der Mitarbeiter zu lindern, bevor sie ihnen Feedback geben: Führen Sie regelmäßig Einzelgespräche mit Ihren direkten Mitarbeitern und beginnen Sie jedes Treffen mit der Frage, wie es ihnen geht. »Es hat keinen Sinn, dass wir Ihre Projekte, Vorhaben und die Geschäftsziele besprechen, wenn Sie sich … in keiner guten Verfassung befinden«, sagt Jaman.

Sie hat völlig Recht. Jemand kann sich nicht auf das konzentrieren, was sein Chef sagt, wenn die Angst die Zügel in der Hand hält. Wenn man sich konsequent und aufrichtig um die Mitarbeiter kümmert, schafft das Vertrauen und zeigt, dass sie geschätzt und ihre Bedürfnisse gehört werden. Das senkt die Ängste auf allen Seiten und nimmt den ängstlichen Mitarbeitern viel von ihrer Furcht vor Feedbackgesprächen.

Aber eines ist wichtig: Wenn Sie Fragen stellen, seien Sie auch offen für die Antwort. Sonst stellt sich schnell Skepsis den Mitarbeitergesprächen gegenüber ein. Ein Kollege bemerkte mir gegenüber, dass seine Chefin gute Mitarbeiter-Fragen stellen würde … während sie gleichzeitig ständig ihr Telefon und ihre E-Mails checkt und das Mitarbeitergespräch sogar unterbrach, um darauf zu antworten. Wenn Sie mit direkten Vorgesetzten oder Kollegen sprechen, sollten Sie zunächst zu sich selbst ehrlich sein. Sind Sie bereit zuzuhören oder wird das, was Ihr Mitarbeiter sagen könnte, Ihre eigene Führungsangst triggern? Mitarbeitergespräche sind am besten, wenn sie häufig stattfinden und nicht als große Sache empfunden werden. Wenn sich ein Mitarbeitergespräch hingegen wie ein ungewöhnlicher Anlass anfühlt, kann die Angst hervortreten.

Wenn man es richtig macht, schafft ein gutes und häufiges Mitarbeitergespräch Vertrauen. Jamans einfaches, effektives Verfahren war so erfolgreich, dass es in ihrer Organisation sowie in mehreren Anwaltskanzleien und Unternehmen, die sie berät, zur Standardprozedur wurde. Wenn man bedenkt, wie isolierend Depressionen und Angstzustände sein können, ist es nicht verwunderlich, dass eine echte Rückmeldung so viel bewirken kann.

Der ständige Bedarf an Feedback

Ich sage es Ihnen nur ungern, aber je erfolgreicher Sie werden, desto öfter müssen Sie sich kritisches Feedback einholen. Untersuchungen haben ergeben, dass je mehr Erfahrung und Macht eine Führungskraft hat, desto ungenauer ist ihre Einschätzung ihrer Führungseffektivität und desto wahrscheinlicher ist es, dass sie ihre Fähigkeiten und Fertigkeiten überschätzt.

Wie kommt es dazu? Die Forscher stellen zwei Hypothesen auf. Erstens haben leitende Angestellte einfach weniger Leute über sich, die ihnen offenes Feedback geben können. Zweitens: Je mehr Macht eine Führungskraft hat, desto weniger trauen sich die Mitarbeiter, ihr Feedback zu geben, weil sie befürchten, dass es ihrer eigenen Karriere schaden könnte. Der Wirtschaftsprofessor James O'Toole fügt hinzu, dass mit zunehmender Macht einer Führungskraft deren Bereitschaft, zuzuhören, sinkt, entweder weil sie glaubt, mehr zu wissen als ihre Mitarbeiter, oder weil sie befürchtet, dass das Einholen von Feedback mit Kosten verbunden ist – in der Regel, dass sie als schwach angesehen wird.[1]

Ironischerweise sind gerade die Führungskräfte, die sich um kritisches Feedback bemühen und bereit sind, es anzunehmen, am effektivsten. In einer Studie mit mehr als einundfünfzigtausend Teilnehmern wurden Führungskräfte, die als »sehr schlecht im Einholen von Feedback und im Umgang damit« eingestuft wurden, auch in ihrer Gesamteffizienz als schlecht bewertet. Diejenigen, die am besten darin waren, um Feedback zu bitten und darauf zu reagieren, wurden dagegen auch am effektivsten bewertet. Warum macht uns Feedback zu besseren Führungskräften, während die Vermeidung von Feedback uns weniger effektiv macht? Diesen Forschern zufolge »nehmen Führungskräfte, die sich gegen Feedback wehren, Änderungen auf der Grundlage ihrer internen Annahmen vor (die oft falsch sind), oder sie nehmen überhaupt keine Änderungen vor«.[2]

Diese Schlussfolgerung ließ mich aufhorchen, denn was ist eine weitere Gruppe, deren innere Annahmen oft falsch sind? Menschen mit unkontrollierten Ängsten und Depressionen.

Natürlich leidet nicht jeder, der sich in einer Annahme irrt, unter Angstzuständen oder Depressionen. Dennoch gibt es einen Zusammenhang zu bedenken. Die Stimme von unkontrollierten Ängsten und Depressionen ist bekanntlich unzuverlässig. Sie wird uns sagen, dass wir kein Risiko eingehen sollten, dass wir nicht in der Lage sind, eine Führungsrolle zu übernehmen, dass wir klein und sicher und ruhig bleiben sollten, dass wir Betrüger sind, die jeden Moment auffliegen werden, dass es keinen Sinn hat, sich zu verbessern oder es überhaupt zu versuchen.

Dies sind alles Beispiele für negative Selbstgespräche, oder, um es in der Sprache der Studie zu sagen, es sind *falsche innere Annahmen*. Um es in meiner bevorzugten Sprache auszudrücken: Es ist ein Haufen Müll, den die Angst ausstößt. Sicher, in gewisser Weise versucht die Angst, Sie aus der Schusslinie zu halten, aber unkontrollierte Angst schätzt den Grad der Bedrohung ständig falsch ein. Sie kann sich selbst nicht helfen. Lassen Sie sich also nicht davon abhalten, genau das Feedback einzuholen, das Sie auf die nächste Stufe katapultieren könnte, und lassen Sie sich nicht von ihr zur Untätigkeit verleiten.

Alice Boyes, Expertin für Angstzustände, zeigt einige Möglichkeiten auf, wie man das Einholen und Annehmen von Feedback erleichtern kann. Die erste betrifft die Person, die das Feedback gibt. »Es ist viel einfacher, konstruktives Feedback von jemandem zu bekommen, der Sie für talentiert und kompetent hält«, sagt sie. Mit anderen Worten: Jemand, der Vertrauen in Ihre Talente und Kompetenzen hat und auf dessen Meinung und Beobachtungen *Sie* vertrauen. Wenn Ihr Vorgesetzter diese Voraussetzungen nicht erfüllt, müssen Sie sich trotzdem sein Feedback anhören und sich damit auseinandersetzen. Umso wichtiger ist es, jemanden zu finden, der diese Voraussetzungen *erfüllt*, sei es ein Executive Coach, ein vertrauenswürdiger Mitarbeiter oder ein Kollege in Ihrer Branche.

Als Nächstes sollten Sie sich überlegen, welches Format für Sie am besten geeignet ist. Zum Beispiel »ist es viel einfacher, nicht defensiv zu sein, wenn man das Feedback in schriftlicher Form erhält, als wenn man es direkt gesagt bekommt«, sagt Boyes. Auf diese Weise müssen Sie nicht sofort reagieren und haben Zeit, das Feedback in Ruhe zu verarbeiten. Ist ein formelles Gespräch mit Ihrem Chef zu angstauslösend? Schauen Sie, ob es möglich ist, am Telefon zu sprechen.

Eine weitere Möglichkeit besteht darin, den Umfang des Feedbacks, das Sie erhalten, anzupassen. Wenn Sie nach der Veranstaltung ein Feedback über eine Umfrage oder ein Online-Bewertungssystem einholen, können Sie beispielsweise die Anzahl der Teilnehmer begrenzen. »Anstatt 100 Personen an einer Umfrage teilnehmen zu lassen, könnte ich fünf Personen einladen und diese dann erst auswerten«, empfiehlt Boyes. »Oder ist eine einstündige Besprechung mit Ihrem Vorgesetzten zu lang? Versuchen Sie, es in zwei halbstündige Sitzungen aufzuteilen.«

Außerdem, so Boyes, sollte man bedenken, dass Feedback manchmal einfach nicht so hilfreich ist. »Denken Sie daran, dass selbst von jemandem, der ein wirklich nützlicher Feedbackgeber ist, vielleicht nur 80 Prozent des Feedbacks zutreffend sind«, sagt sie. »Erkennen Sie, dass Sie nicht jeden Punkt des Feedbacks akzeptieren müssen – Sie können anderer Meinung sein oder Prioritäten setzen.«

Angst und Hochstapler-Syndrom

Das *Hochstapler-Syndrom* (in akademischen Kreisen auch als *Impostor-Phänomen* bezeichnet) wurde erstmals in den 1970er Jahren von den Psychologinnen und Forscherinnen Pauline Rose Clance und Suzanne Imes entdeckt. Sie untersuchten mehr als 150 sehr erfolgreiche Frauen, die für ihre herausragenden Leistungen bekannt waren, aber dennoch von »Hochstapler-Gefühlen« geplagt wurden. »Trotz ihrer erworbenen Abschlüsse, schulischen Auszeichnungen, hohen Leistungen bei standardisierten Tests, Lob und beruflicher Anerkennung durch Kollegen und angesehene Autoritäten haben diese Frauen kein inneres Erfolgsgefühl«, so die Forscher. »[Sie] halten an der Überzeugung fest, dass sie nicht intelligent sind; tatsächlich sind sie davon überzeugt, dass sie jeden getäuscht haben, der etwas anderes denkt.«

Die Teilnehmerinnen dieser Studie schrieben ihren Erfolg dem Glück, der Anstrengung (und nicht den angeborenen Fähigkeiten) oder einem Irrtum zu (jemand hat sie fälschlicherweise für einen Job oder eine Auszeichnung ausgewählt). In einem Tonfall, der meiner Meinung nach zu gleichen Teilen aus Frustration und Trauer besteht, kamen Clance und Imes zu dem Schluss, dass »diese Frauen unzählige Mittel und Wege finden, um jeden äußeren Beweis zu negieren, der ihrer Überzeugung widerspricht, dass sie in Wirklichkeit unintelligent sind«.[3]

Die Experten für das Hochstapler-Syndrom, Lisa und Richard Orbé-Austin, sagen in ihrem Kommentar zu dieser Studie, dass die Frauen »harte Arbeit und Fleiß als Deckmantel für ihre wahrgenommene Unzulänglichkeit benutzten«. Die Frauen befanden sich in einem Zyklus, der in Abbildung 10-1 zu sehen ist.

Abbildung 10-1

Der Hochstapler-Zyklus

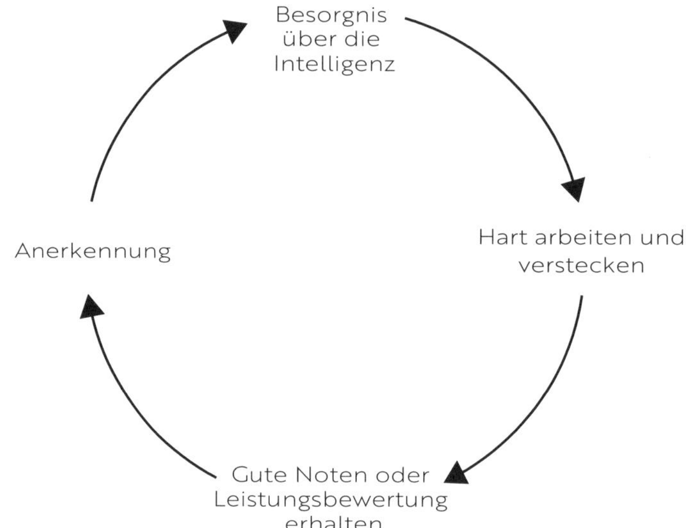

Quelle: Lisa und Richard Orbé-Austin, *Own Your Greatness* (Berkeley, CA: Ulysses Press, 2020).

Wenn sie gelobt wurden, fühlten sie sich vorübergehend gut, aber sobald das gute Gefühl nachließ, machten sich die Frauen wieder Gedanken über ihre Intelligenz oder ihre Fähigkeit, etwas zu leisten. »Innerhalb dieses Zyklus findet keine Verinnerlichung der erfolgreichen Erfahrung statt«, so Orbé-Austins. »Die Leistung wird nicht als Teil ihrer Identität akzeptiert oder ihr wird kein großer Wert beigemessen, so dass es bei der nächsten Leistung so ist, als hätte es die vorherige Leistung nie gegeben. So beginnt der Kreislauf von neuem.«[4]

Das Hochstapler-Syndrom tritt nicht nur bei Frauen auf, sondern auch bei Männern. Einige der Anzeichen dafür, dass Sie mit dem Hochstapler-Syndrom zu kämpfen haben, sind:

- Sie befinden sich in dem in Abbildung 10-1 dargestellten Hochstapler-Zyklus.
- Sie leugnen Ihre Fähigkeiten und führen Ihren Erfolg auf Glück, Fehler, Mehrarbeit oder eine Beziehung zurück.

- Sie lehnen Lob ab und fühlen sich bei Erfolg schuldig.
- Sie haben Angst zu versagen und als Betrüger entdeckt zu werden.
- Sie fühlen sich nicht intelligent (auch wenn Tests oder Leistungen darauf hindeuten, dass Sie es sind).
- Sie haben Ängste, Probleme mit dem Selbstwertgefühl, Depressionen und Frustration aufgrund interner Normen.
- Sie haben mit Perfektionismus zu kämpfen.
- Sie überschätzen andere und unterschätzen sich selbst.
- Sie erleben kein inneres Erfolgsgefühl.
- Sie überarbeiten sich oder sabotieren sich selbst, um Gefühle der Unzulänglichkeit zu überspielen.
- Sie befürchten, dass Sie den Erwartungen nicht gerecht werden können.
- Sie setzen sich selbst sehr hohe Ziele und sind enttäuscht, wenn Sie diese nicht erreichen.
- Sie sind ein Überflieger.
- Sie sabotieren Ihren Erfolg.

Es gibt unterschiedliche Definitionen des Hochstapler-Syndroms, was zum Teil daran liegt, dass es sich nicht um eine anerkannte psychiatrische Krankheit handelt. Die Kernkomponenten des Syndroms sind jedoch in der Beschreibung der American Psychological Association enthalten: »Die Situation, in der hochkompetente, erfolgreiche Personen paradoxerweise glauben, dass sie Betrüger sind, die letztendlich scheitern und als inkompetent entlarvt werden.«

Auch wenn es auf den ersten Blick kontraintuitiv erscheint, leiden viele ängstliche Führungskräfte mit zunehmender beruflicher Entwicklung und größerem Erfolg unter dem Hochstapler-Syndrom. Jede Beförderung, Auszeichnung, Errungenschaft oder jeder Karriereschritt gibt ihnen eine neue Gelegenheit, an sich selbst zu zweifeln. Dies geschieht, weil wir mit dem Hochstapler-Syndrom nicht in der Lage sind, unsere Erfolge zu verinnerlichen und uns zu eigen zu machen.

Jeannette Kaplun, eine preisgekrönte Journalistin und Influencerin, verfügt über mehr als zwanzig Jahre Erfahrung im Fernsehen, Radio und beim Aufbau digitaler Medienunternehmen. Im Jahr 1999 war sie Mitbegründerin von Todobebé, einem Ressourcennetzwerk für Mütter aus spanischsprachigen Ländern, und im Jahr 2012 gründete sie Hispana Global, eine zweisprachige Plattform für hispanische Frauen, deren Geschäftsführerin sie derzeit ist. »Das Problem mit der Angst ist, dass sie so eng mit dem Hochstapler-Syndrom verbunden ist«, sagte sie mir. »Man hat das Gefühl, dass man nichts von dem weiß, was man tut, und beginnt an sich selbst zu zweifeln. Wenn man anfängt, zu viele Leute um Rat zu fragen, wird man sehr verwirrt, und man kann tatsächlich sehr zerstreut werden, und das ist nie gut, wenn man ein Unternehmen aufbaut.«

Ich glaube, viele ängstliche Menschen können das nachempfinden. Wenn das Hochstapler-Syndrom uns an unserer Kompetenz oder unserem Selbstvertrauen zweifeln lässt, ist es verständlich, dass wir versuchen, sie uns von anderen zu »leihen«, indem wir ihre Zustimmung, ihren Rat und ihre Zusicherung suchen. Zwar ist der Input (und das Feedback!) anderer manchmal durchaus angebracht, doch Kaplun weist zu Recht darauf hin, dass wir uns inmitten all dieser Ratschläge verirren können, wenn sich das Hochstapler-Syndrom und die Zweifel einschleichen und uns dazu bringen, um die Meinung anderer zu buhlen.

Wie können wir uns also neu orientieren und zu unserem Bauchgefühl, zu unserer Vision zurückfinden? Wie erinnern wir uns selbst daran: »Hey, warte mal, ich habe mich hierhergebracht! Ich weiß, was zu tun ist.«

Zunächst, so Kaplun, müssen Sie lernen, Ihre Angstsymptome zu erkennen. Sie müssen wissen, wie sich die Angst bei Ihnen bemerkbar *macht* und wie Sie mit ihr umgehen können, bevor sie Ihren Verstand und Ihre Gefühle übernimmt. Kapluns gesunde Bewältigungsstrategien sind Atemübungen, das Aufschreiben ihrer Gefühle (eine gute Möglichkeit, die Angst nach außen zu tragen) und die Festlegung von Prioritäten und eines Tagesplans, damit sie nicht überfordert wird.

Was das Hochstapler-Syndrom betrifft, so sagen Sie sich selbst die Wahrheit. Sie erinnern sich selbst daran, »dass es einen Grund gibt, warum Sie das erreicht haben, was Sie erreicht haben«, sagte sie. »Es gibt einen Grund, warum Sie so handeln und sich mit anderen Menschen derart verbinden, wie es andere nicht können … schauen Sie auf das, was Sie wissen und erreicht haben. Die Wirkung, die Sie auf andere Menschen haben, kann Ihnen helfen, sich zu zentrieren und zu erkennen: ›Weißt du was? Ich muss auf mein Bauchgefühl hören.‹«

Die Verhaltenswissenschaftlerin Tanya Tarr schlägt vor, die Stimme des Hochstapler-Syndroms zu personifizieren, die sie ihren »inneren Saboteur« nennt. Dabei unterscheidet sie zwischen dem inneren Saboteur und dem inneren Kritiker, denn, so sagt sie, hilfreiche Kritik hat ihren Platz. Der innere Saboteur hingegen »versucht, Ihre Motivation zu töten«. Die Personifizierung dieser Stimme hilft Ihnen zu erkennen, wer diese Dinge tatsächlich sagt, woher diese Stimme kommt (in der Regel eine kritische Person aus Ihrer Vergangenheit), und, was am wichtigsten ist, diese Stimme von Ihrer eigenen zu unterscheiden. Wenn Sie die Stimme Ihres inneren Saboteurs identifizieren können, sagt Tarr, benennen Sie diese Person »und sagen Sie ihr, sie soll die Klappe halten«.

Wie Kaplun empfiehlt auch Tarr, dass Sie eine Bestandsaufnahme Ihrer Leistungen machen und sich selbst an Ihre Erfolge erinnern. »Das Gegengewicht zum Hochstapler-Syndrom sind ein authentisches Selbstvertrauen und authentischer Stolz«, sagte sie mir. Wenn es Ihnen, wie vielen ängstlichen Menschen, schwerfällt, Ihre Leistungen zu benennen, oder Sie davor zurückschrecken, weil Sie fürchten, egoistisch zu sein, bietet Tarr drei praktische Lösungen an.

Erstens: Fragen Sie andere. Suchen Sie sich Menschen aus Ihrem Berufs- oder Privatleben, denen Sie vertrauen und die Ihnen eine objektive Sichtweise vermitteln können, und bitten Sie sie, Ihnen dabei zu helfen, Dinge zu erkennen, die Sie gut gemacht haben.

Zweitens: Führen Sie eine Clip-Datei. Dies ist eine gängige Praxis im Journalismus; es ist einfach eine Sammlung Ihrer veröffentlichten Artikel. Was ist also Ihre Version einer Clip-Datei? Fotografen, Künstler und Designer führen Portfolios; andere führen eine aktualisierte Liste ihrer Leistungen in ihren Lebensläufen; wieder andere stellen ihre Lieblingsarbeiten auf ihren Websites vor. Ich habe einen Google Drive-Ordner mit meinen Lieblingsbeispielen meiner Arbeit. Was auch immer es ist, es ist ein objektiver Beweis für Ihre Leistungen.

Drittens: Bewahren Sie jede E-Mail auf, die positives Feedback enthält. Wann immer Sie anfangen, an sich selbst zu zweifeln, gehen Sie zu Ihren E-Mails zurück und Sie werden eine Sammlung externer Bestätigungen finden, komplett mit Zeitstempeln.

Was, wenn es bei meinem Hochstapler-Syndrom gar nicht um mich geht?

Zahlreiche Kommentatoren haben darauf hingewiesen, dass das Hochstapler-Syndrom möglicherweise eher von den Systemen herrührt, in denen wir arbeiten, als von uns selbst. Die Schriftstellerinnen und Expertinnen für Chancengleichheit am Arbeitsplatz Ruchika Tulshyan und Jodi-Ann Burey stellen fest, dass das vorherrschende Konzept des Hochstapler-Syndroms »die Schuld auf den Einzelnen abwälzt« und »ein ziemlich allgemeines Gefühl des Unbehagens, des Zweifelns und der leichten Angst am Arbeitsplatz aufgreift und pathologisiert, insbesondere bei Frauen«. Die herkömmliche Sichtweise des Hochstapler-Syndroms impliziert, dass die *Arbeitnehmer* korrigiert werden müssen, anstatt die Orte zu korrigieren, an denen wir arbeiten.[5]

Zwar leidet nicht jeder, der am Arbeitsplatz Diskriminierung oder Unterdrückung erfahren hat, auch unter dem Hochstapler-Syndrom, doch gibt es Hinweise darauf, dass unterrepräsentierte Arbeitnehmer wie Frauen und Farbige besonders anfällig für arbeitsplatzbedingte Hochstapler-Gefühle sein können. Tulshyan und Burey weisen darauf hin, dass die Forscher bei der ersten Untersuchung des Hochstapler-Syndroms die Auswirkungen von systemischem Rassismus, Klassismus, Fremdenfeindlichkeit und anderen Vorurteilen nicht berücksichtigt haben.

Heute wisse man jedoch, dass Selbstzweifel und das Gefühl, an einem von Weißen und Männern dominierten Arbeitsplatz nicht dazuzugehören, bei farbigen Frauen aufgrund der impliziten oder expliziten Botschaften, die sie erhalten, noch stärker ausgeprägt sein können. Das Ergebnis ist, dass die normalen, natürlichen Gefühle der Unsicherheit und des Selbstzweifels »durch chronische Kämpfe mit systemischen Vorurteilen und Rassismus« für farbige Frauen noch verstärkt werden.[6]

Lisa Orbé-Austin weist darauf hin, dass toxische und diskriminierende Arbeitsplätze zwar das Hochstapler-Syndrom auslösen können, die Forschung aber zeigt, dass die Ursprünge des Syndroms in der Regel in Kindheitserfahrungen und familiären Dynamiken liegen, die dazu führten, dass der Einzelne sich selbst nicht in den Vordergrund stellte. Wenn man zum Beispiel in einem Haushalt aufgewachsen ist, in dem die Bedürfnisse der anderen im Mittelpunkt standen, fühlt es sich fremd an, in die eigenen Bedürfnisse zu investieren und die eigenen Leistungen zu verinnerlichen.[7] Orbé-Austin stimmt jedoch zu, dass toxische und diskriminierende Arbeitsplätze die Überwindung des Hochstapler-Syndroms erschweren können. Zum Beispiel können Arbeitsplätze oder sogar ganze Systeme der Unterdrückung dazu führen, dass man denkt: »Vielleicht bin ich nur wegen eines Diversity-Programms hier. Vielleicht bin ich nicht gut genug.«[8]

Unabhängig davon, ob die Gefühle von Hochstaplern bis in die Kindheit zurückverfolgt werden können oder auf eine negative Erfahrung im späteren Leben zurückzuführen sind, ist klar, dass bestimmte Umgebungen sie auslösen, verschlimmern und ihre Überwindung erschweren. Kevin Cokley, einer der weltweit führenden Experten für das Impostor-Phänomen, sagt, dass stressige und wettbewerbsintensive Umgebungen »immer zu Brutkästen für Hochstapler-Gefühle werden«.[9] Tulshyan und Burey stellen fest, dass das Hochstapler-Syndrom »besonders häufig in voreingenommenen, toxischen Kulturen auftritt, die Individualismus und Überarbeitung schätzen«, und Orbé-Austin betont die Notwendigkeit, solchen Arbeitsplatzkulturen entgegenzuwirken, da diese Organisationen tatsächlich davon *profitieren*, das Hochstapler-Syndrom bei ihren Mitarbeitern zu erhalten.[10] Warum? Weil Mitarbeiter, die mit Hochstapler-Gefühlen kämpfen, härter arbeiten und nach Anerkennung von außen suchen – einschließlich ihrer Manager, die bewusst oder unbewusst Teil der toxischen Kultur des Unternehmens sind.[11]

Hilary ist die leitende Direktorin für Marketing und Kommunikation bei einem Onkologieverband. (Ihr Name wurde geändert, und der Name ihrer Firma wurde auf Wunsch nicht genannt.) Ich habe mich mit ihr in Verbindung gesetzt, nachdem sie mir diese außergewöhnliche Nachricht auf LinkedIn geschickt hatte: »Das Hochstapler-Syndrom ist das, was mich in meinem derzeitigen Job hält. Ich bin unterbesetzt, überlastet und mehr als ausgebrannt. Ich bin in sieben Jahren dreimal befördert worden, aber ich weiß nicht, ob ich kündigen und mir etwas Besseres suchen soll, weil ich glaube, dass man mich als Betrüger entlarven wird. Ich kann nicht die Einzige sein, aber manchmal fühlt es sich so an!«

Hilarys Fall ist ein Lehrbuchbeispiel für das Hochstapler-Syndrom. Man beachte, dass sie in sieben Jahren dreimal befördert wurde – sie ist jetzt Senior Director – und dennoch fürchtet sie, dass ein künftiger Arbeitgeber herausfinden könnte, dass sie nicht weiß, was sie tut. Hinzu kommt, dass sie, wie viele, die mit dem Gefühl der Hochstapelei zu kämpfen haben, chronisch überarbeitet ist – und wie Orbé-Austin anmerkte, ist ihr Unternehmen mehr als glücklich, sie gewähren zu lassen. Aufgrund von Personalfluktuation und unbesetzten Stellen jonglierte Hilary mit vier verschiedenen Rollen und mehr als fünfzig Arbeitsprojekten. Als sie bei der Gehaltsabrechnung nachfragte, wie viel sie im Jahr 2021 gearbeitet hatte, stellte sie fest, dass sie mindestens 450 Überstunden geleistet hatte.

Während Hilary und ich uns unterhielten, wurde deutlich, dass ihre Organisation selbst ein wenig unter einem Hochstapler-Syndrom leidet. Da sie nicht die führende medizinische Gesellschaft in diesem Bereich ist, zeigen sich kollektive Ängste und Schamgefühle, was Hilarys Arbeit in den Bereichen Kommunikation und Marketing besonders schwierig macht. »Ich sage es nur ungern, aber es ist, als wäre man in einer schlechten Beziehung«, sagt sie. »Manchmal vergisst man, was normal ist. Man muss aus dieser Situation herauskommen, um wirklich Klarheit zu bekommen und zu sehen, wie andere Menschen leben, denn ich bin mir sicher, dass das Leben nicht bei jedem so ist. Aber man ist so sehr mit seinem eigenen Leben beschäftigt, mit dem Alltag und dem bloßen Überleben.«

Hilarys Organisation ist eindeutig dysfunktional, und sie ist schon so lange dabei, dass sie die Dysfunktion verinnerlicht hat. Sie weiß, dass sie gehen muss, aber ihr Hochstapler-Syndrom hält sie fest – und ihr Unternehmen erntet die Früchte.

Wenn das Hochstapler-Syndrom den Ehrgeiz schürt

Forscher haben zwei übergreifende Reaktionen auf das Hochstapler-Syndrom ausgemacht. Die eine ist der Weg der Prokrastination, eine Art selbstsabotierende Reaktion auf das Gefühl der Betrügerei. Aus Angst, keinen Erfolg zu haben, schieben diese Arbeitnehmer Aufgaben bis zur letzten Minute auf, und wenn sie dann doch Erfolg haben, tun sie ihn als unverdient oder als Glücksfall ab. Der andere Weg ist der der Übervorbereitung. Das sind die Arbeitnehmer, die zu viel leisten, zu viel arbeiten und zu viel funktionieren.

Cokley hat beschrieben, wie seine eigenen Gefühle als Hochstapler ihn zu übermäßiger Vorbereitung anspornen.[12] Obwohl er sich seit vielen Jahren mit dem Thema beschäftigt, Studien in renommierten Fachzeitschriften veröffentlicht und »Dutzende und Dutzende und Dutzende« Male Vorträge über das Impostor-Phänomen gehalten hat, geht er an jeden Vortrag heran, als hätte er noch nie einen gehalten, und verbringt viele Stunden mit der Vorbereitung. »Ich möchte nicht, dass die Leute mir zuhören und denken: ›Er weiß nicht, wovon er spricht‹, also bereite ich mich wirklich zu gut vor«, gestand er.[13] Wer sich zu gut vorbereitet, geht bei jeder Aufgabe einen Schritt weiter, selbst wenn es sich um ein Thema oder einen Prozess handelt, den er wie Cokley wie seine Westentasche kennt. Beide Wege können das Wohlbefinden beeinträchtigen, und zusätzlich kann der Weg der Übervorbereitung – wie wir bei Hilary gesehen haben – zu Erschöpfung und Burnout führen. Es steht jedoch außer Frage, dass Menschen, die sich übermäßig vorbereiten, in der Regel sehr erfolgreich sind und von ihren Teams und Unternehmen sehr geschätzt werden.

Ich identifiziere mich mit dieser Gruppe. Wie bei so vielen ängstlichen Leistungsträgern treibt meine Angst, als inkompetent oder unverdient zu gelten, meinen Ehrgeiz an und meine Tendenz, zu viel zu leisten, zu viel zu arbeiten und dem unerreichbaren Ziel der Perfektion nachzujagen. Der ursprüngliche Titel meines Podcasts lautete »*Ängstlicher Ehrgeiz*«, und ich glaube ehrlich gesagt nicht, dass ich diese beiden Wörter entwirren könnte.

Manchmal frage ich mich: Wenn ich nicht so ängstlich wäre, wäre ich dann überhaupt ehrgeizig? Oder wäre ich einfach nur in der Lage, *zu sein*? Wäre ich in der Lage, innezuhalten und die Dinge zu genießen und mir nicht ständig Gedanken darüber zu machen, was hinter der nächsten Ecke auf mich zukommt? Wäre ich in der Lage, mich – oh Wunder – gut zu fühlen, so *wie ich bin*?

Mir ist jetzt klar, dass mein Ehrgeiz immer mit Angst zu tun hatte und zu einer schlechten Angewohnheit geworden ist. Mit anderen Worten, ich befinde mich im Hochstapler-Zyklus: Aus Angst wird Besorgnis und das Gefühl, ein Hochstapler zu sein, und diese Gefühle kanalisiere ich in Form von Überarbeitung und Übererfüllung. Dann werde ich für mein Handeln belohnt, und ich denke mir: *Das muss ja irgendwie für mich funktionieren*. Und ich mache weiter. Die Social-Media-Unternehmerin Jyl Johnson Pattee meldete sich bei mir, als sie einen LinkedIn-Beitrag von mir über das Hochstapler-Syndrom sah. Ihre Geschichte ist faszinierend, denn ihr langjähriger Kampf mit dem »Mr.-Impostor-Syndrom«, wie sie es nennt, hat ihren Ehrgeiz und ihren Drang, ein erfolgreiches Unternehmen aufzubauen, beflügelt.

Pattee sagt, dass das Hochstapler-Syndrom sie während ihrer gesamten beruflichen Laufbahn begleitet hat, aber es erreichte Ende der 2000er Jahre einen Fieberschub, nachdem die Große Rezession von 2008 ihre Pläne durchkreuzt hatte. Damals hatte Pattee ihren Job in einem Unternehmen nur neun Monate zuvor aufgegeben, um zwei kleine Kinder zu Hause zu betreuen. Im April 2009 wurde dann auch ihr Mann entlassen. »Ohne Ersparnisse und ohne Notfallplan« und mit einem Ehemann, der unter schweren Depressionen litt, nachdem er keine Arbeit gefunden hatte, sah sich Pattee gezwungen, die Familie über Wasser zu halten. Sie veranstaltete Live-Events auf Twitter, »nur um meine extrovertierte Ader zu befriedigen«, und ihr Mann schlug ihr vor, Sponsorengelder für die Events zu verkaufen.

Die Antwort von Pattee? »Ja, genau! Ich war Instruktionsdesignerin und Projektmanagerin bei Franklin Covey und arbeitete fast zehn Jahre lang im Bereich der Soft-Skills-Schulung«, erwiderte sie. »Was wusste ich schon über den Verkauf? Außerdem, an wen sollte ich verkaufen? Was würde ich sagen? Was sollte ich versprechen? Tracking-Tools waren noch gar nicht auf dem Markt. Wie sollte ich die Ergebnisse nachweisen?«

Doch Pattee erwies sich als großes Verkaufstalent, und sie kam genau zum richtigen Zeitpunkt auf den Markt: Sie gewann sofort einige Kunden, und innerhalb von zwei Monaten hatte sie eine ausgewachsene Influencer-Marketingagentur. »Wir konnten buchstäblich nicht mit dem Geschäft Schritt halten«, sagt sie. »Und ich hatte nicht einmal eine Website! ... Obwohl ich also immer noch dieses Hochstapler-Syndrom hatte, hatte ich nicht einmal Zeit, ihm Raum zu geben.«

Als sich das Geschäft etablierte und die Nachfrage hoch blieb, kehrten Pattees Hochstapler-Gefühle zurück. »Ich schrieb meinen ganzen Erfolg dem Glück zu und ich würde nie die Lorbeeren ernten«, erzählt sie. »Ich bin jeden Tag aufgewacht und habe mich gefragt, ob die Leute an diesem Tag merken würden, dass ich keine Erfahrung mit PR oder digitalen Medien hatte – dass ich mir buchstäblich alles selbst ausgedacht hatte. Mit anderen Worten, dass ich eine Schwindlerin war.« Auf andere wirkte sie »super selbstbewusst«, sogar so sehr, dass einige sie als einschüchternd empfanden. »Aber wie um alles in der Welt konnten sie so über jemanden denken, der eindeutig jede Sekunde des Tages nur so tat, als würde er es schaffen?« fragte sich Pattee. »Eins plus eins war nicht gleich zwei!«

Jedes Mal, wenn sie einen freien Moment hatte, erzählt Pattee mir, überkam sie die Angst. Aber diese Angst war eines der Dinge, die sie am Laufen hielten. Ich glaube, das passiert oft, vor allem wenn wir nicht aus reichem Hause kommen und das Gefühl haben, dass alles von uns abhängt, oder wenn wir von Natur aus ängstlich sind. In beiden Fällen fühlen sich die Kosten von Fehlern astronomisch hoch an, also drängen und drängen und drängen wir uns, um weiterzumachen.

Selbst heute, wo sie ein etabliertes Unternehmen und jahrzehntelange Erfolge hinter sich hat, kämpft Pattee immer noch mit dem Hochstapler-Syndrom. Als sie kürzlich ihren Lebenslauf aktualisierte, konnte sie »nicht glauben«, was der ihr widerspiegelte. »Ich konnte plötzlich sehen, wie Mr. Impostor-Syndrom mich belogen hat«, sagt sie. »Der Beweis stand auf dem Papier. Ich hatte tatsächlich etwas erreicht – oder mehr! Das war ein großer Weckruf für mich, der mir bewusst machte, welche Macht wir unseren Gedanken und Überzeugungen geben.«

Obwohl ihre Angst, »enttarnt« zu werden und ihr Geschäft zu verlieren, einen Großteil ihres Erfolgsstrebens beflügelt hatte, hatte dies seinen Preis. »Das Schlimmste daran, dem Mr.-Impostor-Syndrom nachzugeben, ist, wenn man es tatsächlich glaubt«, sagt sie. »Man fühlt sich klein, unqualifiziert und verängstigt. Ich habe jahrelang in Angst und Schrecken gelebt und darauf gewartet, dass die nächste Hiobsbotschaft kommt, dass wir auf der Straße landen und obdachlos werden. Das war eine sehr reale Möglichkeit für mich, die auf der ›Tatsache‹ beruhte, dass ich nicht die war, für die mich die Leute hielten.«

Pattee beschreibt perfekt die Erfahrung so vieler ängstlicher Erfolgsmenschen. Ganz gleich, wie viele Jahre Erfahrung wir haben, wie viele Auszeichnungen wir erhalten oder wie viel Geld wir verdient haben, wir kämpfen immer noch mit dem Gefühl, dass wir unseren Erfolg irgendwie zu Unrecht erlangt haben und dass er uns jeden Moment wieder genommen werden kann. Diese Angst kann uns zu Höchstleistungen antreiben, aber wir brauchen Leitplanken und gesunde Bewältigungsstrategien, um sicherzustellen, dass der Preis dafür nicht zu hoch ist.

Für Pattee war die gesunde Gegenkraft zu dem Schrecken, den das Mr.-Impostor-Syndrom in ihr auslöste, Widerstandsfähigkeit und Durchhaltevermögen, die sie als ihre Superkräfte betrachtet. »Alle Teile von sich selbst anzunehmen, gibt einem Kraft«, sagt sie. »Mich selbst inmitten meines Schreckens zu zeigen, hat mir geholfen, das Mr. Impostor-Syndrom in Schach zu halten und tatsächlich einige gewünschte Ergebnisse zu erzielen.«

Angstbewältigung durch Entschärfung

Auch die Klügsten, Besten und Erfolgreichsten unter uns werden gelegentlich negative Rückmeldungen erhalten, die schwer zu hören sind. Wir machen Fehler, erreichen unsere Verkaufsziele nicht, verfehlen unsere Vorgaben, schätzen Situationen falsch ein und managen sie falsch. So ist das Leben nun einmal – es passiert. Und es ist klar, dass eine beträchtliche Anzahl extrem erfolgreicher Menschen auch weiterhin mit dem Gefühl zu kämpfen hat, ein Hochstapler zu sein, egal wie hoch ihre Sterne auch steigen mögen. Wie können wir also unsere Angst vor Feedback beherrschen, so dass wir diesem entscheidenden Element der Führung nicht ausweichen, und wie können wir unsere Hochstapler-Gefühle in den Griff bekommen, so dass unsere Leistung nicht beeinträchtigt wird und wir uns nicht bis zur Erschöpfung anstrengen, um unseren Wert zu beweisen?

Zugegeben, das ist ein ziemlich hoher Anspruch, und ich bin die Erste, die zugibt, dass ich noch einen langen Weg vor mir habe. Aber ich habe herausgefunden, dass die Akzeptanz- und Commitment-Therapie (ACT) einen wirkungsvollen Rahmen bietet, um selbst meine größten ängstlichen Gefühle und die schlimmsten negativen Selbstgespräche zu bewältigen, einschließlich meiner Angst vor Feedback und meinen Gefühlen als Hochstapler, die beide tief sitzen. ACT lehrt uns, nicht mit unseren ängstlichen Gefühlen und negativen Gedanken zu *verschmelzen,* sondern sie *zu entschärfen* und etwas Abstand von ihnen zu gewinnen. Aus einem Zustand der Entschärfung heraus können wir:

- Gedanken von einem externen, beobachtenden Standpunkt aus betrachten
- Gedanken wahrnehmen, anstatt sich in ihnen zu verfangen
- Gedanken kommen und gehen lassen, anstatt an ihnen festzuhalten und sie unser Handeln diktieren zu lassen[14]

Das ist eines der Dinge, die an ACT so revolutionär sind: Anstatt zu versuchen, unsere schwierigen Gedanken und Gefühle zu ändern, zu beseitigen, zu bekämpfen oder ihnen zu widerstehen, arbeiten wir daran, unsere *Beziehung* zu ihnen zu ändern.

Eines der ersten Dinge, die wir erkennen müssen, ist, dass Gedanken nur Gedanken sind – flüchtig, vorübergehend, sich ständig verändernd. Sobald wir das erkennen, wird uns klar, dass wir unseren Gedanken und negativen Selbstgesprächen nicht mehr so viel Bedeutung beimessen müssen. Wir müssen nicht an ihren Inhalt glauben, unser Verhalten von ihnen diktieren lassen oder zulassen, dass sie unsere Stimmung und unser Selbstvertrauen beeinträchtigen. Wie Sie sehen, legt ACT keinen großen Wert auf Gedanken – das ist einer der Gründe, warum ich es so sehr mag!

Russ Harris, einer der weltweit führenden Experten für ACT, sagt, dass sein eigenes Hochstapler-Syndrom früher in seinem Leben jedes Mal auftauchte, wenn er einen Fehler machte, egal wie trivial er war, und zwar in Form dieses Gedankens: »Ich bin inkompetent.«

»Ich würde mich sehr aufregen, wenn ich glaubte, dass dieser Gedanke die absolute Wahrheit sei«, schreibt er. Dies ist eine perfekte Veranschaulichung des ACT-Konzepts der Verschmelzung: Fakten spielen keine Rolle, wenn man mit einem Gedanken verschmolzen ist. Harris merkt an, dass er manchmal versuchte, mit dem »Ich bin inkompetent«-Gedanken zu argumentieren, indem er darauf hinwies, dass jeder Fehler macht, dass kein Fehler, den er jemals gemacht hat, schwerwiegend war, und dass er seine Arbeit trotzdem sehr gut machte. Zu anderen Zeiten ging er eine Liste seiner Leistungen durch oder erinnerte sich an positives Feedback, das er erhalten hatte. Er versuchte sogar, seinen negativen Selbstgesprächen entgegenzuwirken, indem er positive Affirmationen über seine Fähigkeiten wiederholte.

Nichts funktionierte, bis er lernte, seine Gedanken zu entschärfen. Er erkannte, dass die »Ich bin inkompetent«-Geschichte nur eine mentale Reaktion war, die sich automatisch einstellte, nicht anders als die Tausenden von anderen Gedanken, die ihm den ganzen Tag über durch den Kopf gingen. Gedanken sind kein Problem, sagte er, solange wir sie als das sehen, was sie sind: nur ein paar Worte, die einem durch den Kopf gehen.[15]

Wenn Sie feststellen, dass Sie von negativen Gedanken über Feedback, Kritik oder die Entlarvung als Betrüger beherrscht werden, versuchen Sie eine von Harris' Entschärfungstechniken. Die Idee ist, dass wir uns von unseren negativen Gedanken, die uns festhalten, lösen oder sie entschärfen können, wenn wir lernen, sie weniger ernst zu nehmen. Hier sind vier der bekanntesten ACT-Techniken:

Verwenden Sie den »Ich bin eine Banane«-Trick

Identifizieren Sie den negativen Gedanken, der Sie immer wieder einholt – zum Beispiel »Ich bin inkompetent« – und ersetzen Sie ihn durch »Ich bin eine Banane«. Wie fühlen Sie sich dann? Dumm? Und ob. Aber hat »Ich bin eine Banane« genauso viel Wahrheitsgehalt wie »Ich bin inkompetent«? Ja! Und verlieren Ihre Hochstapler-Gefühle ihren Stachel, nachdem Sie zum 100. Mal »Ich bin inkompetent« durch »Ich bin eine Banane« ersetzt haben? Höchstwahrscheinlich.

Singen Sie Ihren negativen Gedanken

Singen Sie zu den Klängen des »Happy Birthday«-Liedes Ihren negativen Gedanken, entweder in Gedanken oder laut. Es ist derselbe Mechanismus, der wirkt: »Ich bin so ein Idiot« ist schmerzhaft und kann das Handeln untergraben … bis Sie es auf eine alberne Weise singen.

Geben Sie ihm einen Charakter

Wiederholen Sie Ihren negativen Gedanken mit der Stimme einer Zeichentrickfigur, eines Filmstars oder einer Figur aus Ihrer Lieblingssendung oder einem Meme. Möchten Sie Ihre Ängste, nicht dazuzugehören, schnell loswerden? Sagen Sie sich mit der Stimme einer Monty-Python-Figur: »Du gehörst nicht hierher«. Oder wenden Sie den Trick an, den wir von Andrew Sotomayor in Kapitel 5 gelernt haben, nämlich negative Gedanken als Streifenhörnchen zu hören. »Du wirst nie dazugehören!« verliert seinen Biss, nachdem Sie es ein paar Dutzend Mal mit der Stimme von Alvin dem Streifenhörnchen gehört haben.

Verwenden Sie visuelle Effekte für Ihre Gedanken

Tippen Sie Ihren negativen Gedanken in großer, fetter Schrift in Ihren Computer: »Ich bin ein Verlierer.« Spielen Sie nun mit dem Text herum: Vergrößern Sie die Schriftgröße, setzen Sie ihn in Großbuchstaben, verwenden Sie die verrücktesten Schriftarten, die Sie finden können, färben Sie die Buchstaben in Regenbogenfarben ein, verwenden Sie Glanzlichter. Lassen Sie den Text auf und ab springen, wackeln oder tanzen (oder stellen Sie sich das einfach vor); lassen

Sie eine Discokugel über jedes Wort hüpfen (oder stellen Sie sich das vor). Auch hier erhöhen Sie den Lächerlichkeitsfaktor, wodurch Sie Ihren Gedanken sofort weniger ernst nehmen.

Harris sagt, dass diese Übungen, so albern sie auch sein mögen, sehr wirkungsvoll sind, weil sie Ihnen helfen, sich von Ihren negativen Gedanken zu lösen und sie als das zu sehen, was sie sind: nur Worte und Bilder in Ihrem Kopf. Dann kann man viel besser entscheiden, wie man auf sie reagiert.[16]

Wenn Sie Ihre negativen, einschränkenden Gedanken entschärfen können, können Sie sich von dieser negativen inneren Erfahrung lösen und ihren Einfluss auf Ihr Verhalten verringern. Sie müssen die Gedanken nicht bekämpfen oder sich schlecht fühlen, weil Sie sie haben. Sie akzeptieren einfach, dass sie da sind, und machen sich dann sanft und mit Selbstempathie daran, Ihr Verhältnis zu ihnen zu ändern.

Und dann machen Sie weiter mit Ihrem Leben.

11

Soziale Ängste

Arvind Rajan packte in seinem Hotelzimmer in Phoenix aus. Der Technologie-CEO war gerade quer durchs Land geflogen, um sich auf einer ein Wochenende dauernden Branchenkonferenz mit Gleichgesinnten zu treffen und auszutauschen. Doch als er sich für den Eröffnungscocktail bereit machte, überkam ihn die Angst. Er schaffte es zwar zu der Veranstaltung, war aber schnell überfordert und verließ sie nach zehn Minuten. Rajan konnte es einfach nicht ertragen, zwei Tage lang Smalltalk mit all diesen Leuten zu halten. Also packte er seinen Koffer neu, sprintete zum Flughafen und flog nach Hause nach Washington, DC. Er schämte sich zu sehr, die Reise seiner Firma in Rechnung zu stellen, also bezahlte er die Kosten aus eigener Tasche.

Jahre später konnte Rajan über diesen Vorfall lachen, aber seine Angst, sich mit Menschen zu treffen, die er nicht kannte, war keine Kleinigkeit. Im Gegenteil, sie beeinträchtigte ihn in einem wesentlichen Aspekt seiner Arbeit, nämlich dem Aufbau und der Pflege eines breiten Netzwerks von Schlüsselpersonen in seiner Branche. In den nächsten Jahren zwang er sich, an Networking-Veranstaltungen teilzunehmen, und nach außen hin war er sehr erfolgreich. Aber Situationen, in denen er sich durch einen Raum bewegen und Smalltalk führen musste, machten ihn extrem nervös, er hatte schwitzige Hände und das Gefühl, als Führungskraft zu versagen. Erst als er seine sozialen Ängste verstand und akzeptierte und andere Wege fand, um Kontakte zu knüpfen und sein berufliches Netzwerk aufzubauen, verringerte sich sein inneres Unbehagen, und er begann, sowohl innerlich als auch äußerlich als Führungskraft aufzublühen.

Ich bin sicher, viele von Ihnen verstehen Rajans impulsive Reaktion auf seine Ängste – und die daraus resultierende Scham. Auch ich habe mich durch soziale Ängste davon abhalten lassen, das zu tun, was ich tun musste, und diese Vorfälle haben mich in Verlegenheit gebracht und beschämt. Aber zum Glück sind Rajan und ich nicht allein. Es gibt viele, viele ehrgeizige Menschen, die mit sozialen Ängsten zu kämpfen haben – auch berühmte Menschen, die beruflich im Rampenlicht stehen müssen.

Kevin Love, der fünffache All-Star der National Basketball Association, verhalf den Cleveland Cavaliers viermal in Folge zum Einzug in die NBA-Finals, einschließlich des Titels 2016, und er ist außerdem olympischer Goldmedaillengewinner. Love hat offen über seine Probleme mit Depressionen und sozialen Ängsten gesprochen. Natürlich hat ihn die psychische Krankheit nicht davon abgehalten, den Gipfel des Erfolgs zu erreichen, aber manchmal hat sie seine Leistung beeinträchtigt und ihn hinter den Kulissen unglücklich gemacht. Er erlitt 2017 eine vielbeachtete Panikattacke auf dem Spielfeld und sagte, dass seine sozialen Ängste an seinem Tiefpunkt so schlimm waren, dass er sein Schlafzimmer nicht verlassen konnte.

Love sprach mit mir über die Unvereinbarkeit, nicht nur eine berühmte Person zu sein, die mit sozialen Ängsten kämpft, sondern auch ein Spitzensportler, von dem man erwartet, dass er unbesiegbar ist. »Als Sportler werden wir als Superhelden angesehen«, sagte er. »Ich weiß das seit meiner Kindheit, als ich nur Augen für diese Superstars wie Charles Barkley oder Shaquille O'Neal hatte, oder davor Larry Bird und Magic Johnson und Michael Jordan … diese Jungs sind unzerstörbar. Nichts kann ihnen etwas anhaben.«

Bevor er zu den Cavaliers kam, war Love der Starspieler der Minnesota Timberwolves. Aber seine Angstzustände waren so schlimm, dass er nie in der Lage war, die Stadt zu genießen oder überhaupt viel nach draußen zu gehen. »Ich hatte meine kleinen Ecken, wo ich hinging, ein paar Restaurants, aber meist habe ich mich einfach in meiner Wohnung oder in meinem Zimmer eingeschlossen«, sagte er.

Lange Zeit versuchte Love, seine Depressionen zu überwinden, während seine Identität und sein Selbstwertgefühl von seiner Leistung abhängig waren. Jetzt hat er akzeptiert, dass Angstzustände und Depressionen ihn immer begleiten werden. Durch Therapie, Medikamente und den offenen Umgang mit seinen Problemen hat er gelernt, wie er seine psychische Gesundheit unterstützen und wettbewerbsfähig bleiben kann. »Unverblümt zu sich zu stehen und in einen Raum zu gehen und einfach ich selbst zu sein – das ist so befreiend«, sagt er. »Man ist einfach man selbst. Und man lernt, sich selbst mehr zu lieben.«

Schädliche Führungsmythen und Stereotypen besagen, dass Führungskräfte niemals sozial ängstlich sind, aber das ist natürlich nicht wahr. Es stimmt jedoch, dass soziale Ängste seltsam und schwer zu verstehen sein können. Es macht keinen Sinn, dass viele Führungskräfte vor Tausenden von Menschen stehen und eine tolle Grundsatzrede halten können, sich danach aber lieber auf der Toilette verstecken, als sich unter ein paar Leute zu mischen. Manche Führungskräfte fühlen sich wohl, wenn sie vor einer Gruppe von Fremden sprechen, sind aber wie gelähmt, wenn sie mit ihren Mitarbeitern reden. Andere freuen sich vielleicht über Büropartys und Networking-Veranstaltungen, geraten aber in Panik, wenn man sie auf eine Bühne stellt.

Wie bei allen Ängsten ist die Erfahrung von Person zu Person unterschiedlich, und es ist wichtig zu verstehen, warum bestimmte Menschen und berufliche Situationen Ihre sozialen Ängste auslösen. Wahrscheinlich können Sie diese Menschen und Situationen nicht ganz vermeiden – und das sollten Sie auch nicht. Aber wie Rajan und Love uns gezeigt haben, können Sie lernen, Ihre sozialen Ängste in den Griff zu bekommen und Spitzenleistungen zu erbringen.

Soziale Ängste, Introvertiertheit und Schüchternheit

Laut der Anxiety and Depression Association of America ist das Hauptmerkmal der sozialen Angststörung, die auch als soziale Phobie bezeichnet wird, die »intensive Angst oder Furcht davor, in einer sozialen oder leistungsbezogenen Situation beurteilt, negativ bewertet oder abgelehnt zu werden«. Menschen mit sozialen Ängsten befürchten, als unintelligent, unbeholfen, inkompetent oder uninteressant wahrgenommen zu werden. Sie fürchten sich auch davor, ängstlich oder unbeholfen *zu wirken*, so dass ihre äußeren Anzeichen von Angst – wie Schwitzen, Zittern, Erröten, Gedankenkontrolle oder ein Zittern in der Stimme – ihnen großen Kummer bereiten. All dieses Unbehagen führt dazu, dass viele Menschen soziale Situationen ganz vermeiden, und wenn sich solche Situationen nicht vermeiden lassen, sie verschiedene, zum Teil recht ungesunde Bewältigungsstrategien anwenden, um zurechtzukommen.

Ellen Hendriksen ist die Autorin von *How to Be Yourself: Quiet Your Inner Critic and Rise Above Social Anxiety* und klinische Psychologin am Center for Anxiety and Related Disorders der Universität Boston. »Soziale Angst ist im Grunde genommen der Glaube, dass etwas mit einem nicht stimmt«, erklärt sie mir. »Wenn wir diesen vermeintlichen Makel nicht verbergen und verstecken, werden wir entlarvt, und alle werden uns verurteilen und ablehnen.« Diese Wahrnehmung, so

Hendriksen, könne auf einer falschen Annahme beruhen oder auf einer negativen Erfahrung, die meist in der Kindheit gemacht wurde, wenn man beispielsweise schikaniert wurde oder übermäßig kritische Eltern hatte. Wo auch immer die Ursache liegt, so Hendriksen, wir entwickeln die Überzeugung, dass wir dumm oder unbeholfen sind, dass uns niemand haben will oder dass wir ein Verlierer sind, oder irgendetwas von diesen schrecklichen Dingen, an die sich unser Gehirn klammert und an denen es über Jahre und Jahrzehnte festhält. Und dann arbeiten wir sehr, sehr hart daran, diese Wahrnehmung zu verbergen. »Ich möchte das Wort *Wahrnehmung* betonen«, sagt Hendriksen, »denn was auch immer bei sozialer Angst aufgedeckt wird, es ist im Grunde nicht wahr.« Da ist sie wieder, die unzuverlässige Erzählerstimme der Angst.

Es ist wichtig, hier zwischen sozialer Angst, Introversion und Schüchternheit zu unterscheiden. Die Begriffe werden manchmal austauschbar verwendet, und sie haben einige Merkmale gemeinsam, aber sie sind nicht dasselbe. Zunächst einmal ist die soziale Angststörung eine diagnostizierbare psychische Erkrankung, während Introversion und Schüchternheit Persönlichkeitsmerkmale sind. Im *Diagnostischen und Statistischen Handbuch Psychischer Störungen* heißt es, dass eine soziale Angststörung durch eine anhaltende, ausgeprägte Angst vor bestimmten sozialen Situationen gekennzeichnet ist (weil man glaubt, negativ beurteilt zu werden oder sich öffentlich zu blamieren), durch Angst oder Furcht, die in keinem Verhältnis zur Situation steht, durch Angst, Furcht oder daraus resultierende Vermeidung, die das Funktionieren beeinträchtigt, und durch Angst, Furcht oder Vermeidung, die nicht auf eine andere Ursache zurückgeführt werden kann.[1] Introversion hingegen hat mit sozialer *Energie zu* tun. Sie beschreibt Menschen, die gerne allein sind und diese Zeit brauchen, um sich nach einer Gruppensituation zu erholen. Für Introvertierte ist die Einsamkeit eine Notwendigkeit, während sie für Menschen mit sozialen Ängsten ein Akt des Selbstschutzes und der Vermeidung ist. Schüchternheit hingegen hat mit der Angst vor sozialer Beurteilung zu tun und kann sich auf viele gleiche Arten wie soziale Angst zeigen – beispielsweise Verlegenheit, Erröten, Schwitzen oder die Sorge, wie man wahrgenommen wird. Der Hauptunterschied liegt in der Schwere der Angst, in der Frage, wie sehr die Angst Ihr Funktionieren oder Ihre Lebensqualität beeinträchtigt, und in dem Ausmaß, in dem Sie Dinge vermeiden.[2]

Warum sind diese Unterscheidungen so wichtig? Zunächst einmal muss man wissen, womit man es zu tun hat, um die richtige Hilfe zu bekommen. Eine soziale Angststörung kann lähmend sein und unbehandelt bleiben, wenn Sie Ihr Unbehagen auf extreme Schüchternheit oder Introvertiertheit zurückführen. Außerdem müssen Sie sich selbst kennen – Ihre Stärken und Schwächen, die Art der Arbeit, für die Sie geeignet sind, und das, was nicht zu Ihnen passt –, wenn Sie etwas erreichen wollen.

Wie wir bei Angst im Allgemeinen gesehen haben, gibt es Stärken und Fähigkeiten, die Menschen mit sozialen Ängsten besonders gut beherrschen. »Soziale Ängste sind ein Gesamtpaket«, sagte Hendriksen. »Sie kommt gebündelt mit einigen … wirklich großartigen Eigenschaften [wie] Gewissenhaftigkeit, erhöhtem Einfühlungsvermögen, [und der] Fähigkeit zuzuhören.« Gewissenhaftigkeit ist am Arbeitsplatz besonders wertvoll. Es bedeutet, verantwortungsbewusst zu sein, pflichtbewusst zu sein, gründlich zu sein – alles, was sich ein Chef von einem Mitarbeiter wünscht«, sagt sie. »Menschen mit sozialen Ängsten sind also oft Superstar-Angestellte. Sie erledigen Dinge, und sie tun es gut.« Wir haben auch eine ausgeprägte Intuition, eine angemessene Vorsicht (eine »Schau-vor-dem-Sprung«-Mentalität) und einen hochentwickelten sozialen Radar. Auch wenn unsere sozialen Antennen zu empfindlich sind, wie Hendriksen es ausdrückt, sind wir dadurch wirklich gut darin, einen Raum zu lesen. Die Forschung zeigt, dass Menschen mit diagnostizierbarer sozialer Angststörung und subklinischer sozialer Angst ein höheres Maß an »empathischer Genauigkeit« aufweisen, das heißt die Fähigkeit, Hinweise zu lesen, die durch die Worte, Emotionen und Körpersprache einer anderen Person übermittelt werden.[3]

Die Herausforderung besteht jedoch darin, dass wir sozial ängstlichen Menschen einen Radar haben, der *zu sehr* auf soziale Hinweise und Details eingestellt ist, insbesondere wenn sie negativ sind oder als solche interpretiert werden können. Es ist zwar schön, dass uns kein Detail entgeht, aber die ständige Angst vor der Missbilligung durch andere oder vor öffentlicher Ablehnung bedeutet, dass unsere Interpretationen von Details nicht immer zuverlässig sind. Das Stirnrunzeln im Gesicht eines anderen hat vielleicht gar nichts mit uns zu tun.

Große Führungspersönlichkeiten sind gut darin, einen Raum zu lesen und die Signale anderer wahrzunehmen, aber sie wissen auch, wann sie soziale Signale persönlich nehmen und wann sie innehalten und neugierig werden sollten, was andere Menschen motiviert. Sie gehen nicht davon aus, dass es bei den Handlungen anderer immer um sie selbst geht. *Warum war meine Chefin heute Morgen so schroff, obwohl ich weiß, dass sie mit meiner Leistung sehr zufrieden ist?* Nun, es könnte Stress zu Hause geben, oder vielleicht hatte sie gerade eine Auseinandersetzung mit jemandem, der *ihr* gegenüber schroff war. Was auch immer es ist, es hat wahrscheinlich überhaupt nichts mit Ihnen zu tun.

Wie kann man also das Einfühlungsvermögen bewahren und das Gefühl der Ablehnung loswerden? Durch gute Behandlung und Übung! Lernen wir nun, wie wir die Rolle der Führungskraft als Performer neu überdenken können.

Die Wurzeln von Leadership als Leistung

Die australische Komikerin Jordan Raskopoulos nennt die Eigenart sozialer Ängste, die sich in ein und derselben Person auf widersprüchliche Weise manifestieren können, »laut und schüchtern«. Ich liebe diese Redewendung, die sie während ihres TEDx-Vortrags einführte, nachdem sie sie von einem sozial ängstlichen Freund gehört hatte. »Ich bin *nur* auf der Bühne selbstbewusst«, erklärte sie. »Wenn Sie mich danach oder auf der Straße sehen, werden Sie mich als schüchternes, mürrisches Wrack sehen, dem wahrscheinlich die Worte fehlen.« Soziale Situationen wie das Chatten mit Unbekannten, das Abrufen von E-Mails oder das Telefonieren machen ihr Angst. Das Paradoxe an hochgradig ängstlichen, aber gut funktionierenden Menschen wie ihr ist, dass sie in der Öffentlichkeit selbstbewusst, kontaktfreudig und lustig wirken, aber in Gesprächen keinen Augenkontakt herstellen und diesem Eindruck nicht gerecht werden können, so dass sie unhöflich, distanziert oder arrogant wirken können. Aber die Wahrheit ist ganz anders: »Ich … interessiere mich tatsächlich so sehr für die Gedanken, Gefühle und Meinungen der Menschen, dass ich oft verstumme«, sagt Raskopoulos.

Das ist die gemeine Ironie, wenn man in einer Kultur arbeitet, die glatte, spontane, extrovertierte soziale Interaktionen gegenüber sanfteren, langsameren, nachdenklicheren bevorzugt. Susan Cain, der Autorin von »*Quiet: The Power of Introverts*«, und ihrer »stillen Revolution« ist es zu verdanken, dass der Wert der Introvertierten und ihre einzigartige Begabung für Führungsaufgaben in den Vordergrund gerückt ist, aber wir haben noch einen langen Weg vor uns. Glücklicherweise weicht das alte Modell des aggressiven Alphatiers, das den Raum beherrscht, immer mehr kooperativen, nuancierten Formen der Führung – aber der Mythos, dass eine Führungskraft ein aufgeschlossener Mensch oder ein charismatischer Sozialisator sein muss, hält sich hartnäckig.

Muss eine Führungskraft wirklich auch ein unterhaltsamer Mensch sein? Ist eine aufgeschlossene Persönlichkeit eine unverzichtbare Voraussetzung, um erfolgreich zu sein?

Ganz und gar nicht! Ich glaube, dass irgendwann die Idee, eine Führungskraft zu sein, mit der Idee, ein Darsteller zu sein, verwechselt wurde.

Wir müssen uns daran erinnern, dass die Hauptaufgabe einer Führungskraft nicht darin besteht, ein Publikum zu unterhalten. Es geht darum, effektiv mit ihrem Team zu kommunizieren.

Ein guter Kommunikator zu sein ist etwas anderes als ein Redner oder Performer. Es ist auch etwas anderes, als unterhaltsam oder charmant zu sein. Die für eine Führungsposition erforderlichen Kommunikationsfähigkeiten umfassen die Fähigkeit, Ideen und Anweisungen so zu formulieren, dass sie von den Mitarbeitern verstanden werden und sie motivieren. Diese Fähigkeiten setzen voraus, dass Sie gut zuhören, Informationen verarbeiten und dann darauf reagieren. Natürlich ist es wichtig, dass die Menschen, mit denen Sie arbeiten, gerne mit Ihnen sprechen. Aber auch hierfür sind andere Fähigkeiten erforderlich als die, sie zu verzaubern.

All dies soll nicht heißen, dass es keine *Aspekte* der öffentlichen Wahrnehmung von Führungsaufgaben gibt. Aber lassen Sie uns das in Relation setzen. Die meisten von uns werden ihren Lebensunterhalt nicht als professionelle Redner verdienen oder routinemäßig vor einem Publikum sprechen. Viel häufiger müssen wir uns an Vorstände, Teams und Kunden wenden, und dort geht es um effektive Kommunikation, nicht um Unterhaltung. In Anbetracht der relativ geringen Anzahl von Fällen, in denen wir aufgefordert werden, ein Publikum zu begeistern – eine Grundsatzrede oder sogar eine kurze Rede auf der Weihnachtsfeier im Büro – machen sich viele von uns zu viele Gedanken über ihre Fähigkeiten als Redner.

Wie wäre es also, wenn wir die Aspekte des öffentlichen Auftretens von Führungskräften vernachlässigen und uns stattdessen auf die Notwendigkeit einer effektiven Kommunikation konzentrieren könnten? Unabhängig davon, ob Sie sozial ängstlich sind oder nicht: Wenn Sie Ihre Rolle mehr als *Kommunikator* denn als *Performer* sehen, fällt viel Druck weg, und es eröffnet Raum für viele verschiedene Arten von Führung – und viele verschiedene Arten von Führungskräften.

In der Praxis bedeutet das, dass Sie mehr geistige Energie und Zeit darauf verwenden, Ihre Kommunikationsfähigkeiten zu verbessern, als sich über den (falschen) Zwang zur Unterhaltung aufzuregen. Dies ist eines der bestgehüteten Geheimnisse über die Kommunikationsschwierigkeiten, die mit sozialen Ängsten einhergehen: Sie sind ein lösbares Problem.

Wenn zum Beispiel Smalltalk Ihre sozialen Ängste auslöst, können Sie stattdessen zuhören – stellen Sie den Leuten einfach viele Fragen. Viele Menschen lieben es, über sich selbst und ihre Arbeit zu sprechen, und wenn Sie die Konversation anregen, anstatt sie selbst zu führen, nehmen Sie den Fokus von sich weg und haben die Möglichkeit, Informationen zu sammeln. Wenn Ihnen das Leiten von Besprechungen Angst macht, müssen Sie Ihr Sprechen in der Öffentlichkeit üben, damit Sie so klar und effektiv wie möglich sind. Strukturieren Sie Ihre Besprechungen so, dass Sie sich von Ihrer besten Seite zeigen können. Weisen Sie Teamkollegen Rednerrollen zu oder stellen Sie viele visuelle Elemente zur Verfügung, damit sich die Teilnehmer nicht auf Sie konzentrieren müssen.

Stehen Ihnen soziale Ängste im Weg?

Fragen Sie sich selbst: Vermeide ich Möglichkeiten, die mir wirklich nützen könnten? Verweigere ich mir selbst die Chance, etwas auszuprobieren, von dem ich glaube, dass es mir wirklich gefallen würde? Lasse ich zu, dass ich übergangen werde – bei einem Job, einer Beförderung, einer Gelegenheit, bei einer Sitzung? Fühle ich mich einsam und deprimiert, weil ich so isoliert bin? Wenn ja, ist meine Angst vor sozialen Situationen oder davor, beurteilt zu werden, das Problem?

Wenn Sie eine dieser Fragen mit »Ja« beantwortet haben, kann ich Ihnen versichern, dass Sie sich in guter Gesellschaft befinden. Hendriksen weist darauf hin, dass soziale Ängste die dritthäufigste psychische Störung sind, gleich nach Depressionen und Alkoholismus.[4] Interessanterweise sagt Stefan Hofmann, einer der führenden Experten für kognitive Verhaltenstherapie und soziale Ängste, dass soziale Ängste an sich nicht das Problem sind. »Sobald man aber anfängt, all dem aus dem Weg zu gehen, das das eigene Leben beeinträchtigen könnte, wird es zum Problem«, sagt er. Die Angst selbst, so schlimm sie sich auch anfühlen mag, ist nicht das Haupthindernis. Es ist das daraus resultierende Vermeidungsverhalten, also Ihre Reaktion auf die Angst, die das Leben stört und Beziehungen, Leistung und Glück gefährdet.

Die Vermeidung kann auf zwei Arten erfolgen.

Offenes Vermeiden bedeutet, dass wir die angstauslösende Situation ganz umgehen. Bei sozialen Ängsten könnte das bedeuten, dass wir zu Hause bleiben, schweigen oder sogar einen Job aufgeben oder uns weigern, an etwas teilzunehmen, das eine öffentliche Rolle erfordert.

Bei der *verdeckten Vermeidung* sind wir zwar anwesend, nehmen aber nicht voll teil. Hendriksen erklärt: »Vielleicht halten wir unser Leben bedeckt. Wir reden nicht über uns selbst oder betreten eine Sitzung vielleicht erst, wenn sie beginnt, und verlassen sie, sobald sie zu Ende ist. Und alles nur, damit wir uns nicht unter die Leute mischen und Smalltalk führen müssen.« Andere Beispiele sind das Vermeiden von Blickkontakt, sehr leises Sprechen, sehr schnelles Sprechen (damit das Gespräch schneller zu Ende ist) oder auch das Tragen von schlichter Kleidung, um keine Aufmerksamkeit zu erregen. Diese Arten von Sicherheitsverhalten sind auch als *partielle Vermeidung* bekannt und halten die Angst in Schach, indem sie angstauslösende Situationen verhindern. Sie verringern vorübergehend die Angst, verlängern sie aber langfristig, weil Ihnen so vermittelt wird, dass Sie in sozialen Situationen nur dann sicher sind, wenn Sie sich auf diese Verhaltensweisen einlassen.

Die Psychotherapeutin Carolyn Glass weist jedoch darauf hin, dass es noch eine andere Art von Sicherheitsverhalten gibt, die tatsächlich hilfreich ist, eben weil sie uns hilft, *nicht* auszuweichen. Ein Beruhigungsmittel in der Brieftasche zu haben, um es im Notfall einnehmen zu können, kann zum Beispiel eine gute Möglichkeit sein, sowohl die Angst vor der Zukunft als auch die Angst in der Gegenwart zu lindern. Entscheidend dabei ist, dass Sie sich so weiterhin mit der Aktivität beschäftigen können, die Ihre Angst auslöst, anstatt sie zu vermeiden. Mit anderen Worten: Ihr Sicherheitsverhalten ermöglicht es Ihnen, sich weiter auf Ihr Ziel zuzubewegen.

Andererseits, so Hendriksen, »hält die totale Vermeidung die Angst aufrecht, weil wir nie lernen, dass das schlimmste Szenario, das wir uns ausgemalt haben, nicht immer eintritt und dass wir mit einigen dieser Pannen, die bei der Interaktion mit unseren Mitmenschen auftreten, tatsächlich umgehen können.« Das ist, kurz gesagt, die Falle der Angst. Wir tun das, wovor wir Angst haben, nicht – denn wer will schon Angst haben? Aber das Vermeiden verstärkt die Angst nur, und jedes Mal, wenn wir etwas vermeiden, wird die Angst ein bisschen größer und verfestigt sich ein bisschen mehr. Der beste Weg, die Angst zu überwinden, ist, sich ihr nach und nach auszusetzen und zu erkennen, dass wir in der Lage sind, mit den »Flops und Pannen« umzugehen, die bei normalen sozialen Interaktionen auftreten. Wenn wir sie gänzlich vermeiden, berauben wir uns selbst dieser Chance und riskieren, einsam, deprimiert und in unserer beruflichen Entwicklung gehemmt zu werden.

Den Kreislauf von Vermeidung und Angst zu unterbrechen, bedeutet jedoch nicht, dass man sich ins kalte Wasser stürzt – was für Überflieger eine verlockende Aussicht sein kann. Die Konfrontationstherapie ist am wirksamsten, wenn Sie sich unter der Anleitung einer Fachkraft allmählich an das herantasten, was Sie ängstigt. Wenn wir uns dem Angstauslöser zu früh aussetzen und einen Rückschlag erleiden – zum Beispiel eine Panikattacke oder eine öffentliche Blamage –, haben wir allzu leicht das Gefühl, versagt zu haben, was die Angst noch verstärkt.

Die Kommunikationsexpertin Lee Bonvissuto litt früher unter lähmender sozialer Angst sowie unter einer, wie sie es nennt, »witzige Atemangst«, bei der sie das Gefühl hatte, ihr Herz würde ihr aus der Brust springen, sie rang nach Luft und fürchtete um ihr Leben. »Viele Jahre lang war das so lähmend, dass ich mich selbst in die Notaufnahme einlieferte, weil ich überzeugt war, einen Herzinfarkt zu haben«, sagt sie. Aber als sie beschloss, dass sie bereit war, gesund zu werden, rannte sie ihrer Angst entgegen – im wahrsten Sinne des Wortes.

»Ich wusste, dass [das Laufen] eine Panikattacke simulieren würde, [also] ging ich laufen und begrüßte [diese Gefühle]«, sagt sie. »Ich spürte, wie mir das Herz fast aus der Brust sprang, übte, damit zu sprechen, und sagte: ›Du stirbst nicht.‹«

Das hat sie so oft gemacht, dass sie sich mit dem Gefühl von Herzklopfen und Atemnot anfreunden konnte und anfing, dem Gedanken zu vertrauen, dass sie es schaffen könnte. Heute ist sie Trainerin für öffentliche Auftritte!

Verbinden Sie sich mit Ihren Werten

Eine der Kernaussagen der Akzeptanz- und Commitment-Therapie (ACT) ist, dass wir negative psychologische Auswirkungen wie Angstzustände, Depressionen, mangelndes Selbstwertgefühl und eine weniger effektive Entscheidungsfindung erleben, wenn wir gegen unsere tiefsten Werte handeln.[5] Es lohnt sich also, darüber nachzudenken, ob Ihre sozialen Ängste auf eine Diskrepanz zwischen Ihren Handlungen und Ihren Werten zurückzuführen sind. Vielleicht sind Sie deshalb so sozial ängstlich, weil Sie das Gefühl haben, jemand sein zu müssen, der Sie nicht sind. Vielleicht haben Sie das Bedürfnis, eine Leistung zu erbringen, die sich nicht authentisch anfühlt. Oder vielleicht haben Sie ein Projekt oder sogar eine Karriere übernommen, um den Erwartungen anderer gerecht zu werden, anstatt Ihren eigenen.

Da soziale Ängste zu einem großen Teil auf Scham und der Angst beruhen, in irgendeiner Weise als fehlerhaft entlarvt zu werden, besteht einer der wirksamsten Ansätze zur Verringerung Ihrer sozialen Ängste darin, Ihre Erwartungen und Wünsche von den Erwartungen und Wünschen anderer zu trennen. Um das zu tun, müssen Sie sich über Ihre Werte im Klaren sein.

Im ACT-Rahmen werden Werte definiert als »das, was tief in Ihrem Herzen am wichtigsten ist; die Art von Mensch, die Sie sein wollen; das, was für Sie bedeutsam und sinnvoll ist; und das, wofür Sie in diesem Leben stehen wollen«.[6] Diese Art von tiefer Selbsterkenntnis ist notwendig, um sich Ziele zu setzen, die wirklich wichtig für Sie und Ihre Arbeit sind und die Sie all das tun lassen, was ACT als *engagiertes Handeln* bezeichnet, um diese Ziele zu erreichen. Wenn Ihre Handlungen mit Ihren Werten übereinstimmen, gibt es keine Garantie dafür, dass Ihre Angstgefühle verschwinden, besonders wenn Sie von Natur aus ängstlich sind. Aber die Ausrichtung verhindert die Entstehung weiterer Ängste. Und wenn Ihr Ziel bedeutet, dass Sie für eine kurze Zeit etwas Angst empfinden müssen, dann sind es Ihre Werte, Ihre tief verwurzelten Überzeugungen, die Ihnen helfen werden, diese Zeit zu überstehen. (Wenn Sie mehr über Ihre Werte wissen wollen, lesen Sie die Übung »Identifizieren und verbinden Sie sich mit Ihren Grundwerten«).

Sich über seine Werte klar zu werden, ist auch notwendig, um eine der größten Herausforderungen anzunehmen, denen wir uns stellen, wenn wir in eine Führungsposition hineinwachsen: nämlich für sich selbst stark zu sein. Besonders wenn wir befürchten, anderen zu missfallen und negativ beurteilt zu werden, ist dies leichter gesagt als getan. Ein *differenziertes Selbst* gemäß der Bowen-Theorie zu werden, ermöglicht es Ihnen, inmitten sich verändernder Ereignisse, unangenehmer Gefühle und unwahrer, angstgetriebener Gedanken, die unser Selbstvertrauen rauben (»Die anderen glauben nicht, dass ich hierher gehöre« oder »Sie werden mich auslachen«), standhaft zu bleiben. Der Aufbau eines differenzierten Selbst, das auf Ihren tief verwurzelten Werten beruht, hilft dabei, soziale Ängste abzubauen, weil Sie die Wahrheit leichter erkennen und sich nicht von der Art und Weise beeinflussen lassen, wie Sie sich vorstellen, dass die Menschen auf Sie reagieren.

Laut Kathleen Smith, einer Expertin für die Bowen-Theorie, wird der Teil des Selbst, der sich verändert, je nachdem, wer im Raum ist und wie man wahrnimmt, dass die Leute auf einen reagieren – mit anderen Worten, der Teil, der verhandelbar ist und nicht auf der Grundlage der eigenen Grundwerte und Überzeugungen funktioniert – als *Pseudo-Selbst* bezeichnet. Wenn das Pseudo-Selbst das Sagen hat, versuchen wir oft, unsere Ängste zu verringern, schreibt Smith, indem wir eines der vier As suchen: Attention, Assurance, Approval und Agreement (Aufmerksamkeit, Sicherheit, Zustimmung und Einverständnis).[7] Ängstliche Menschen sind besonders anfällig dafür, sich auf externe Bestätigung zu verlassen, um sich selbst aufzubauen – ein Verhalten, das in der Bowen-Theorie als *»borrowing self«* (geliehenes Selbst) bekannt ist. Wenn Sie unter sozialen Ängsten leiden und davon überzeugt sind, dass andere Sie verurteilen, können Sie das Dilemma erkennen, das das geliehene Selbst und die Abhängigkeit von der Bestätigung durch andere darstellen!

Identifizieren und verbinden Sie sich mit Ihren Grundwerten

Wenn Sie von Zweifeln geplagt werden und Schwierigkeiten haben, mit sich selbst und Ihren Grundwerten in Einklang zu kommen, nehmen Sie sich etwas Zeit, um ein paar Dinge zu definieren:

- Was ist für mich am wichtigsten, unabhängig von meinem jetzigen Job?

- Was für ein Mensch möchte ich in diesem Leben sein?
- Wofür stehe ich?
- Was sind einige Beispiele für gute Arbeit, die ich geleistet habe?
- Woran erkenne ich, dass ich gute Arbeit geleistet habe?

Prüfen Sie nun jede Ihrer Antworten und fragen Sie sich: Ist das wirklich und wahrhaftig *meine* Kernüberzeugung oder habe ich einige dieser Überzeugungen und Werte von anderen übernommen? Schauen Sie, ob Sie unterscheiden können zwischen dem, was Sie sich wirklich wünschen und was Ihnen am Herzen liegt, und dem, was Sie aufgrund Ihrer Wahrnehmung dessen, was andere Menschen wollen und erwarten, einfließen lassen. (Tipp: Sie können sich an den vier As orientieren. Fragen Sie sich: Was entspricht meinen Kernüberzeugungen, wovon ich glaube, dass es Aufmerksamkeit erregt, mir Gewissheit verschafft, Zustimmung bringt oder Einverständnis erzeugt?) Wenn wir mit unseren Grundwerten und Überzeugungen verbunden sind, können wir unseren Selbstwert in uns selbst finden. Wir können die Realität leichter erkennen, statt nur zu raten, was die anderen denken. So könnte es aussehen:

- Es stimmt nicht, dass sie denken, ich gehöre nicht dazu – da spricht nur meine Sozialangst.
- Was soll's, wenn sie denken, ich gehöre nicht dazu? Ich weiß, dass ich hierher gehöre.
- Werden sie wirklich über mich lachen? Höchstwahrscheinlich nicht.
- Und was ist, wenn sie mich auslachen? Ich werde es überleben.
- Was macht es schon, wenn ich eine Rede halte, die nicht meine beste ist? Das nächste Mal werde ich es besser machen.
- Was wäre, wenn man mich schwitzen und erröten sehen würde?

- Mein Inhalt und meine Folien waren großartig, und das war es, was das Publikum wollte.

Wenn also Ihr Selbstvertrauen und Ihre Gelassenheit von anderen Menschen abhängen, gibt es keine Garantie, dass diese Gefühle von Dauer sind. Wenn jemand gerne mit Ihnen spricht oder nach Ihrer Rede klatscht, fühlen Sie sich gut. Wenn der Artikel, in dem Sie zitiert werden, positiv ist und niemand auf Twitter etwas Gemeines sagt, ist alles in Ordnung. Aber was passiert, wenn Sie nicht das Lob bekommen, das Sie erwartet oder gewünscht haben? Was passiert, wenn die Aufmerksamkeit nachlässt? Wenn Sie einen Fehler machen? Wenn Sie scheitern?

Führung setzt voraus, dass Sie in der Lage sind, sich selbst zu vertrauen und nicht nur an die Qualität Ihrer Entscheidungen, sondern auch an die Qualität Ihrer Arbeit und Ihrer Führung zu glauben – vor allem, wenn etwas schiefläuft. Gelegentliche Rückschläge und Fehler werden Sie nicht zu Fall bringen, denn Sie wissen, wer Sie sind und wozu Sie fähig sind. Wenn Sie in Ihren Überzeugungen verankert sind, können Sie etwas wagen, und Sie können scheitern, ohne allzu sehr darunter zu leiden. Es bedeutet, dass Sie sich auf sich selbst verlassen können, wenn es darum geht, die Vorzüge Ihrer Arbeit zu bewerten, und nicht auf die mögliche Achterbahnfahrt, wenn Sie sich auf die Reaktionen anderer verlassen. »Wir lassen so viel von unserem Selbstwertgefühl von Variablen abhängen, die außerhalb unserer Kontrolle liegen«, schreibt Smith.[8]

Auslöser für soziale Ängste und Umgang mit Ihren Reaktionen

Es gibt viele Momente auf dem Karriereweg, die bei jedem Menschen Ängste auslösen können. Wer hat nicht Schmetterlinge im Bauch vor einem Vorstellungsgespräch, einer großen Präsentation oder einer Verhandlung? Aber für eine Führungskraft mit sozialen Ängsten können sich solche Momente völlig überwältigend oder sogar unerreichbar anfühlen.

Hier die gute Nachricht: Jede schwierige soziale Situation kann gemeistert werden, wenn Sie sich ihr nach und nach aussetzen. Dadurch wird die Angst abgebaut und Ihr Selbstvertrauen jedes Mal gestärkt. Was Sie tun, ist im Grunde genommen Übung.

Wir neigen zu der Annahme, dass Menschen mit dem Wissen geboren werden, wie man eine Rede hält oder einen Verkauf abschließt, aber das ist einfach nicht wahr. Viele der Führungsqualitäten, die wir mit erfolgreichen Menschen in Verbindung bringen, sind genau das: Fähigkeiten, die im Laufe der Zeit erlernt wurden. Warum also behindern wir uns selbst mit unangemessenen Erwartungen? Die Wahrheit ist, dass wir alle diese Fähigkeiten üben müssen, und diejenigen von uns, die unter sozialen Ängsten leiden, müssen einfach noch mehr üben, da sie mit einem höheren Maß an Schwierigkeiten rechnen müssen.

Und das, meine sozial ängstlichen Freunde, ist in der Tat eine gute Nachricht, denn es bedeutet, dass wir unseren Weg durch unsere schwierigsten Ängste üben können. Also fasst euch ein Herz. Ihr könnt das schaffen.

Vernetzung

Auch wenn wir nicht aktiv nach einer Stelle suchen oder versuchen, neue Talente anzuwerben, müssen wir in unseren Bereichen aktiv bleiben, mit Kollegen in unseren Branchen zusammenarbeiten und über die neuesten Entwicklungen auf dem Laufenden bleiben. All das erfordert ein gewisses Maß an Networking.

Wenn Sie jedoch zu sozialen Ängsten neigen, kann sich Networking wie eine Einladung anfühlen, sich schlecht zu fühlen. Das ganze Unternehmen ist voll von »sollte«: *Ich sollte mich mehr in Szene setzen, ich sollte interessanter sein, ich sollte mich nicht so schwertun, ich sollte nicht so viel Zeit damit verbringen, mich auf der Toilette zu verstecken oder mich danach zu sehnen, dass die Konferenz vorbei ist, oder mir Gedanken darüber zu machen, was andere über mich denken.* Es ist eine Ironie des Schicksals, dass, wenn man unter sozialen Ängsten leidet, das Networking – bei dem es ja eigentlich darum geht, mit anderen in Kontakt zu treten – zu einer rein auf sich selbst bezogenen Veranstaltung werden kann.

Die Karriereexpertin, Keynote-Speakerin und New-York-Times-Bestsellerautorin Lindsey Pollak hat bereits Tausende von Menschen beraten, wie sie berufliche Veränderungen und Wachstum bewältigen können – und sie ist eine ängstliche Mitstreiterin, die ihr ganzes Leben lang mit Ängsten gelebt hat. Als ich sie um Rat fragte, wie sozial ängstliche Menschen erfolgreich durch eine Networking-Veranstaltung gehen können, war ihre Antwort wunderbar erfrischend. »Die Überschrift, die ich sagen würde, lautet: ›Du musst so sein, wie du bist‹«, sagt sie. »Wenn Sie unter sozialen Ängsten leiden und vielleicht introvertiert sind, glaube ich nicht, dass es für irgendjemanden von Vorteil ist oder zu einem positiven Ergebnis führt, wenn Sie versuchen, auf einer Konferenz in einen Ballsaal zu gehen und einer Gruppe von zwanzig Leuten einen Witz zu erzählen. Ich denke, das ist ein Rezept für ein Desaster, Unbehagen und mangelnden Erfolg.« Stattdessen solle man mit der Einstellung hingehen, dass man sich *selbst* – sein wahres, authentisches Ich – nicht verleugnen dürfe. Wenn Sie kein geselliger Extrovertierter sind, was soll's? »Ich möchte nicht an einem Ort arbeiten oder mich mit Leuten vernetzen, die nicht damit einverstanden sind, wer ich wirklich bin«, so Pollak.

Als nächstes sollten Sie Ihre Erwartungen herunterschrauben. Das mag sich für Vielleister kontraintuitiv anfühlen, aber es ist viel gesünder – und realistischer – zu akzeptieren, dass nicht alles perfekt sein wird. Pollak erklärt: »Wenn Sie in die Konferenz gehen und sich sagen: ›Mein Ziel ist es, mit drei Personen zu sprechen, und wahrscheinlich werden zwei Gespräche davon nicht so gut sein, wenn also eines gut läuft, bin ich schon weiter«, nimmt das viel Druck weg. Und wenn die Interaktion mit der Person, mit der Sie eigentlich sprechen wollten, mittelmäßig verläuft oder Sie sie ganz verpassen, ist es völlig in Ordnung, sich später bei ihr zu melden. »Schicken Sie ihm danach eine wirklich gut formulierte E-Mail«, empfiehlt Pollak. »Sagen Sie: ›Es tut mir so leid, dass ich keine Gelegenheit hatte, mich mit Ihnen auf der Veranstaltung zu treffen. Ihre Rede hat mir sehr gut gefallen, ich würde gerne einen fünfzehnminütigen Zoom-Anruf vereinbaren.«

Wenn Sie der Gedanke, allein zu gehen, überwältigt, müssen Sie das nicht. »Ich empfehle Introvertierten und Menschen mit Angstzuständen oft, einen Freund mitzubringen«, so Pollak. Menschen mit sozialen Ängsten neigen dazu, soziale Interaktionen negativ zu interpretieren oder das Gefühl zu haben, dass sie beurteilt werden, obwohl das nicht der Fall ist. Daher ist es eine wirklich gute Strategie, einen Unterstützer mitzubringen.

Tun Sie während des Ereignisses alles, was Sie können, um aus Ihrem Kopf herauszukommen. In der kognitiven Verhaltenstherapie wird dies als *Aufrechterhaltung eines externen Fokus* bezeichnet. Sie können der unzuverlässigen Erzählerstimme der Angst nicht trauen, also hören Sie nicht auf sie! Lenken Sie stattdessen Ihre Aufmerksamkeit auf etwas Äußeres: die Menschen, mit denen Sie zusammen sind, den schönen Raum, die leckeren Snacks oder den Wein. Wenn jemand mit Ihnen spricht, schenken Sie ihm Ihre volle Aufmerksamkeit. Und falls Sie das Gespräch beginnen müssen, ist laut meiner Freundin und Sprachtrainerin Allison Shapira, alles, was Sie sagen müssen: »Was führt Sie hierher?« Das war's! Sie müssen keine preisgekrönte Rede ausarbeiten oder zu viel darüber nachdenken.

Die Neurowissenschaftlerin und Angstexpertin Wendy Suzuki sagt, dass Einfühlungsvermögen und Mitgefühl ein Puffer gegen soziale Ängste sein können. Schauen Sie sich im Raum um – wahrscheinlich leiden die meisten der Anwesenden ebenfalls unter einem gewissen Grad an Angst oder Nervosität, und Sie wissen, wie sich das anfühlt. Können Sie also Ihre soziale Angst in Mitgefühl für diese Menschen umwandeln? Das ist eine großartige Möglichkeit, den Fokus von sich selbst wegzunehmen und ihn auf etwas Äußeres zu richten und gleichzeitig anderen gegenüber Freundlichkeit zu zeigen. »Es ist tatsächlich möglich, Ihre sozialen Muskeln aufzubauen und sie zu nutzen, um Ihre Beziehungen zu stärken, und Ihre Angst gibt Ihnen Hinweise darauf, für welche Eisbrecher und Rettungsanker andere Menschen dankbar sein könnten«, sagt Suzuki.[9] Schließlich sollten Sie Ihre negativen Annahmen so weit wie möglich reduzieren. Wir wissen, dass es zwecklos ist, zu erraten, was andere Menschen denken, und dass sich Angst automatisch auf das Negative konzentriert und es übertreibt. Wenn Sie sich mit jemandem unterhalten haben und derjenige sich plötzlich entschuldigt, nehmen Sie nicht an, dass es daran liegt, dass Sie langweilig und unbedeutend sind. Es ist eine Networking-Veranstaltung! Es geht darum, mit vielen verschiedenen Menschen zu sprechen.

Erkennen Sie, dass Sie die Beweggründe einer anderen Person nicht verstehen oder ihre Gedanken lesen können – und gehen Sie dann weiter.

Befragung

Bei sozial ängstlichen Menschen kann ein Vorstellungsgespräch ein Alles-oder-Nichts-Denken, katastrophale Vorstellungen und existenzielle Ängste über die Zukunft auslösen. Und das ist nur die Erwartungsangst! Sobald Sie tatsächlich zum Vorstellungsgespräch kommen, werden Sie besorgt über den Eindruck sein, den Sie machen, und danach vielleicht über jede Kleinigkeit nachgrübeln, von der Sie befürchten, dass sie schiefgelaufen ist (ein Beispiel für das, was die Community für soziale Ängste auf Reddit »Cringe Attacks« [üble Attacke] nennt).

Oft aber ist bereits die Erwartungsangst das Schlimmste. Die traurige Ironie dieser Angst ist, dass das, was man befürchtet, fast nie so schlimm ist wie die angstbesetzten Fantasien, die man sich ausdenkt … ganz zu schweigen davon, dass diese »Vorspiel«-Angst viel länger anhält als das gefürchtete Ereignis selbst. Erwartungsangst raubt wertvolle Zeit und führt dazu, dass man sich besiegt fühlt. Sie lässt Sie an sich selbst zweifeln und untergräbt Ihr Selbstvertrauen – genau dann, wenn Sie es am meisten brauchen, wie im Falle eines Vorstellungsgesprächs. Und als ob das alles nicht schon schlimm genug wäre, erzeugen das ängstliche Katastrophisieren und das »sich Sorgen machen« nur noch mehr Angst – es ist ein sich selbst verstärkender Prozess.

Die klinische Psychologin Jenny Taitz sagt, dass wir die Strategie des »entgegengesetzten Handelns« anwenden können, um den Kreislauf der Erwartungsangst zu durchbrechen. Anstatt sich im Voraus Sorgen zu machen, sollten Sie nach Möglichkeiten suchen, wie Sie die Situation *bewältigen* können. Sie können die Bewältigung der Zukunft als »produktive Sorge« betrachten, erklärt Taitz.

Eine Bewältigungsstrategie, die ich angewandt habe, besteht darin, den Beginn meines Vorstellungsgesprächs so oft zu üben, dass das Muskelgedächtnis übernimmt, denn ich weiß, dass in diesen ersten Minuten meine Angst am größten ist und ich am ehesten Gefahr laufe, den Faden zu verlieren oder etwas zu sagen, was ich später bereue. Vielleicht üben Sie die Begrüßung Ihres Gesprächspartners, die Elevator Speech, die Ihr Unternehmen oder Ihren Werdegang beschreibt, oder wie Sie Ihre letzte Errungenschaft, den Grund für Ihre Begeisterung für die Stelle oder Ihre besonderen Qualifikationen für die Stelle erklären. Zu wissen, dass ich etwas zu sagen habe, nimmt viel Druck ab. Wenn das Eis erst einmal gebrochen ist und das Gespräch in Gang gekommen ist, kann ich mich entspannen und das Gespräch ganz natürlich verlaufen lassen.

Eine weitere Möglichkeit, die Bewältigung zu üben, besteht laut Taitz darin, sich realistisch vorzustellen, wie sich die sozialen Ängste während des Vorstellungsgesprächs wahrscheinlich äußern werden. Sie erklärt: »Machen Sie sich klar, dass ich in dem Moment denken werde: *Ich klinge nicht so gut, ich sehe nicht so gut aus, ich bin nicht so interessant wie diese anderen Leute. Gehöre ich dazu? Mein Hochstapler-Syndrom ist nicht wirklich ein Syndrom, es ist real.* Wenn Sie diese Sichtweise einnehmen, werden Sie nicht mehr überrascht sein, wenn diese schwierigen Gedanken und Gefühle auftauchen, so dass Sie sie als das benennen können, was sie tatsächlich sind – ängstliche Gefühle, keine wahren Aussagen über sich selbst. Dann können Sie sich schnell von Ihrem inneren Monolog abwenden und sich wieder auf das Gespräch konzentrieren. Dies ist generell ein guter Rat: Richten Sie Ihre ganze Aufmerksamkeit auf den Gesprächspartner. Wenn Sie einer anderen Person zuhören und sich auf sie konzentrieren, stehen Sie nicht mehr im Rampenlicht, und Ihr negatives Selbstgespräch hat keinen Platz mehr.

Als Nächstes sollten Sie nicht nur nicht erwarten, dass Sie bei einem Vorstellungsgespräch eine »perfekte« Leistung erbringen, sagt Taitz, sondern Sie sollten Ihre Unvollkommenheiten akzeptieren. »Die Forschung unterstützt dies«, erklärt sie. »Menschen, die soziale Fehler machen, sind liebenswerter als Menschen, die perfekt sind – diese Menschen sind einschüchternder.« Ähnliche Studien haben gezeigt, dass Menschen, die gelegentlich einen *Fauxpas* begehen, sympathischer sind. »Das ist menschlich, das ist so liebenswert«, sagt Taitz. »Das ist einer der Tipps, die ich den Leuten gebe: Lieben Sie Ihren *Fauxpas*. Lieben Sie es, einen

Fehler gemacht zu haben, und gestehen Sie ihn ein. Die Leute lieben Menschen, die sich zeigen, zuhören und präsent sind.«

In ähnlicher Weise sagt Lindsey Pollak, dass Sie Ihre Ängste offen ansprechen können, wenn es sich für Sie richtig anfühlt. »Gehen Sie hin und sagen Sie: ›Ich bin ein bisschen nervös, ein bisschen sozial unbeholfen oder ein bisschen introvertiert‹«, sagt sie. »Manchmal nimmt das die Spannung weg. Es bereitet die andere Person vor und hilft Ihnen, die Angst zu überwinden.«

Konfliktmanagement

Konflikte und schwierige Gefühle wie Wut können besonders beängstigend sein, wenn Sie sozial ängstlich sind. Sie befürchten vielleicht, dass Sie, wenn Sie Wut oder Missbilligung zeigen, ausgegrenzt werden oder ein Kollege Sie ablehnt oder bestraft. Sie haben vielleicht das Gefühl, dass Sie immer sympathisch oder umgänglich sein müssen und dass Wut oder Unmut Ihrem Ruf schaden würden. Seien wir ehrlich: Konflikte sind einfach nur hart. Besonders schwer ist es bei der Arbeit, wo es auf reibungslose Beziehungen zwischen Teams und Kollegen ankommt, um effektiv zu sein.

Aber natürlich kommt es in jeder Gruppe manchmal zu Konflikten, und die Fähigkeit, damit umzugehen, ist eine entscheidende Fähigkeit im Geschäftsleben. Und wir wissen, dass sich die Situation – wie jede angstauslösende Erfahrung – nur verschlimmert, wenn wir sie vermeiden.

Auch hier können Sie üben, Ihre Ängste in kleinen Schritten zu bewältigen und sich allmählich an Situationen heranzutasten, bei denen viel auf dem Spiel steht. Die Expertin für Konflikte und Dynamik am Arbeitsplatz, Amy Gallo, nennt dies »das Üben von Konflikten in ruhigeren Räumen«. Ein Konflikt mit Ihrem Chef oder einer aggressiven Person ist wirklich beängstigend, daher empfiehlt sie, nicht dort mit dem Üben anzufangen. »Gibt es Beziehungen, in denen Sie sich sicher fühlen, in denen Ihre sozialen Ängste keine große Rolle spielen, so dass Sie einige Konfliktlösungsfähigkeiten ausprobieren oder versuchen können, direkter zu sein?« fragt sie. Eine konfliktscheue Freundin von ihr übte zum Beispiel mit ihren Freunden, indem sie kleine, unauffällige Wege fand, sich durchzusetzen. »Zum Beispiel, indem sie direkt sagte, dass sie nicht in dieses Restaurant zum Essen gehen möchte, oder wann sie lieber telefonieren wolle«, sagt Gallo. Auf diese Weise sammeln Sie die Erfahrung, dass Sie es schaffen können und dass sich die schlimmsten Befürchtungen nicht bewahrheitet haben. Ihre Freunde mögen Sie immer noch und wollen immer noch mit Ihnen essen gehen.

Als Nächstes sollten Sie nach Menschen Ausschau halten, die gut mit Konflikten umgehen können, und sich ihr Verhalten zum Vorbild nehmen. »Wie setzen sie sich für sich selbst ein?« sagt Gallo. »Wie gehen sie damit um, wenn die Dinge hitzig werden? Was sagen sie, wenn jemand anderer Meinung ist als sie? Wie bringen sie eine Gruppe wieder zu einem Konsens, wenn die Lage angespannt ist?«

Sie können sogar versuchen, das Verhalten dieses Vorbilds nachzuahmen, wenn Sie sich in eine Situation begeben, von der Sie wissen, dass es zu Konflikten kommen wird. Stellen Sie sich vor, dass Sie jemand sind, der keine Angst vor Konflikten hat, schlägt Gallo vor, und denken Sie, dass *ich diese Person in diesem Gespräch sein werde.*

Konzentrieren Sie sich während des Gesprächs konsequent auf das Ziel. Wir alle wollen gemocht werden, und wenn wir unter sozialen Ängsten leiden, wünschen wir uns wahrscheinlich ein möglichst rasches Ende des Treffens. »Letztendlich sollten Sie sich aber davon leiten lassen, was Sie wirklich brauchen und wie Sie das am besten erreichen können«, sagt Gallo. Wenn Sie aus dem Gespräch etwas mitnehmen, das Sie wirklich wollen – eine verdiente Gehaltserhöhung, eine Möglichkeit, ein Projekt zum Abschluss zu bringen, einen klaren Weg zu der angestrebten Beförderung – dann wird die momentane Angst, die Sie empfinden, im Vergleich dazu verblassen und sich sehr lohnen.

Schließlich fragte ich Gallo, was man tun kann, wenn eine Konfliktsituation zu intensiv wird oder wenn man, wie ich, schon in Situationen war, in denen man geweint hat oder erstarrt ist. Wie bleibt man präsent oder hält durch, wenn man am Ende seiner Reserven angelangt ist?

»Ehrlich gesagt, mein bester Rat ist, abzubrechen«, antwortete Gallo. »Wir gehen oft davon aus, dass ein Gespräch zu Ende geführt werden muss. Aber wenn Ihre Emotionen in dieser Situation die Oberhand gewinnen und Sie weinen oder sich abkapseln oder sogar anfangen zu schreien … dann wird das Gespräch nicht gut verlaufen. Mein bester Rat ist, einfach zu sagen: ›Ich weine, ich bin nicht bereit für dieses Gespräch. Ich muss darauf zurückkommen.‹« Machen Sie eine Pause, vielleicht indem Sie eine Runde um den Block spazieren gehen oder sogar darüber schlafen und am nächsten Tag darauf zurückkommen. »Vor allem, wenn Sie über etwas verhandeln, bei dem viel auf dem Spiel steht, sollten Sie akzeptieren, dass Sie mehrere Gespräche führen müssen und auf dem Weg dorthin Fehler machen werden«, so Gallo.

Seien Sie also nachsichtig mit sich selbst und gönnen Sie sich eine Auszeit, um sich neu zu formieren. »Gehen Sie zurück [und] holen Sie sich neue Ressourcen«, sagt Gallo. »Sprechen Sie mit Ihren vertrauten Kollegen, Ihrem vertrauten Freund. Schlafen Sie eine Nacht drüber. Reden Sie mit Ihrem Therapeuten, was auch immer Sie tun müssen, und kehren Sie dann zurück … es ist in Ordnung, zurückzugehen und zu sagen: ›Ich bin nicht zufrieden mit dem, was wir erreicht haben. Ich würde das gerne noch einmal ansprechen‹ oder ›Ich bin mit der Dynamik zwischen uns nicht zufrieden. Ich denke, wir müssen dieses Gespräch anders angehen.‹«

Ich denke, das ist ein rundum guter Rat: Geben Sie sich die Zeit, die Sie brauchen, um sich wohler zu fühlen. Bei sozialen Ängsten kann selbst ein unbedeutender Anlass wie der Vorschlag, ein anderes Restaurant zu besuchen, wie ein großer Konflikt, eine große Bedrohung *wirken*. Beglückwünschen Sie sich also selbst, dass Sie die harte Arbeit auf sich genommen haben, sich großen Ängsten zu stellen.

Verhandeln

Untersuchungen haben gezeigt, dass ängstliche Menschen bei Verhandlungen dazu neigen, schwächere erste Angebote zu machen, schneller auf jeden Schritt ihres Gegenübers zu reagieren und Verhandlungen schneller zu beenden.[10] Haben Sie schon einmal Geld auf dem Tisch liegen lassen oder sich sogar geweigert zu verhandeln, nur um Ihre Angst zu vermeiden? Das ergibt Sinn: Verhandlungen sind voller Ungewissheit, und Sie können das Ergebnis nicht kontrollieren. Jede Andeutung eines Hochstapler-Syndroms macht es noch schwieriger, da Sie sich mit dem Gefühl auseinandersetzen, dass Sie das, was Sie verlangen, nicht verdienen.

Tanya Tarr, eine Verhaltenswissenschaftlerin, die sich auf das Coaching von Führungskräften für effektive Verhandlungen spezialisiert hat, gibt diesen hilfreichen Hinweis: Jeder von uns hat ein gewisses Maß an sozialer Angst, und man sollte vor einer Verhandlung eigentlich etwas Angst haben. Und warum? Weil mäßige Angst ein Zeichen dafür ist, dass Sie sich engagieren, dass Sie sich auf das Spiel einlassen. Sie hilft Ihnen, sich zu konzentrieren und gibt Ihnen Energie. »Die Art und Weise, wie sich Angst oder Vorfreude im Körper bemerkbar macht ist ein Adrenalinstoß«, sagt Tarr. »Es fühlt sich also genauso an, wenn wir ängstlich sind oder wenn wir uns über etwas freuen. Der Schlüssel dazu, unsere Angst in den Griff zu bekommen und unsere Leistung zu steigern, liegt darin, »sich bewusst in Situationen zu begeben, in denen man diese [Angst] spürt, und zu trainieren, auf eine vorhersehbare und strategisch für einen selbst vorteilhafte Weise zu reagieren«. Mit anderen Worten: »Üben, üben und nochmals üben.« Suchen Sie nach kleinen Gelegenheiten mit geringem Risiko, um Ihre Wünsche zu äußern, zum Beispiel einen freien Tag, eine kleine Änderung im Zeitplan oder eine Verbesserung des Arbeitsablaufs. Sie können auch ein Rollenspiel für eine Verhandlung machen, sagt Tarr, aber wählen Sie eine Person, der Sie vertrauen und die ein wenig Angst auslösen kann, denn es muss sich echt anfühlen.

Die Antwort auf die beunruhigenden körperlichen Angstzustände ist kontraintuitiv: Erden Sie sich in Ihrem Körper. »Finden Sie einen körperlichen Ort, auf den Sie sich konzentrieren können, um sich zu erden, bevor Sie in die Situation gehen«, sagt Tarr. Als sie einmal darauf wartete, ein Interview mit einem prominenten Politiker auf der Bühne zu führen, hielt sie inne, um ihre Atmung zu regulieren und ihr ganzes Bewusstsein auf ihre Fußsohlen zu richten. Diese Erdungstechnik ist ein »physischer Trick«, der die Aufmerksamkeit und Energie von Ihrem ängstlichen Verstand ablenkt und das ruhige Bewusstsein auf das lenkt, was im Hier und Jetzt geschieht. Tarr wandte eine weitere Erdungstechnik auf der Bühne an, indem sie sich darauf konzentrierte, wie sie saß: mit dem Gesäß bis zur Stuhllehne, die Wirbelsäule gerade. Dies ist eine klassische Technik, die erfahrene Meditierende anwenden und die Sie in den Verhandlungsraum mitnehmen können.

Und schließlich sollten Sie immer, immer Marktforschung betreiben. »Sie müssen den Marktwert Ihrer Fähigkeiten und Fertigkeiten oder Ihres Unternehmens und Ihrer Produkte und Dienstleistungen aus geschäftlicher Sicht genau kennen«, sagt Tarr. »Denn wenn Sie den Preis am Markt orientieren, gibt es keinen Grund, sich darüber aufzuregen. Denn das ist genau das, was der Markt verlangt.« Dies ist ein datenbasierter Weg, um »Emotionen vollständig zu vermeiden«, erklärt sie. In der Geschäftswelt »werden Entscheidungen nicht von Emotionen bestimmt. Die Rentabilität bestimmt die Entscheidungen«. Wenn Ihr Hochstapler-Syndrom auftaucht und Ihnen einreden will, dass Sie weniger wert sind, können Sie ihm die Zahlen zeigen und ihm sagen, dass es den Mund halten soll.

Eine öffentlichere Führungspersönlichkeit werden

Befördert und gefeiert zu werden, kann für den ängstlichen Leistungsträger tatsächlich eine belastende und verwirrende Erfahrung sein! Natürlich sind Sie stolz und aufgeregt, und in Ihrem Herzen wissen Sie, dass Sie sich das verdient haben. Doch der Zweifel ist immer ganz nah dran.

Größerer Erfolg ist fast immer mit mehr Zeit im Rampenlicht verbunden. Wie kann also eine sozial ängstliche Führungskraft die Aspekte von Führung, die eine öffentlichere Rolle erfordern, ausüben – und sogar richtig gut darin werden? Wenn es jemals einen Zeitpunkt gab, an dem Sie sich auf Ihre Werte und Überzeugungen besinnen und sich auf sich selbst stützen sollten, dann ist es dieser.

Lindsey Pollak hat schon mehr als zweitausend Reden gehalten, aber sie ist immer noch vor jeder Rede nervös und macht sich hinterher oft Sorgen, dass sie das Falsche gesagt hat. »Es gibt einen alten Witz in der Welt der öffentlichen Reden«, sagte sie mir. »Bei einer Beerdigung würde man lieber im Sarg liegen als die Trauerrede zu halten. So sehr hassen die Leute öffentliches Reden.« Sie nutzt dieses Wissen zu ihrem Vorteil. »Ich weiß, dass die meisten Menschen in meinem Publikum nicht auf dieser Bühne stehen möchten und sich freuen, nicht auf dieser Bühne zu stehen. Wenn man also in einer Sitzung sitzt und spricht, kann man sich damit trösten, dass niemand dort sein möchte«, sagt sie. Das Publikum ist von Anfang an auf Ihrer Seite, mit anderen Worten: Sie freuen sich, dass Sie da oben stehen und nicht sie!

Pollak erinnert uns auch daran, dass das Publikum wirklich will, dass man Erfolg hat – und sei es nur aus dem Grund, dass es unangenehm ist, jemandem dabei zuzusehen, wie er sich abmüht. »Es gibt nichts Schlimmeres … als im Publikum zu sitzen, wenn jemand schwitzt, sich unwohl fühlt, nervös ist und jedes zweite Wort ›ähm‹ sagt«, erklärt sie. »Was ich in meinen Kursen über öffentliches Sprechen zu lehren versuche und was ich selbst versuche umzusetzen, ist, dass das Publikum wirklich will, dass man gut ist. Sie drücken dir die Daumen, weil sie diese Erfahrung nicht machen wollen.« Ich denke, es ist auch wichtig, sich daran zu erinnern, dass es einen Grund gibt, warum man auf der Bühne steht. Du wärst nicht dort, wenn du nicht etwas Wertvolles zu bieten hättest.

Als nächstes schlägt Pollak vor, »nach den lächelnden Gesichtern im Publikum Ausschau zu halten. Ich achte auf die Leute, die anerkennend nicken, und ich zwinge mich, diese Leute zu finden und diejenigen zu übersehen, die auf ihr Handy schauen oder vielleicht gerade unaufmerksam sind. Und es ist sehr kraftvoll, wenn man stets daran denkt, dass sie einen anfeuern.«

Was ist, wenn das Schlimmste passiert? Was, wenn wir Mist bauen oder das Falsche sagen? »Meine größte Angst ist, dass ich mich falsch ausdrücke oder etwas sage, von dem ich nicht wusste, dass es beleidigend ist, und dass meine ganze Karriere daran zerbrechen könnte«, gibt Pollak zu. Im Zeitalter der sozialen Medien, in dem eine unbedachte Bemerkung viral gehen kann, ist diese Angst keineswegs unbegründet. Falls es doch passiert, empfiehlt sie, sich so schnell wie möglich zu entschuldigen. »Ich habe einen Fehler gemacht und bin immer noch da«, sagt sie. »Ich habe Leute beleidigt und bin immer noch da. Ich habe Mist gebaut und bin immer noch da. Wenn man das einmal in einer sechzigminütigen Rede macht, bedeutet das aber auch, dass neunundfünfzig andere Minuten vollkommen in Ordnung waren. Und so habe ich meine schlimmsten Ängste durchgestanden, und alles ist gut gegangen. Daraus zu lernen, ist sehr wertvoll.«

Dies ist eine der größten und wichtigsten Lektionen, die wir lernen, wenn wir uns unseren Ängsten stellen: Was wir für unerträglich hielten, ist erträglich. Was wir glauben, aus Angst nicht überleben zu können, überleben wir nicht nur, sondern gehen gestärkt und weiser daraus hervor.

Ihr sozial ängstliches Selbst lieben

Die Wahrheit ist: Soziale Ängste werden Sie wahrscheinlich immer bis zu einem gewissen Grad begleiten. Sie sollten nicht lähmend oder so unkontrollierbar sein, dass sie Sie davon abhalten, die Dinge zu tun, die Sie tun würden, wenn Sie keine Angst hätten. Aber selbst nach jahrelanger harter Arbeit wird Ihre Sozialangst vielleicht nie ganz verschwinden – sie ist vielleicht einfach ein Teil von Ihnen.

Hier ist also eine radikale Idee: Warum sollte man sich nicht darauf einlassen?

Ich für meinen Teil habe zu viel Zeit damit verschwendet, mir zu wünschen, dass Dinge, die anderen Menschen mühelos zu gelingen scheinen – wie beispielsweise das Telefonieren oder Small Talk mit Fremden – mir nicht so schwerfallen würden. Aber so bin ich nun einmal, und es gibt viele andere Fähigkeiten, die mühelos *sind* – einige davon habe ich gerade wegen meiner sozialen Ängste. Tiefes, sofortiges Einfühlungsvermögen, zum Beispiel.

Hier ist eine weitere Wahrheit über soziale Ängste: Sie müssen Ihre Persönlichkeit nicht ändern oder eine gesellige Frohnatur werden, um erfolgreich zu sein. Sie sind für Leistung und Erfolg geschaffen, so wie Sie sind. Vielleicht müssen Sie sich bei den sozialen Aspekten der Führung mehr anstrengen, aber wann hat Sie harte Arbeit jemals davon abgehalten, ein Ziel zu erreichen? Es könnte ja sein, dass Ihre soziale Ängstlichkeit Ihnen Möglichkeiten und Wege zum Erfolg eröffnet, die weitaus wirkungsvoller – und aufregender – sind als alles, was Sie für sich selbst geplant haben könnten.

Dies ist also Ihre Aufgabe. Wie können *Sie* angesichts Ihrer einzigartigen Kombination von Lebenserfahrungen und der besonderen Art und Weise, wie sich Ihre sozialen Ängste manifestieren, mutig und effektiv am öffentlichen Leben teilnehmen? Was haben Sie zu bieten, was niemand sonst hat? Wenn Sie sich dieses Ziel vor Augen halten, können Sie die Arbeit, die Sie zur Bewältigung Ihrer sozialen Ängste leisten müssen, gut bewältigen und lernen, sie für ihre einzigartigen Fähigkeiten zu nutzen.

Die Führungskräfte, die gelernt haben, mit ihren sozialen Ängsten umzugehen, und die große Erfolge erzielt haben, haben dies nicht erreicht, indem sie ihre Ängste verleugnet oder es versäumt haben, an ihren Schwächen und Unvollkommenheiten zu arbeiten. Sie akzeptierten die Realität ihrer schwierigen Gefühle und brachten ihr ganzes Selbst – ihre Vor- und Nachteile – in die Führungsaufgabe ein. Sie erkannten wahrheitsgemäß an, dass soziale Ängste die Art von Führungskraft, die sie sein wollten, behinderten. Dann lernten sie, mit bewussten Maßnahmen zu reagieren, die sie der Art von Führungskraft, von der sie träumen, immer näherbringen.

Auch Sie können das tun. Die Welt wartet auf Sie.

SCHLUSSFOLGERUNG

Freude finden

Wenn Sie ständig ängstlich sind, raubt Ihnen das die Freude. Und die Fähigkeit zur Freude ist für Ihre Führung (und Ihr Leben!) von entscheidender Bedeutung. Ohne Freude können Sie keine Hoffnung für die Zukunft schöpfen oder eine tiefe Quelle der Innovation und Kreativität anzapfen. Wenn Sie voller Freude sind, möchten Sie andere mitnehmen – die Ihre Vision sehen können und sich der Reise anschließen möchten.

Aber unkontrollierte Angst hält Sie in der Vorstellung einer beängstigenden Zukunft fest, die Sie sich dann immer wieder neu ausmalen.

Ich spreche von der Art von Angst, die uns tagein, tagaus begleitet und uns einflüstert, dass die Gefahr gleich um die Ecke lauert. Wenn wir von der Gefahr besessen sind, wie können wir uns dann die Freiheit nehmen, Freude zu empfinden, oder mit irgendeiner Art von Effektivität führen?

Während ich dieses Buch schrieb, erlebte ich die schlimmste psychische Krise, die ich seit dreizehn Jahren hatte. Mein Zusammenbruch hat mich und meine Familie sehr mitgenommen. Wochenlang lebte ich in einem Zustand der Panik und Angst. Ich kümmerte mich nicht um andere – ich konnte es nicht. Ich konnte nicht über mein eigenes Leiden hinaussehen, das durch meine psychische Krankheit noch um ein Tausendfaches vergrößert wurde. Wegen meiner Ängste sorgte ich mich auch sehr um meine Kinder, aber ich verbrachte keine Zeit mit ihnen. Ich machte mir ständig Sorgen um meine Arbeit und meine finanzielle Zukunft, aber ich konnte nicht einmal die kleinste Aufgabe erledigen. Ich steckte in einer gedanklichen Dauerschleife von Alpträumen fest.

Ich musste mich von der Arbeit beurlauben lassen. Jeder einzelne Gedanke, den ich hatte, war beängstigend, und ich schluchzte bei jedem davon. Mein Geist lebte in einer Katastrophe, und ich war so deprimiert. Es war beängstigend: War es das für mich? Würde ich mich für immer so fühlen? Nach so vielen Jahren, in denen ich es geschafft hatte, mich durchzuschlagen, hatte ich plötzlich keine Hoffnung mehr für die Zukunft.

Schließlich begann ich mich zu erholen, indem ich die Therapien verdoppelte und neue Medikamente einnahm. Und ich wusste, dass es mir besser ging, als ich Freude an einer wirklich kleinen Sache fand: Ich kochte eine Suppe für meine Freunde, die meine Kinder zu Aktivitäten gefahren hatten, während ich krank war. Ich habe mir wirklich Zeit genommen, die Suppe für sie zu kochen, weil ich ihnen meine Dankbarkeit zeigen wollte. Endlich konnte ich mich auf etwas anderes konzentrieren als auf mich selbst.

Das ist das Problem mit unkontrollierten Ängsten – sie können den Blick auf ein einziges Thema verengen: Dich. Angstschleifen halten dich in dir selbst gefangen.

Die Frage ist also: Wie kann man sich befreien, wenn man leidet und alles hoffnungslos und beängstigend erscheint? Wie kann man einen kleinen Schritt in Richtung Freiheit, geistige Gesundheit und Freude machen, wenn man sich eingesperrt und überfordert fühlt?

Ich habe fünf Vorschläge.

Erstens: Lassen Sie sich zunächst die notwendige Behandlung zukommen. Dies ist der erste, grundlegende Schritt auf dem Weg zur Besserung.

Zweitens: Versuchen Sie, aus Ihrem Kopf herauszukommen und sich auf etwas außerhalb Ihrer selbst zu konzentrieren.

Die Wahrheit ist, dass Ängste dazu führen, dass man sich mit sich selbst beschäftigt. Man verbringt so viel Zeit damit, sich über die Zukunft Sorgen zu machen, sich Gedanken darüber zu machen, was andere von einem denken, sich vor Kritik und Scham zu fürchten, sich über eine körperliche Empfindung zu sorgen, die mit Sicherheit bedeutet, dass man stirbt, und sich um den Schlaf zu bringen, weil man befürchtet, alles zu verlieren. Die naheliegendste und wirksamste Gegenmaßnahme besteht darin, den Blick nach außen zu richten.

Die Harvard-Business-School-Professorin und Führungsexpertin Amy Edmondson erklärte mir, dass wir uns alle nach psychologischer Sicherheit bei der Arbeit und im täglichen Leben sehnen, weil wir einen Beitrag zum Allgemeinwohl, zum Team oder zum Wohl der Firma leisten wollen, aber wir fürchten, verurteilt zu werden. »Wir wollen unbelastet sein von dem, was andere über uns denken«, sagt sie. »Es ist so ungesund, sich darüber den Kopf zu zerbrechen:

›Wie sehe ich aus?‹ ›Was denken die Leute von mir?‹ – im Gegensatz zu dem gesünderen, und ich würde sagen, freudigeren Zustand: ›Wow, das ist ein wirklich interessantes Projekt, und ich bin froh, daran teilzunehmen, und ich habe das Gefühl, dass es wichtig ist.‹ Das ist es, was wir wollen. Ich denke, wir wollen einen Beitrag leisten.«

Es ist in Ordnung, ganz klein anzufangen. Als meine Depression am schlimmsten war, war es schon ein Sieg, mich für ein paar Augenblicke auf *etwas* Äußeres zu konzentrieren – das Zwitschern eines Vogels vor meinem Fenster, das Streicheln des Hundes, das Notieren von Ideen für einen LinkedIn-Beitrag. An anderen Tagen versuchte ich, mir einen freudigeren Zustand vorzustellen oder mich, wenn auch nur für einige Augenblicke, daran zu erinnern, wie es war, im Flow zu sein und etwas Sinnvolles beizutragen. Hier sind die Menschen in Ihrem Leben sehr hilfreich. Ängste und Depressionen können sehr isolierend sein und den Blickwinkel stark einschränken. »Wenn man sich an diesen dunklen Orten befindet, braucht man viel Vertrauen und eine große Verletzlichkeit, um Menschen einzuladen«, sagt Emma Mcilroy, Mitbegründerin und CEO von Wildfang. Aber es ist wichtig, dies zu tun, denn »alles, was man wirklich hat, ist dieser Blick durch ein Nadelöhr«, und man muss aus seinem Kopf herauskommen und sich auf sein Team verlassen, damit es einem hilft, gute Entscheidungen zu treffen. »Andere Leute können sogar 10 Prozent einer Lösung sehen, die man selbst nicht sehen kann«, sagt Mcilroy.

Harley Finkelstein von Shopify, den wir in Kapitel 2 kennengelernt haben, bittet um Hilfe, wenn er merkt, dass er aus Angst »überdreht«. »Ich bin unglaublich transparent und offen gegenüber meinem Team«, sagt er. »Ich spreche mit meinem Team über diese Dinge und sage: ›Es kann sein, dass ihr hört, wie ich Fragen stelle, und ihr denkt, dass ich mich in die Nesseln setze‹, oder ›Hey, es wird Zeiten geben, in denen ich euch bitte, etwas zu tun, und ihr werdet nicht verstehen, warum. Und ihr müsst mir helfen, es herauszufinden.‹ Er begrüßt es, wenn sein Team ihm widerspricht, wenn sie mit einer Entscheidung nicht einverstanden sind, und er verlässt sich darauf, dass sie ihn darauf hinweisen, wenn er auf etwas fixiert ist, das in Wirklichkeit nicht so wichtig ist, wie die Angst es ihm weismachen will. Ich würde gerne für jemanden wie ihn arbeiten – Sie nicht auch?

Ich weiß, dass es schwierig sein kann, sich Kollegen gegenüber so verletzlich zu zeigen, aber Verletzlichkeit ist eine enorme Führungsqualifikation, und wir brauchen mehr Führungskräfte, die Stellung beziehen und offen über ihre Probleme mit der psychischen Gesundheit sprechen.

Denken Sie daran, dass Offenheit nicht bedeutet, eine große, dramatische Aktion durchzuführen oder das Team zu versammeln und sein Herz auszuschütten. Sie müssen keine Details preisgeben. Wenn Sie einfach nur mitteilen, wie es Ihnen geht, können Sie Ihre Erfahrungen nach außen tragen. Sie bekommen die Hilfe, die Sie brauchen, und sind für andere ein Vorbild für gesundes Verhalten.

Zu Ehren des Monats der psychischen Gesundheit hat der Serienunternehmer Paul English, den wir in Kapitel 4 kennengelernt haben, seinem Team bei Lola von seinem jahrzehntelangen Kampf mit seiner bipolaren Erkrankung erzählt. Die überwältigende Reaktion? Dankbarkeit für seine Ehrlichkeit und Verletzlichkeit. »Wenn ich offen über meine eigenen Probleme spreche, gibt das den Leuten die Erlaubnis, auch offen über ihre Probleme zu sprechen«, sagte er. »Ich habe die Erfahrung gemacht, dass, wenn man offen mit den Menschen umgeht, sie einem helfen. Die Menschen folgen dem gezeigten Vertrauen und werden der Verwundbarkeit gegenüber loyal sein.«

Die Sozialpsychologin Amy Cuddy sagt, wir brauchen Führungskräfte, die sowohl Verletzlichkeit als auch Stärke zeigen. »Die meisten Führungskräfte neigen heute dazu, ihre Stärke, Kompetenz und Referenzen am Arbeitsplatz zu betonen, aber das ist genau der falsche Ansatz«, schreibt sie. »Führungskräfte, die Stärke demonstrieren, bevor sie Vertrauen aufbauen, laufen Gefahr, Angst auszulösen und damit eine Reihe von dysfunktionalen Verhaltensweisen.«[1]

Verletzlichkeit schafft Vertrauen und Nähe, und nichts schafft mehr Vertrauen als die emotionale Verbindung, die durch Einfühlungsvermögen und gemeinsame Menschlichkeit entsteht. Führungskräfte, die Stärke und Verletzlichkeit vorleben, gewinnen das Vertrauen ihrer Teams und schaffen ein Umfeld der psychologischen Sicherheit, das Mitarbeiter und Organisationen brauchen, um zu gedeihen.

Wenn Sie zögern, sich an Ihr Team zu wenden, versuchen Sie, das Problem als Leistungsproblem zu betrachten. Denken Sie darüber nach: Es liegt im Interesse aller – der Teammitglieder, der Arbeitgeber, der Aktionäre, der Klienten und der Kunden – dass Sie erfolgreich sind. Und Sie können einfach nicht Ihr Bestes geben, wenn Sie sich nicht gut fühlen. Mcilroy fasst dies treffend zusammen. »Wenn ich glücklich bin, kann ich 150 Prozent Leistung bringen«, sagt sie. »Wenn ich aber traurig und deprimiert bin, kann ich nur 70 Prozent leisten.«

Ängste und Depressionen lassen Sie glauben, dass es das war, dass Sie am Ende sind und keine Hoffnung auf Besserung besteht. Aber Sie irren sich. Wenden Sie sich an die Menschen in Ihrem Leben, denen Sie vertrauen und die Ihnen die Wahrheit sagen können. Als ich am Tiefpunkt war, boten meine Familie und meine Freunde einen objektiven Gegenpol zu meinen negativen Selbstgesprächen und selbstzerstörerischen Gedanken. Sie erinnerten mich daran, dass ich in der Vergangenheit emotionale Stürme überstanden hatte und dies auch wieder tun würde. Andere Führungspersönlichkeiten, die ich kenne, haben sich selbst Notizen geschrieben, als sie sich stark und gesund fühlten, in denen es im Grunde heißt: »Gib nicht auf. Das wird vorübergehen. Du *wirst* zu ________________________ zurückkehren.« Füllen Sie die Lücke mit einer Beschreibung von Ihnen, wie Sie am freudigsten und effektivsten sind.

Das bringt mich zum dritten Vorschlag: Erinnern Sie sich so gut es geht daran, dass Sie eine stärkere, widerstandsfähigere Führungspersönlichkeit sein werden, wenn Sie diese Situation überstanden haben. Ich gebe zu, dass es schwer ist, daran zu glauben oder sich überhaupt darum zu kümmern, wenn man mitten in der Dunkelheit steckt. Aber auch hier können Sie sich auf Ihr Unterstützungsteam und Ihre Notizen von Ihrem guten Selbst verlassen, um eine Dosis Wahrheit und Hoffnung zu bekommen.

An Mcilroys Tiefpunkt, als sie nur noch drei Tage Geld hatte und ihr Magen-Darm-System streikte, befürchtete sie, dass sie am Ende sei. Doch mit der Hilfe ihrer Teamkollegen, Ärzte und Angehörigen überstand sie diese Zeit und wurde zu einer besseren Führungskraft. »Ich habe durch diesen Prozess eine enorme Widerstandsfähigkeit und Kapazität aufgebaut«, sagt sie mir. »Aber wie bei den meisten Menschen, die eine enorme Widerstandsfähigkeit entwickelt haben, kommt diese aus sehr negativen, dunklen Situationen. Man baut keine Resilienz auf, indem man sich ständig an sonnigen, glücklichen Orten aufhält. Das ist buchstäblich nicht das, was Resilienz ausmacht. Um die Fähigkeit zu haben, mit harten, schwierigen Dingen umzugehen, muss man harte, schwierige Dinge durchlebt haben.«

Führungskräfte, die Stürme überlebt haben, wissen, dass sie das Schiff stabilisieren können. Wenn wir eine psychische Erkrankung durchlebt und bewältigt haben, können wir die Komplexität des Lebens annehmen und unsere Mitarbeiter durch Katastrophen führen. Wir können dafür sorgen, dass sich unsere Kunden und Mitarbeiter gesehen, gehört, anerkannt und umsorgt fühlen, denn wir wissen, was das für uns bedeutet hat, als wir selbst verletzt waren und am meisten Hilfe brauchten.

Viertens: Setzen Sie sich mit den Werten auseinander, die Ihr Leben geprägt haben und die die Grundlage für Ihre Führungsvision bilden.

Der Psychotherapeut Russ Harris bietet folgende Fragen an, um Ihre Werte herauszufinden:[2]

- Was für ein Mensch wollen Sie sein?
- Welche persönlichen Stärken und Qualitäten möchten Sie kultivieren?

- Wofür wollen Sie stehen?
- Wie wollen Sie sich verhalten?
- Welche Arbeit erfüllt Sie?
- Was können Sie den Menschen, mit denen Sie arbeiten, bieten?
- Was können Sie der Welt anbieten?

Ich komme immer wieder auf das zurück, was die Managementstrategin Nilofer Merchant als »Einzigartigkeit« bezeichnet – ein Begriff, den sie 2011 geprägt hat. Einzigartigkeit ist der Punkt in der Welt, an dem nur Sie stehen. Er ist geprägt von Ihren Werten, Ihrer persönlichen Geschichte und Ihrer Perspektive. Welche Teile Ihrer Geschichte und Erfahrung haben das beeinflusst und geformt, was Ihnen heute wichtig ist? Dazu gehören sowohl die positiven als auch die negativen Erfahrungen, die Sie zu dem gemacht haben, was Sie sind – scheuen Sie sich nicht vor den dunklen Seiten – und die Sie dazu gebracht haben, sich für die Themen zu interessieren, die Ihre Aufmerksamkeit erregen, Sie zum Handeln inspirieren und Sie motivieren, etwas zu bewirken.

Wie würden Sie Ihren Platz in der Welt – wo nur Sie stehen – mit den Visionen und Hoffnungen verbinden, die Sie für die Zukunft haben und was Sie der Welt bieten wollen? Wie auch immer die Antwort ausfällt, merken Sie sich das. Niemand kann so führen wie Sie.

Fünftens: Finden Sie heraus, was Ihnen Freude bereitet.

Selbst die Entscheidung, aus der eigenen Komfortzone herauszutreten und eine Führungsrolle zu übernehmen, kann eine freudige und mutige Erfahrung sein. Als schnell aufsteigender Star im öffentlichen Rundfunk wurde Priska Neely ermutigt, Radiosendungen zu moderieren. Es war schmeichelhaft, gefragt zu sein und dass ihre Talente anerkannt wurden, aber Neely hatte Bedenken. Also führte sie »eine Prüfung dessen durch, was mir Freude bereitet«, wie sie es ausdrückt. Dabei stellte sie fest, dass ihr die Arbeit als Managerin und Mentorin von Journalisten hinter den Kulissen mehr Freude bereitet als die Arbeit in der Sendung. »Letztendlich habe ich das Gefühl, dass ich mehr bewirken kann, wenn ich helfe, Menschen auszubilden und darin zu bestätigen, ihre Geschichten auf den richtigen Weg zu bringen, so dass mehr Menschen das tun können, was ich tun konnte«, sagt sie. Neely ist jetzt leitende Redakteurin eines öffentlichen Radiosenders im Süden der Vereinigten Staaten und baut ein Team auf und leitet es.

Überprüfen Sie, was Ihnen Freude bereitet. Wann fühlen Sie sich am meisten im Flow und effektiv? Was tun Sie, wenn Sie das Gefühl haben, dass Ihr Handeln von echter Bedeutung ist und Sie die Veränderung herbeiführen, die Sie schon immer wollten? Zusammen mit Ihren Werten sind die Dinge, die Ihnen Freude bereiten, starke Motivationsquellen, die Sie durch schwierige Zeiten tragen können.

Angst kann potenzielle Quellen der Freude verdecken – und wenn wir sie nicht in den Griff bekommen, kann sie uns die Freude ganz und gar rauben. Vielleicht motiviert Sie allein das schon, zu lernen, mit Ihrer Angst umzugehen. Welche Freude entgeht Ihnen, weil Sie Angst haben? Was hält Sie davon ab, sich auszuprobieren, weil Sie Angst haben, nicht perfekt zu sein? Ist es, in eine größere Rolle zu schlüpfen? Eine lautere Stimme zu haben, einen größeren Einfluss, eine größere Reichweite?

Als ich an meinem Tiefpunkt war, führte ich zufällig ein Interview mit der Social-Media-Unternehmerin Jyl Johnson Pattee über das Hochstapler-Syndrom, und sie sagte etwas, das mich sehr berührte: »Es gibt zu viel Leben zu leben, zu viel Sinnvolles zu leisten und zu viel Rendite zu erzielen, als dass man sich vom Hochstapler-Syndrom aufhalten lassen sollte.«

Sie hat absolut Recht. Und das Gleiche gilt für Angstzustände, Depressionen, bipolare Störungen, Zwangsstörungen oder was auch immer Sie zurückhält und Ihnen die Freude zu rauben droht. Es gibt zu viel, was Sie verpassen könnten – und zu viel, was die Welt von Ihnen vermissen wird –, als dass Sie sich von Ihren emotionalen und mentalen Kämpfen ablenken lassen könnten.

Mir geht es jetzt besser, Gott sei Dank, aber ich bin nicht geheilt. Wahrscheinlich liegen dunkle Zeiten vor mir. Erleichterung stellt sich jedoch ein, wenn ich mich nicht mehr auf mich selbst konzentriere – auf mein angstbesetztes, nervöses, oft frustrierendes und erschöpfendes Ich –, sondern auf die Gründe, warum ich mich so anstrenge. Für mich sind die äußeren Gründe vor allem meine Familie. Innerlich motiviert mich der tiefe Wunsch, in der Welt etwas Gutes zu tun, etwas zurückzugeben, vor allem, wenn ich selbst so viel bekommen habe. Also halte ich an dem Glauben fest, dass ich es wieder schaffen werde und dass ich das Beste aus den guten Tagen machen muss, die ich habe. Ich muss meine Ängste zum Guten lenken und mich tief im Inneren verankern, an der Quelle meiner Werte und meiner Freude. Ich weiß, wofür ich im Leben stehe und was es für mich bedeutet, ein guter Mensch zu sein. Ich weiß, welche Wirkung ich erzielen möchte. Es hat mir so viel Freude gemacht, dieses Buch zu schreiben und (so hoffe ich) Ihnen durch Ihre eigene dunkle Zeit zu helfen.

Wie kann man sich also als Führungskraft entfalten, ohne dem Narzissmus der Angst zu erliegen?

Sie erkennen die Angst an, kümmern sich um sich selbst und überlegen dann, wie Sie weitermachen können. Sie sagen JA zu jedweder Hilfe, die Sie glücklicherweise bekommen. Sie setzen sich durch, um für andere da zu sein, auch wenn Sie innerlich leer sind. Sie stützen sich auf Ihre Gemeinschaft, so wie die sich eines Tages auf Sie stützen wird. Sie spüren die schrecklichen Gefühle und den Wunsch, sich unter der Bettdecke zu verstecken, aber Sie tun es nicht – Sie schaffen es stattdessen. Sie erinnern sich daran, dass das herausfordernde Leben mit der Angst und deren Bewältigung Ihnen eine hart erkämpfte Stärke und Resilienz verleiht, die Sie in außergewöhnliche Leistungen umwandeln können.

Erinnern Sie sich an all die Freuden und Geschenke, die Ihnen die Angst rauben will, und sagen Sie so oft wie nötig: »Nein, das ist ein zu hoher Preis«.

Dann spüren Sie die Angst und machen trotzdem Ihr Ding.

Sie führen.

ERLÄUTERUNGEN

Einführung

1. Anxiety and Depression Association of America, »Anxiety Disorders—Facts and Statistics,« https://adaa.org/understanding-anxiety/facts-statistics; Saloni Dattani, Hannah Ritchie, and Max Roser, »Mental Health,« Our World in Data, last updated August 2021, https://ourworldindata.org/mental-health.

2. Mental Health America, »COVID-19 and Mental Health: A Growing Crisis,« 2021, https://www.mhanational.org/research-reports/covid-19-and-mental-health-growing-crisis.

3. Jude Mary Cénat et al., »Prevalence of Symptoms of Depression, Anxiety, Insomnia, Posttraumatic Stress Disorder, and Psychological Distress among Populations Affected by the COVID-19 Pandemic: A Systematic Review and Meta-Analysis,« *Psychiatry Research* 295 (2021).

4. Mind Share Partners, »2021 Mental Health at Work Report,« 2021, https://www.mindsharepartners.org/mentalhealthatworkreport-2021.

5. Hara Estroff Marano, »Even CEOs Get the Blues,« *Psychology Today*, last reviewed June 9, 2016, https://www.psychologytoday.com/us/articles/200303/even-ceos-get-the-blues.

6. Morra Aarons-Mele, »Your Mental Health and Your Work,« September 30, 2019, in *The Anxious Achiever*, produced by Mary Dooe, podcast, MP3 audio, 32:11, https://hbr.org/podcast/2019/09/your-mental-health-and-your-work.

Kapitel 1

1. Es ist wichtig, zwischen dem Gefühl der Angst und einer Angststörung zu unterscheiden. Mehr dazu unter https://www.healthline.com/health/anxiety/anxiety-vs-anxious.

2. Tené T. Lewis et al., »Self-Reported Experiences of Discrimination and Health: Scientific Advances, Ongoing Controversies, and Emerging Issues,« *Annual Review of Clinical Psychology* 11 (2015): 407–440; Yin Paradies, »A Systematic Review of Empirical Research on Self-Reported Racism and Health,« *International Journal of Epidemiology* 35, no. 4 (August 2006): 888–901.

3. Jonathan D. Schaefer et al., »Enduring Mental Health: Prevalence and Prediction,« *Journal of Abnormal Psychology* 126, no. 2 (2017): 212–224.

4. Rollo May, *The Meaning of Anxiety* (New York: W. W. Norton & Company, 1977).

Kapitel 2

1. ScienceDaily, »Being Anxious Could Be Good for You in a Crisis,« December 29, 2015, https://www.sciencedaily.com/releases/2015/12/151229070643.htm.

2. Michael A. Freeman et al., »The Prevalence and Co-occurrence of Psychiatric Conditions among Entrepreneurs and Their Families,« *Small Business Economics* 53 (2019): 323–342.

3. Mind Share Partners, »2021 Mental Health at Work Report,« 2021, https://www.mind sharepartners.org/mentalhealthatworkreport-2021.

4. Alice G. Walton, »Why the Super-Successful Get Depressed,« Forbes, January 26, 2015, https://www.forbes.com/sites/alicegwalton/2015/01/26/why-the-super-successful-get-depressed.

5. Donna M. Bush and Rachel N. Lipari, *Substance Use and Substance Use Disorder by Industry*, Substance Abuse and Mental Health Services Administration, April 16, 2015, https://www.samhsa.gov/data/sites/default/files/report_1959/ShortReport-1959.pdf.

6. Stephanie Sarkis, »Senior Executives Are More Likely to Be Psychopaths,« Forbes, October 27, 2019, https://www.forbes.com/sites/stephaniesarkis/2019/10/27/senior-executives-are-more-likely-to-be-psychopaths.

7. Wendy Suzuki, *Good Anxiety: Harnessing the Power of the Most Misunderstood Emotion* (New York: Atria Books, 2021), 212.

8. Suzuki, *Good Anxiety*, 124–125.

9. Suzuki, *Good Anxiety*, 105.

10. Morra Aarons-Mele, »Understanding ›Good‹ Anxiety,« April 6, 2022, in *The Anxious Achiever*, podcast, MP3 audio, 38:56, https://www.linkedin.com/pulse/how-channel-good-anxiety-morra-aarons-mele.

12. Suzuki, *Good Anxiety*, 147.

Kapitel 3

1. Tasha Eurich, »What Self-Awareness Really Is (and How to Cultivate It),« hbr.org, January 04, 2018, https://hbr.org/2018/01/what-self-awareness-really-is-and-how-to-cultivate-it.

2. Eurich, »What Self-Awareness Really Is.«

Kapitel 4

1. Center for Disease Control and Prevention, »About the CDC-Kaiser ACE Study,« last reviewed April 6, 2021, https://www.cdc.gov/violenceprevention/aces/about.html.

2. Harvard University Center on the Developing Child, »ACEs and Toxic Stress: Frequently Asked Questions,« https://developingchild.harvard.edu/resources/aces-and-toxic-stress-frequently-asked-questions; Cynthia L. Harter and John F. R. Harter, »The Link between Adverse Childhood Experiences and Financial Security in Adulthood,« *Journal of Family and Economic Issues* (September 2021): 1–11.

3. Jennifer Greif Green et al., »Childhood Adversities and Adult Psychiatric Disorders in the National Comorbidity Survey Replication I: Associations with First Onset of DSM-IV Disorders,« *Archives of General Psychiatry* 67, no. 2 (2010): 113–123.

4. Jessica Graham et al., »The Mediating Role of Internalized Racism in the Relationship between Racist Experiences and Anxiety Symptoms in a Black American Sample,« *Cultural Diversity and Ethnic Minority Psychology* 22, no. 3 (2016).

5. Akshay Johri and Pooja V. Anand, »Life Satisfaction and Well-Being at the Intersections of Caste and Gender in India,« *Psychological Studies* 67 (2022): 317–331.

6. Johri and Anand, »Life Satisfaction.«

7. The Bowen Center for the Study of the Family, »Introduction to the Eight Concepts,« https://www.thebowencenter.org/introduction-eight-concepts.

8. The Bowen Center for the Study of the Family, »Differentiation of Self,« https://www.thebowencenter.org/differentiation-of-self.

9. Bowen Center, »Differentiation of Self.«

10. Kathleen Smith, »The Gift of Self-Regulation,« kathleensmith.net, May 15, 2019, https://kathleensmith.net/2019/05/15/the-gift-of-self-regulation.

11. Kathleen Smith, »50 Ways You're Overfunctioning for Others (and Don't Even Realize It),« kathleensmith.net, July 7, 2019, https://kathleensmith.net/2019/07/07/50-ways-youre-overfunctioning-for-others-and-dont-even-realize-it.

Kapitel 5

1. Matthew Whalley, »Cognitive Distortions: Unhelpful Thinking Habits,« Psychology Tools, March 18, 2019, https://www.psychologytools.com/articles/unhelpful-thinking-styles-cognitive-distortions-in-cbt.

2. Anne Lamott, *Bird by Bird: Some Instructions on Writing and Life* (New York: Anchor Books, 1997), 116.

3. Elaine Mead, »What Is Positive Self-Talk (Incl. Examples),« Positive Psychology, September 26, 2019, https://positivepsychology.com/positive-self-talk. Shankar Vedantam, »Being Kind to Yourself,« October 11, 2021, in *Hidden Brain*, produced by Hidden Brain Media, podcast, MP3 audio, 51:53, https://stage.hiddenbrain.org/podcast/being-kind-to-yourself.

4. Vedantam, »Being Kind to Yourself.«

Kapitel 6

1. Matthew Whalley, »Cognitive Distortions: Unhelpful Thinking Habits,« Psychology Tools, March 18, 2019, https://www.psychologytools.com/articles/unhelpful-thinking-styles-cognitive-distortions-in-cbt.

2. Whalley, »Cognitive Distortions.«

3. David D. Burns, »Secrets of Self-Esteem #2,« Feeling Good, January 6, 2014, https:// feelinggood.com/2014/01/06/secrets-of-self-esteem-2-negative-and-positive-distortions.

4. Diese Konzepte von David D. Burns finden sich in Feeling Good: The New Mood Therapy (New York: Harper, 1980) und The Feeling Good Handbook (New York: Harper-Collins Publishers, 1989). Alle Zitate von Burns sind, sofern nicht anders angegeben, diesen beiden Büchern entnommen.

5. Burns, *The Feeling Good Handbook*. Eine vollständige Liste der Denkfallen finden Sie unter University of Pittsburgh School of Social Work, Pennsylvania Child Welfare Resource Center, »Thinking About Thinking,« n.d., https://www.pacwrc.pitt.edu/curriculum/313_MngngImpctTrmtcStrss ChldWlfrPrfssnl/hndts/HO15_ThnkngAbtThnkng.pdf.

6. Elizabeth Scott, »How Rumination Differs From Emotional Processing,« Verywell Mind, November 12, 2020, https://www.verywellmind.com/repetitive-thoughts-emotional-processing-or-rumination-3144936.

7. Burns, *The Feeling Good Handbook*.

8. Whalley, »Cognitive Distortions.«

9. David D. Burns, Feeling Good (blog), n.d., https://feelinggood.com/sunday-hike.

Kapitel 7

1. Bessel A. van der Kolk, »The Compulsion to Repeat the Trauma,« *Psychiatric Clinics of North America* 12, no. 2 (1989): 389–411.

2. Seth J. Gillihan, »Why It's Easy to Procrastinate—and 7 Ways to Break the Habit,« *Psychology Today*, December 12, 2016, https://www.psychologytoday.com/us/blog/think-act-be/201612/why-its-easy-procrastinate-and-7-ways-break-the-habit.

3. Gillihan, »Why It's Easy to Procrastinate.«

4. Meena Hart Duerson, »How Ashley C. Ford Changed Her Relationship to Fear and Transformed Her Life,« *Today*, March 6, 2020, https://www.today.com/tmrw/writer-ashley-c-ford-overcoming-fear-finding-success-t175404.

5. Xia et al., »Anxious Individuals Are Impulsive Decision-Makers.«

6. Will Yakowicz, »Why Employees' Long Hours Can Hurt Your Company's Bottom Line,« *Inc.*, August 20, 2015, https://www.inc.com/will-yakowicz/study-finds-long-hours-hurts-company-bottom-line.html.

7. Judson Brewer, *Unwinding Anxiety: New Science Shows How to Break the Cycles of Worry and Fear to Heal Your Mind* (New York: Avery, 2021).

8. Sharon Salzberg, *Real Happiness: A 28Day Program to Realize the Power of Meditation* (New York: Workman Publishing, 2019), 110.

9. Courtney E. Ackerman, »23 Amazing Health Benefits of Mindfulness for Body and Brain,« Positive Psychology, March 6, 2017, https://positivepsychology.com/benefits-of-mindfulness; Matthew Thorpe and Rachael Link, »12 Science-Based Benefits of Meditation,« Healthline, updated October 27, 2020, https://www.healthline.com/nutrition/12-benefits-of-meditation.

10. Für die Übung selbst, siehe Russ Harris, *The Single Most Powerful Technique for Extreme Fusion* (self-pub., 2016), https://www.actmindfully.com.au/upimages/The_Single_Most_Powerful_Technique_for_Extreme_Fusion_-_Russ_Harris_-_October_2016.pdf.

Kapitel 8

1. Karina Limburg et al., »The Relationship between Perfectionism and Psychopathology: A Meta-Analysis,« *Journal of Clinical Psychology* 73, no. 10 (October 2017): 1301–1326.

2. Melissa Dahl, »The Alarming New Research on Perfectionism,« The Cut, September 30, 2014, https://www.thecut.com/2014/09/alarming-new-research-on-perfectionism.html.

3. Paul L. Hewitt, Gordon L. Flett, and Samuel F. Mikail, *Perfectionism: A Relational Approach to Conceptualization, Assessment, and Treatment* (New York: Guilford Press, 2017), 23.

4. Kristin Neff, *Self-Compassion: The Proven Power of Being Kind to Yourself* (New York: William Morrow, 2015), 27.

5. Joe Perez, »Daily Wisdom: The Secret of Acting with Appropriate Effort,« Center for Integral Wisdom, January 3, 2013, https://centerforintegralwisdom.org/daily-wisdom-the-secret-of-acting-with-appropriate-effort.

Kapitel 9

1. Dan W. Grupe and Jack B. Nitschke, »Uncertainty and Anticipation in Anxiety: An Integrated Neurobiological and Psychological Perspective,« *Nature Reviews Neuroscience* 14 (2013): 488–501.

2. »Bessel van der Kolk, M.D. on 3 Ways PTSD Affects Your Client's Brain,« NICABM, January 12, 2018, video, 1:02, https://www.youtube.com/watch?v=DkjTUbWk_C8.

3. Sharon Salzberg, *Real Happiness at Work: Meditations for Accomplishment, Achievement, and Peace* (New York: Workman, 2013).

4. Salzberg, *Real Happiness at Work*, 238.

5. Sharon Salzberg, »What to Do When Anxiety Overwhelms You,« On Being, May 2, 2018, https://onbeing.org/blog/sharon-salzberg-what-to-do-when-anxiety-overwhelms-you.

6. Christopher Germer, »A Guided Meditation to Label Difficult Emotions,« Mindful, January 23, 2019, https://www.mindful.org/a-guided-meditation-to-label-difficult-emotions.

7. Salzberg, *Real Happiness at Work*.

Kapitel 10

1. Tasha Eurich, »What Self-Awareness Really Is (and How to Cultivate It),« hbr.org, January 04, 2018, https://hbr.org/2018/01/what-self-awareness-really-is-and-how-to-cultivate-it.

2. Jack Zenger, »What Is Your Fear of Feedback Costing You?« zengerfolkman.com, September 14, 2021, https://zengerfolkman.com/articles/what-is-your-fear-of-feedback-costing-you.

3. Pauline Rose Clance and Suzanne Imes, »The Imposter Phenomenon in High Achieving Women: Dynamics and Therapeutic Intervention,« *Psychotherapy Theory, Research, and Practice* 15, no. 3 (Fall 1978).

4. Lisa Orbé-Austin and Richard Orbé-Austin, »What Is Impostor Syndrome? Learn How to Own Your Greatness,« Ulysses Press, April 28, 2020, https://ulyssespress.com/blog/what-is-impostor-syndrome-own-your-greatness.

5. Ruchika Tulshyan and Jodi-Ann Burey, »Stop Telling Women They Have Impostor Syndrome,« hbr.org, February 11, 2021, https://hbr.org/2021/02/stop-telling-women-they-have-impostor-syndrome.

6. Tulshyan and Burey, »Stop Telling Women They Have Impostor Syndrome.«

7. Lisa Orbé-Austin, »Stop Gaslighting Women When They Say They're Experiencing Impostor Syndrome,« LinkedIn, March 8, 2021, https://www.linkedin.com/pulse/stop-gaslighting-women-when-say-theyre-experiencing-orbe-austin-phd.

8. Kim Mills, »Speaking of Psychology: How to Overcome Feeling Like an Impostor, with Lisa Orbé-Austin, PhD, and Kevin Cokley, PhD,« July 2021, in *Speaking of Psychology*, produced by Lea Winerman, podcast, MP3 audio, 34:25, https://www.apa.org/news/podcasts/speaking-of-psychology/impostor-syndrome.

9. Shankar Vedantam, »The Psychology of Self-Doubt,« December 13, 2021, in *Hidden Brain*, produced by Hidden Brain Media, podcast, MP3 audio, 49:09, https://hiddenbrain.org/podcast/the-psychology-of-self-doubt.

10. Tulshyan and Burey, »Stop Telling Women They Have Impostor Syndrome.«

11. Orbé-Austin, »Stop Gaslighting Women.«

12. Mills, »Speaking of Psychology.«

13. Mills, »Speaking of Psychology.«

14. Gabriela Sadurní Rodríguez, »Defusion: How to Detangle from Thoughts & Feelings,« The Psychology Group, https://thepsychologygroup.com/defusion.

15. Russ Harris, *The Happiness Trap: How to Stop Struggling and Start Living: A Guide to ACT* (Trumpeter, 2008).

16. Russ Harris, »4 Tips to Help You Unhook from Difficult Thoughts or Feelings,« thehappinesstrap.com, August 29, 2019, https://thehappinesstrap.com/unhooking-from-difficult-thoughts-or-feelings.

Kapitel 11

1. Substance Abuse and Mental Health Services Administration, »Table 16: DSM-IV to DSM-5 Social Phobia/Social Anxiety Disorder Comparison,« in *DSM5 Changes: Implications for Child Serious Emotional Disturbance* [internet] (Rockville: Substance Abuse and Mental Health Services Administration (US), June 2016), https://www.ncbi.nlm.nih.gov/books/NBK519712/table/ch3.t12.

2. Mind My Peelings, »Introvert, Shyness, and Social Anxiety: What's the Difference?« April 2, 2021, https://www.mindmypeelings.com/blog/introvert-shy-social-anxiety.

3. Karen Auyeung and Lynn E. Alden, »Accurate Empathy, Social Rejection, and Social Anxiety Disorder,« *Clinical Psychological Science* 8, no. 2 (2020).

4. Ellen Hendriksen, »The 4 Differences between Introversion and Social Anxiety,« quietrev.com, https://quietrev.com/the-4-differences-between-introversion-and-social-anxiety.

5. Für eine vollständige Liste, siehe Olga Góralewicz, »A Full List of Values for Acceptance and Commitment Therapy (ACT),« Loving Health, February 15, 2021, https://loving.health/en/act-list-of-values.

6. Russell Harris, »Embracing Your Demons: An Overview of Acceptance and Commitment Therapy,« *Psychotherapy in Australia* 12, no. 4 (2006): 2–8.

7. Kathleen Smith, *Everything Isn't Terrible: Conquer Your Insecurities, Interrupt Your Anxiety and Finally Calm Down* (New York: Hachette Books, 2019), 27.

8. Smith, *Everything Isn't Terrible*, 28.

9. Wendy Suzuki, *Good Anxiety: Harnessing the Power of the Most Misunderstood Emotion* (New York: Atria Books, 2021), 168.

10. Alison Wood Brooks, »Emotion and the Art of Negotiation,« *Harvard Business Review*, December 2015, 56–64.

Schlussfolgerung

1. Amy J. C. Cuddy, Matthew Kohut, and John Neffinger, »Connect, Then Lead,« *Harvard Business Review*, July–August 2013.

2. Russ Harris, The Happiness Trap, n.d., https://thehappinesstrap.com/upimages/Complete_Worksheets_2014.pdf.

DANKSAGUNGEN

Vielen Dank an Alicyn Zall, Kevin Evers und Melinda Merino von HBR Press, die dieses Buch Wirklichkeit werden ließen!

Dieses Buch wäre ohne Catherine Knepper nicht möglich gewesen. Catherine, danke, dass du meine Redaktions- und Schreibpartnerin warst.

Im Alter von sechsundvierzig Jahren hat man viel zu viele Menschen, denen man im Leben danken muss, als dass man sie in eine Liste von Danksagungen aufnehmen könnte. Aber wenn ich über die erste Hälfte meines Lebens nachdenke, bin ich allen so dankbar, die mir durch meine psychische Krankheit geholfen haben und mir bei meinem psychischen Wohlbefinden helfen. Jeanine Brescia, Bob Ditter, Wilma Selenfriend, Steve Cunningham, Jillian McDonough, Ellen Donaldson und Laugharnananda Ray halfen mir, geistig und körperlich gesund zu bleiben.

Ich möchte mich bei allen Frauennetzwerken bedanken, die meine Karriere vorangetrieben haben und mir über die Jahre hinweg mit Rat und Tat zur Seite standen. Rachel Sklar, dein Einfluss auf mein Leben war monumental. Gina Glantz, ich danke dir für alles.

Carolyn Glass, meine liebe Freundin und klinische Beraterin, hat dafür gesorgt, dass dieses Buch aus therapeutischer und klinischer Sicht fundiert ist, und hat die Bearbeitung mit viel Spaß begleitet. Vielen Dank und viel Liebe an Rebecca Harley für all das Wachstum, das wir seit Isis Parenting gemeinsam erreicht haben.

Mary Dooe hat den Podcast »*The Anxious Achiever*« von Anfang an produziert, und ohne sie und ihr großartiges Team wäre ich nicht hier. Mary, danke, dass du meine Partnerin bist, dass du tolle Audios produzierst und dass du versuchst herauszufinden, wie man weniger arbeiten muss.

Vielen Dank an Carol Franco und Kent Lineback, die mir bei der Ausarbeitung meines Vorschlags und bei der Suche nach einem Platz für das Buch bei Harvard Business Review Press geholfen haben.

Das Team von HBR Press hat mich adoptiert und mir geholfen, *The Anxious Achiever* ins Leben zu rufen. Maureen Hoch, Adi Ignatius, Amy Bernstein, Adam Buchholz und Anne Saini, vielen Dank für die Unterstützung beim Start des Podcasts. Amy Gallo und Gretchen Gavett, ihr wart so wunderbare Redakteure und Gedankenpartner bei der Arbeit an diesem Buch. Und Danke dem wunderbaren Marketing- und Werbeteam der HBR für die Erstellung eines schwungvollen Startplans.

Jessi Hempel von LinkedIn, vielen Dank, vielen Dank, vielen Dank! Mike Nussbaum, Rhian Rogan, Sarah Storm, Amanda Peña und David Giongco, es ist eine Freude, mit euch zusammenzuarbeiten, und ich liebe es, *The Anxious Achiever* wachsen zu sehen.

Ich bin all den Gästen von *The Anxious Achiever* und den Menschen, die ihre Weisheit in dieses Buch eingebracht haben, sehr dankbar. Danke an Harley Finkelstein, Kathleen Smith, Christine Runyan, Andrew Sotomayor, Alice Boyes, Alyssa Mastromonaco, Roxane Gay, Judson Brewer, Wendy Suzuki, Scott Stossel, Andrea Parra, Jason Miller, Jerry Colonna, Amanda Clayman, Marc Brackett, Susan Schmitt Winchester, Paul English, Steve Cuss, Esther Perel, Ashley C. Ford, Jess Calarco, Amy Edmondson, Chris Yates, Rebecca Harley, Danny Bernstein, Jason Kander, Poppy Jaman, Zev Schuman-Olivier, Thomas Greenspon, Angela Neal-Barnett, Sharon Salzberg, Bob Pozen, Amelia Burkearcia, Emma McIlroy, Christina Wallace, Vikas Shah, Christopher Barnes, Erica Dhawan, Joel Gascoigne, Melissa Doman, Amelia Ransom, Paul Greenberg, Robert Glazer, Amy Gallo, Priska Neely, Lee Bonvisutto, Jyl Johnson Pattee, Andy Johns, Andy Dunn, Aarti Shahani, und Julie Lythcott-Haims.

Kelly Greenwood und das Team von Mindshare Partners, es war großartig, mit euch zusammenzuarbeiten und voneinander zu lernen. Ich freue mich auf die Entwicklung der psychischen Gesundheit am Arbeitsplatz.

Mein Team bei Women Online, ihr seid die 100 Prozent Besten. Jen Vento, Christine Koh und Melissa Ford, ich liebe euch und danke euch.

An Nicco, A, T und J: Ich liebe euch mehr als alles andere. Danke, dass ihr es mit mir aushaltet und meine Träume für »*The Anxious Achiever*« unterstützt.

Pfarrerin Claire Feingold-Thoryn inspiriert mich jede Woche. Ich möchte mit einem Auszug aus einem Gedicht von Wisława Szymborska schließen, das sie mir vorstellte. Es heißt »Das Leben, während du wartest«.

Auftritt ohne Probe.
Körper ohne Änderungen.
Kopf ohne Vorbedacht.

Ich weiß nichts über die Rolle, die ich spiele.
Ich weiß nur, dass sie meine ist. Ich kann sie nicht umtauschen.
Ich muss raten, worum es in diesem Stück geht.

Unvorbereitet auf das Privileg des Lebens
kann ich kaum mit dem Tempo mithalten, das die Handlung verlangt.
Ich improvisiere, obwohl ich Improvisation verabscheue.

ÜBER DIE AUTORIN

MORRA AARONS-MELE ist Gastgeberin von *The Anxious Achiever*, einem Top-Business-Podcast, der mit dem Webby Award 2020 ausgezeichnet wurde. Sie ist eine der zehn Vordenkerinnen, die von LinkedIn als Top Voices in Mental Health für 2022 ausgewählt wurden. Ihre Leidenschaft ist es, Menschen dabei zu helfen, die Beziehung zwischen ihrer psychischen Gesundheit und ihrem Erfolg neu zu überdenken. Sie berät häufig Fortune-500-Unternehmen, Start-ups und US-Regierungsbehörden.

Aarons-Mele ist Unternehmerin und Kommunikationsmanagerin. Neben ihrer Arbeit im Bereich der psychischen Gesundheit am Arbeitsplatz gründete sie die preisgekrönte Social-Impact-Agentur Women Online, die sie im Jahr 2021 verkaufte. Sie hat drei US-Präsidentschaftskandidaten und zahllose missionsorientierte Organisationen bei der Entwicklung digitaler Marketing- und Fundraising-Kampagnen unterstützt.

Seit 2004 hat Aarons-Mele über den Wahlkampf, das Weiße Haus, die Bürozelle und sogar den Stillraum berichtet und für Publikationen wie die *New York Times*, das *Wall Street Journal* und *Fast Company* geschrieben. Ihr erstes Buch, *Hiding in the Bathroom: How to Get Out There (When You'd Rather Stay Home)*, wurde 2017 von Dey Street Books veröffentlicht.

Aarons-Mele hat Abschlüsse von der Harvard Kennedy School und der Brown University. Sie und Nicco Mele leben mit ihren drei Kindern außerhalb von Boston.